Freyer

Fachbegriffe der Elektronik, Telekommunikation und Computertechnik

Ulrich Freyer

Fachbegriffe

der Elektronik Telekommunikation und Computertechnik

4000 Fachbegriffe, Bezeichnungen und Abkürzungen kurz und bündig erklärt

Mit 106 Abbildungen

Franzis'

Die Deutsche Bibliothek – CIP-Einheitsaufnahme

Freyer Ulrich:
Fachbegriffe der Elektronik, Telekommunikation und Computertechnik : 4000 Fachbegriffe, Bezeichnungen und Abkürzungen kurz und bündig erklärt / Ulrich Freyer. - Feldkirchen : Franzis, 1997
ISBN 3-7723-4403-8

Satz: DTP Jörg Kalies, 85259 Wiedenzhausen
Druck: Ebner, Ulm
Printed in Germany - Imprimé en Allemagne.

ISBN 3-7723-4403-8

Vorwort

Die Entwicklung der Gebiete Elektronik, Telekommunikation und Computer führt auch ständig zu neuen Fachbegriffen. Ein großer Teil davon sind Abkürzungen und/oder bedingt durch die Internationalisierung der Technik Ausdrücke in englischer Sprache.

Fachbegriffe können jedoch nur dann hilfreich sein, wenn man weiß, was hinter den meist kurzen Bezeichnungen steckt. Hierfür bietet dieses alphabetisch geordnete und in praxisorientierter Struktur aufgebaute Verzeichnis Abhilfe. Für jeden Fachbegriff wird zuerst eine kurze Definition angegeben und danach eine erklärende längere Begriffsbestimmung, wenn es für das Verständnis erforderlich erscheint. Im Bedarfsfall sind auch relevante Werte angegeben, durch Bilder die Zusammenhänge verdeutlicht und/oder Beispiele angeführt. Außerdem werden auch vergleichbare und entgegengesetzte Begriffe aufgezeigt, um die fachliche Zuordnung und das Erkennen von Verknüpfungen zu erleichtern.

Bei deutschsprachigen Fachbegriffen sind neben den dafür vorhandenen Abkürzungen auch die englischen Ausdrücke angegeben, soweit diese in der Fachsprache von Bedeutung sind. Für englischsprachige Fachbegriffe gilt dies vergleichbar in umgekehrter Richtung.

Für Abkürzungen erfolgt stets auch die Angabe der Langform. Durch entsprechende Verweisungen ist sichergestellt, daß jeder Fachbegriff nach unterschiedlichen Kriterien gefunden werden kann.

Der im Buch verwendete Aufbau führt dazu, daß gleichzeitig drei Funktionen erfüllt werden: Lexikon, Abkürzungsverzeichnis und Wörterbuch. Selbstverständlich ist ein solches Werk nie vollständig. Als Zielsetzung galt deshalb die Berücksichtigung der aktuellen Situation in den Fachgebieten. Es soll damit jedem Nutzer eine optimale Arbeitshilfe sein.

Ulrich Freyer

A

4-PSK – siehe: QPSK

Abfallzeit – fall time t_f [engl.] Zeit für den Abfall der Rückflanke eines Impulses von 90% auf 10% des Maximalwertes. Die Abfallzeit kennzeichnet die Flankensteilheit der hinteren Flanke eines Impulses. Das Gegenteil der Abfallzeit [fall time] ist die Anstiegszeit [rise time].

abgehende Sperre Leistungsmerkmal in Kommunikationsnetzen mit Wählbetrieb zur dauerhaften oder vorübergehenden Verhinderung von Verbindungen zu anderen Teilnehmern. Dabei werden im Regelfall nur bestimmte Bereiche ausgeschlossen (z. B. Ausland oder außerhalb des Ortsnetzes). Das Gegenstück der „abgehenden Sperre" ist die „Anrufsperre".

Abgleich – adjustment [engl.] Einstellung von Parametern bei Baugruppen oder Geräten, um eine optimale Wirkungsweise zu erzielen. Jeder Abgleich ist ein Einstellvorgang, durch den Spannung, Strom, Frequenz, Widerstand, Kapazität, Induktivität oder andere Größen verändert werden. Es ergibt sich dadurch eine Beeinflussung der Funktion der Schaltung. Dieser Vorgang kann ggfs. auch wechselweise mehrere Komponenten betreffen und muß so lange fortgesetzt werden, bis die gewünschte Wirkung erreicht ist.

Beispiel: Bei der Brückenschaltung werden die einstellbaren Komponenten in den Brückenzweigen so lange verändert, bis der Strom durch die Brückendiagonale den Wert Null aufweist.

Abrufbetrieb – polling [engl.] Abruf von Dokumenten von einem sendenden Telefaxgerät durch ein empfangendes Telefaxgerät. Häufig wird durch Paßworte der unberechtigte Zugriff verhindert.

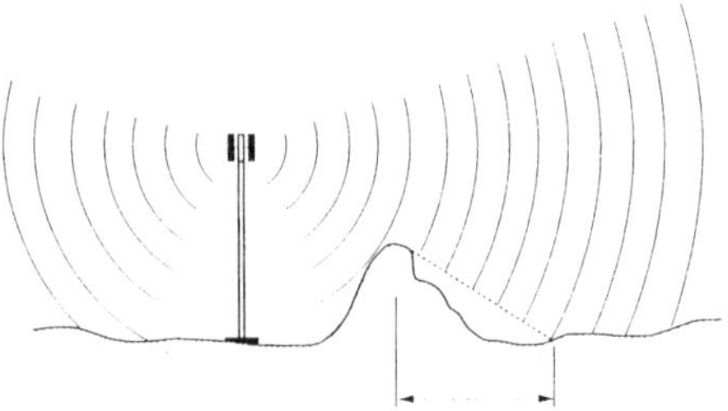

Abschattung Durch natürliche oder künstliche Hindernisse bedingte Defizite bei der Versorgung von Gebieten mit Funkwellen. Bei größeren Frequenzen verhalten sich Funkwellen quasioptisch, ihre Ausbreitung erfolgt somit geradlinig. Befinden sich in Ausbreitungsrichtung natürliche oder künstliche Hindernisse (z. B. Berge oder Bauwerke), dann ergeben sich dahinter Bereiche, in denen keine Funkwellen empfangbar sind. Die Größe hängt von der Form des jeweiligen Hindernisses und dadurch mögliche Beugungseffekte ab. Diese Bereiche sind somit von den Funkwellen abgeschattet.

Abschirmung – siehe: Schirmung

Abschlußwiderstand – terminator [engl.] Lastwiderstand am Ausgang einer Schaltung oder Leitung. Der Abschlußwiderstand ist für die Funktion eines Gerätes oder einer Anlage unbedingt erforderlich, weil an ihm das Ausgangssignal auftritt. Sein Wert hängt davon ab, welcher Grad der Anpassung erreicht werden soll. In den meisten Fällen ist derselbe Wert wie der des Innenwiderstandes vorgesehen. Grenzfälle für den Abschlußwiderstand stellen Leerlauf und Kurzschluß dar.

Beispiel:Bei einer Leitungsverbindung muß für eine optimale Übertragung der Abschlußwiderstand dem Wellenwiderstand der Leitung entsprechen.

Absolutwert – siehe: Betrag

Abspielgerät – siehe: player

Abstimmung – tuning [engl.] Einstellung eines Empfängers auf eine gewünschte Frequenz. Abstimmung bedeutet stets die Veränderung der frequenzselektiven Komponenten des Empfängers. Dies kann durch Drehknöpfe oder Tasten erfolgen. Es ist aber auch automatischer Suchlauf möglich, wobei jeweils der im Frequenzdurchgang nächste Sender eingestellt wird.

Abstrahlungseigenschaften Gesamtheit aller Spezifikationen über die Abstrahlung elektromagnetischer Wellen mit Hilfe einer Antenne. Die Abstrahlung und deren Ergebnis ist durch Frequenz, Strahlungsleistung, Antennenhöhe, Polarisation und Strahlungsdiagramm gekennzeichnet.

Abtastfrequenz f_A – sampling frequency [engl.] Es gilt auch die Bezeichnung Abtastrate. Frequenz, mit der bei einem analogen Signal die Abtastung erfolgt, also die jeweiligen Augenblickswerte (Momentanwerte) ermittelt werden. Der Kehrwert der Abtastfrequenz ist die Abtastperiode.

Beispiel:Eine Abtastfrequenz von 8 kHz bedeutet einen Abstand von 1/8000 s = 125 µs für die Abtastwerte.

Abtastintervall – siehe: Abtastperiode

Abtastperiode T_A – sampling periode [engl.] Es gilt auch die Bezeichnung Abtastintervall [sampling interval]. Zeitabstände, nach denen bei einem analogen Signal die Abtastung erfolgt, also die jeweiligen Augenblickwerte (Momentanwerte) ermittelt werden. Der Kehrwert der Abtastperiode ist die Abtastfrequenz.

Abtastrate – siehe: Abtastfrequenz

Abtasttheorem Bedingung für die Wahl der Abtastfrequenz, um eine störungsfreie Rückwandlung der Abtastwerte in das analoge Signal zu ermöglichen. Maßgebend ist die größte im abzutastenden analogen Signal enthaltene Frequenz f_{max}.

Es gilt: $f_A \geq \cdot f_{max}$

Für auf die Abtastperiode folgt daraus:

$T_A \leq T_{max}/2$

Innerhalb der Periode für die größte Frequenz im abzutastenden Signal müssen also mindestens zwei Abtastungen liegen, bedingt durch die konstante Abtastperiode liegen diese im Bereich der positiven und negativen Halbwelle.

Ideale Abtastung d.h. Abtasttheorem optimal erfüllt ($f_A = 2 \cdot f_{max}$)

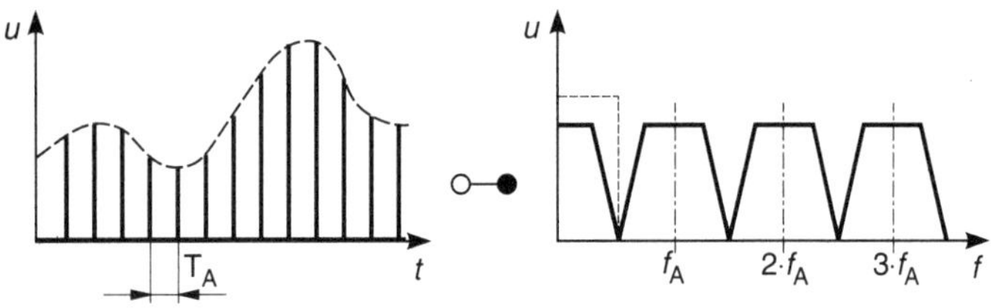

Abtast- und Haltestufe – sample and hold (S&H) [engl.] Es wird auch die Bezeichnung Abtast- und Halteschaltung verwendet. Technische Funktionseinheit, welche die Abtastung eines analogen Signals und die kurzzeitige Zwischenspeicherung der Abtastwerte durchführt. Dies ist als erster Schritt jeder Analog-Digital-Umsetzung erforderlich.

Abtastung – sampling [engl.] Feststellung der Augenblickswerte (Momentanwerte) bei einem analogen Signal in regelmäßigen zeitlichen Abständen.

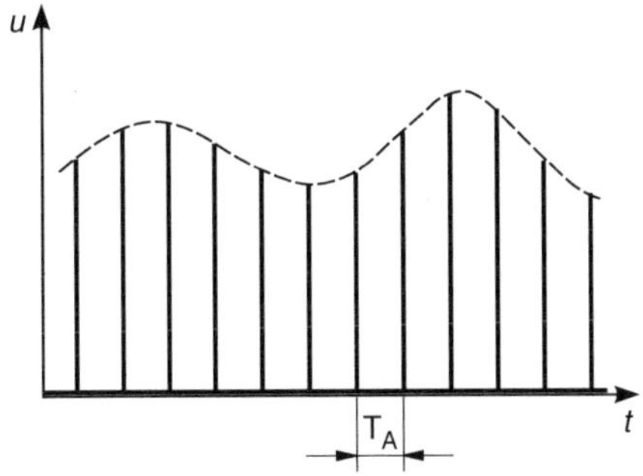

Abtastwert – sample [engl.] In regelmäßigen zeitlichen Abständen festgestellter Augenblickswert (Momentanwert) bei einem analogen Signal.

Abwärtskompatibilität Hardware oder Software arbeitet auch mit älteren Standards bzw. Versionen einwandfrei in seiner ursprünglichen Funktion.

Abwärtskonvertierung – down-conversion [engl.] Umsetzung von einer gegebenen Spezifkation auf eine niederwertigere Spezifikation. Das Gegenteil der „Abwärtskonvertierung“ ist die „Aufwärtskonvertierung“.

Beispiel:Die Änderung des Formates (Bildbreite:Bildhöhe) eines Fernsehbildes von 16:9 auf 4:3 ist eine Abwärtskonvertierung.

Abwärtsmischung Mischvorgang, bei dem das Ausgangssignal frequenzmäßig unterhalb des Eingangssignals liegt. Bei jeder Mischung ergibt sich die Summe und die Differenz aus der Eingangsfrequenz und der Oszillatorfrequenz (auch als Mischerfrequenz bezeichnet). Bei der Abwärtsmischung wird der Differenzwert verwendet. Dies bedeutet für das Eingangssignal im Frequenzspektrum eine Verschiebung um die Oszillatorfrequenz zu kleineren Frequenzen hin.

Beispiel: Bei UKW-Empfängern wird die Zwischenfrequenz 10,7 MHz stets durch Abwärtsmischung der Frequenz aus dem Eingangsfrequenzbereich 87,5...108 MHz gewonnen.

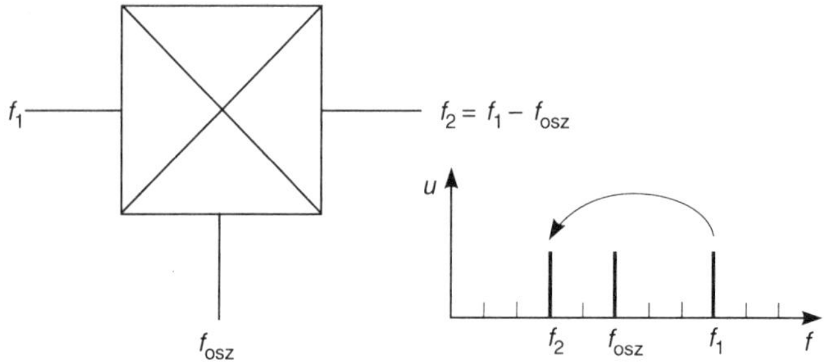

Abwärtsstrecke – downlink [engl.] Funkstrecke beim Satellitenfunk vom Satelliten zur Empfangsstation und beim terrestrischen Mobilfunk von der Basisstation zur Mobilstation. Das Gegenstück von der Abwärtsstrecke [downlink] ist die Aufwärtsstrecke [uplink].

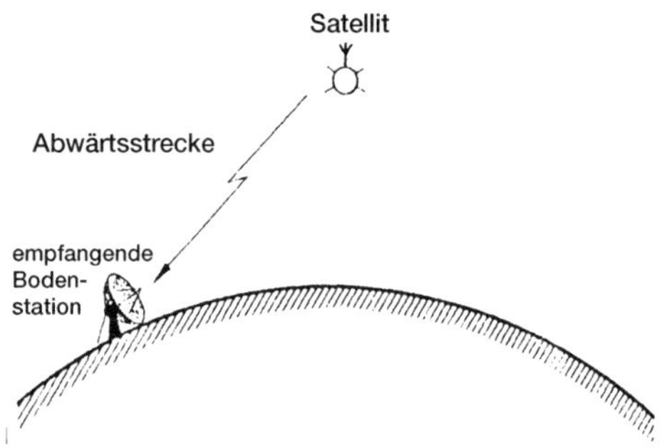

Abzweigpunkt Passive Anschlußstelle für eine Stichleitung an einer durchgehenden Stammleitung in einer Kabelanlage. Im Regelfall ist die Abzweigung mit einer bestimmten Dämpfung des Signals verbunden.

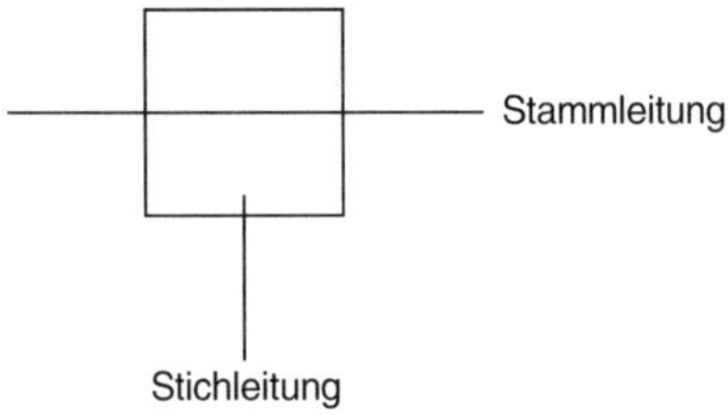

Abzweigverstärker Aktive Anschlußstelle für eine Stichleitung an einer durchgehenden Stammleitung in einer Kabelanlage. Der Abzweigverstärker besitzt einen Eingang und zwei Ausgänge, wobei die Abzweigung im Regelfall einen kleineren Pegel aufweist als der Hauptzweig.

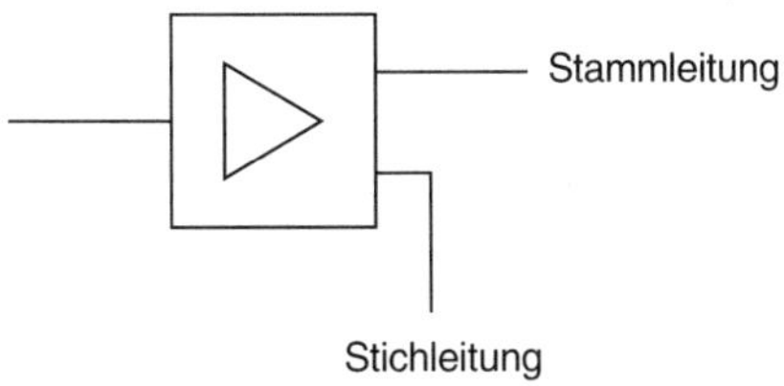

ACATS – siehe: Advisory Committee on Advanced Television Service

access method [engl.] – siehe: Zugriffsmethode

access time [engl.] – siehe: Zugriffszeit

ACD (automatic call distribution) [engl.] – automatische Anrufverteilung. System zur Verteilung telefonischer Anrufe nach definierten Strategien auf die verfügbaren Nebenstellen bzw. Operatoren.

ACK (positive acknowledgement) [engl.] Steuerzeichen bei zeichenorientierter Übertragung digitaler Signale, durch welches die fehlerfreie Übertragung eines Datenblocks bestätigt wird. Bei fehlerhaft übertragenen Datenblocks erfolgt durch das Steuerzeichen NAK (negative acknowledgement) die Aufforderung zur wiederholten Übertragung.

ADA (audio distribution amplifier) [engl.] – Audio(signal)-Verteilverstärker. Niederfrequenzverstärker, der mehrere Ausgänge für dasselbe Audiosignal aufweist und damit die parallele Verteilung des Signals auf mehrere Übertragungskanäle und/oder Geräteeingänge ermöglicht.

Adapter Technische Funktionseinheit, die eine Zusammenschaltung von Baugruppen und Geräten ermöglicht, die zueinander nicht kompatibel (verträglich) sind.

ADC – siehe: Analog/Digital-Umsetzer

ADF (automatic direction finder) [engl.] Radiokompaß (für den Einsatz in Flugzeugen und sonstigen Luftfahrzeugen) Der ADF dient zur Richtungsbestimmung und basiert auf einer Kreuzrahmenantenne, deren Ausgangsspannung zu einer vertikalen Stabantenne als Vergleichsantenne in Bezug gesetzt wird. Als Antennendiagramm ergibt sich deshalb eine Kardioide mit einem eindeutigen Minimum. Für die Funktion sind terrestriche Bezugssender erforderlich.

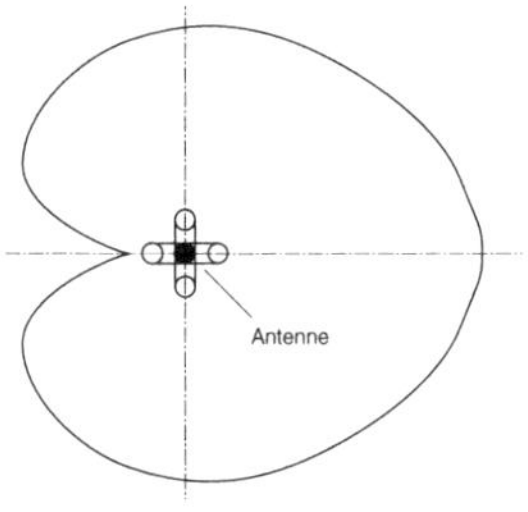

adjustment [engl.] – siehe: Abgleich

Adreßbus Leitungsweg in einem technischen System zur Übertragung von Bitmustern zur Adressierung von Speicherkapazitäten oder Peripheriegeräten. Kennzeichnend ist die Busbreite, typische Werte sind 8 Bit, 16 Bit, 32 Bit oder 64 bit. Die Adressen werden im Regelfall parallel übertragen und erfordern daher entsprechende Mehrfachleitungen.

Adresse – address [engl.] Bit- oder Zeichenfolge, die Geräte, Schnittstellen, Nutzer oder Anwendungen kennzeichnet. Adressen sind Datenworte definierter Länge und Struktur. Nur durch die Verwendung von Adressen ist bei der Informationstechnik eine automatische Abwicklung der Verarbeitung und Übertragung möglich. Ohne Adressen kann weder auf Hardware noch auf Software zielgerichtet zugegriffen werden.

Adreßfeld – address field [engl.] Steuerfeld eines Rahmens bei digitaler Übertragung zur Aufnahme von Stations-, Verbindungs- oder Netzadressen.

ADSL (asymmetrical digital subscriber line) [engl.] – Asymmetrische digitale Teilnehmerleitung. Übertragungssystem zur Verwendung der von einer Vermittlungsstelle zum Teilnehmeranschluß installierten Kupfer-Doppeladern im Fernmeldenetz für Bitraten bis ca. 6 Mbit/s.

ADU – siehe: Analog/Digital-Umsetzer

Advisory Committee on Advanced Television Service (ACATS) [engl.] Komitee zur Erarbeitung von Vorschlägen für ein terrestrisches digitales Fernsehsystem in den Vereinigten Staaten von Amerika (USA).

ADW – siehe: Analog/Digital-Umsetzer

A/D-Wandler (Analog/Digital-Wandler) (ADW) Technische Funktionseinheit, welche ein analoges Eingangssignal in ein digitales Ausgangssignal wandelt.

A/D-Wandlung (Analog/Digital-Wandlung) – A/D-conversion (analog-to-digital conversion) [engl.] Umsetzung eines analogen Signals in ein digitales Signal. Die Umkehrung der A/D-Wandlung ist die D/A-Wandlung.

aerial [engl.] – siehe: Antenne

AF – siehe: Niederfrequenz

AFR – siehe: automatic frequency control

AFT (automatic fine tuning) [engl.] – Selbsttätige Feinabstimmung. Durch die AFT wird bei einem Empfänger bei jeder groben Einstellung auf einen Sender die Oszillatorfrequenz automatisch so lange verändert, bis die Trägerfrequenz des Senders am Empfängereingang erreicht ist. Diese Funktion ist allerdings nur innerhalb eines bestimmten Frequenzbereiches, dem sog. Fangbereich, sichergestellt.

AGC (automatic gain control) [engl.] – automatische Verstärkungsregelung (AVR). Die AGC soll bewirken, daß bei einem Übertragungssystem oder einer Verstärkerkette auch bei schwankender Eingangsspannung eine konstante Ausgangsspannung auftritt. Dies ist allerdings nur für einen bestimmten Variationsbereich des Eingangssignals realisierbar.

Agentenprogramm Suchprogramme, die nach Vorgabe eines definierten Themas im Internet, aber auch in anderen Datenbanken (z. B. Nachrichtenagenturen), Informationen sammeln und das Vorliegen eines Ergebnisses dem Teilnehmer per elektronischer Post [E-mail] mitteilen. Die Nutzung von Agentenprogrammen erfolgt im Regelfall im Offline-Betrieb, da diese Programme auf den Rechnern der Anbieter laufen.

aIML – siehe: analoge Internationale Mietleitung

aktiver Bildbereich Um die horizontale und vertikale Austastlücke reduziertes Signal eines Fernsehbildes, was die Beschränkung auf die nur real verfügbare Information auf dem Bildschirm bedeutet. Gemäß Standard beträgt die Zeilendauer eines Fernsehbildes 64 µs. Davon werden jedoch 12 µs für die horizontale Austastlücke benötigt, so daß für die Übertragung der eigentlichen Bildinformation nur 52 µs pro Zeile zur Verfügung stehen. Wegen der für den Bildwechsel erforderlichen Zeit sind von den gesamt 625 Zeilen pro Bild nur 575 Zeilen für die Übertragung der eigentlichen Bildinformation nutzbar.

Aktor Technische Funktionseinheit, die das Ergebnis einer elektronischen Verarbeitung in nicht-elektrische Größe umsetzt. Aktoren dienen häufig dazu, Spannungswerte in Bewegungsvorgängen, also mechanische Größen, umzusetzen (z. B. bei Druckern und Laufwerken).

ALERT-C (Advice and Problem Location for European Roads) [engl.] Protokoll für die digitale Übermittlung von Verkehrsinformationen im Verkehrsnachrichtenkanal [traffic message channel (TMC)] des Radio-Daten-Systems (RDS).

Algorithmus Berechnungsverfahren, welches durch Zerlegung in Einzelschritte möglichst schnell und einfach durchführbar ist und im Regelfall auf der Basis ganzer Zahlen arbeitet. Die Durchführung erfolgt meistens rechnergestützt.

Aliasing – Überlappungsfehler. Störeffekt im Frequenzbereich eines abgetasteten Signals, wenn bei der Abtastung das Abtasttheorem nicht erfüllt wurde, also Unterabtastung vorliegt. Dies bedeutet zu wenig Abtastungen im Zeitbereich, so daß sich die Amplituden-Frequenzgänge überlappen, weshalb nach der Tiefpassfilterung im Basisband auch Anteile des oberhalb auftretenden Bandes enthalten sind.

Aliasing-Filter – siehe: Anti-Aliasing Filter

Allpaß Vierpolschaltung (Zweitor) mit konstantem Amplituden-Frequenzgang und definiertem Phasen-Frequenzgang. Beim Allpaß ist die Durchgangsdämpfung für alle Frequenzen gleich, die Amplituden somit unabhängig von der Frequenz konstant. Die Phase dreht sich allerdings in Abhängigkeit von der Frequenz. Allpässe werden hauptsächlich als Laufzeitglieder zur Signalverzögerung, sowie als Entzerrerglieder für Phase oder Laufzeit eingesetzt.

Alphanumerik (AN) – Rufklasse bei Funkrufdiensten für die Übertragung alphanumerischer Zeichen

alphanumerisch – Möglichkeit der Angabe von Buchstaben, Ziffern oder Zeichen.

alternate mark inversion [engl.] – siehe: AMI

alternierend – alternating [engl.] Regelmäßiger Wechsel zwischen zwei Zuständen.

Beispiel: Bei der PAL [phase alternating line]-Fernsehübertragung wird die Phasenlage eines Farbdifferenzsignals von Zeile zu Zeile um 180° umgeschaltet. Die Phase alterniert also zwischen den Werten 0° und 180°.

ALU (arithmetic logic unit) [engl.] – Arithmetisch-logische Einheit. Rechenwerk in der Zentraleinheit eines Mikroprozessors zur Durchführung logischer Verknüpfungen vom Programm und/oder Betriebssystem stammenden Bitmustern.

AM – siehe: Amplitudenmodulation

american standard code for information interchange [engl.] siehe: ASCII

AMI-Code (alternate mark inversion code) [engl.] – Pseudoternärer, gleichstromfreier Datencode. Beim AMI wird die logische Eins abwechselnd durch die bipolaren Ternärelemente + 1 und – 1 dargestellt, während die logische Null mit dem Ternärelement 0 unverändert bleibt.

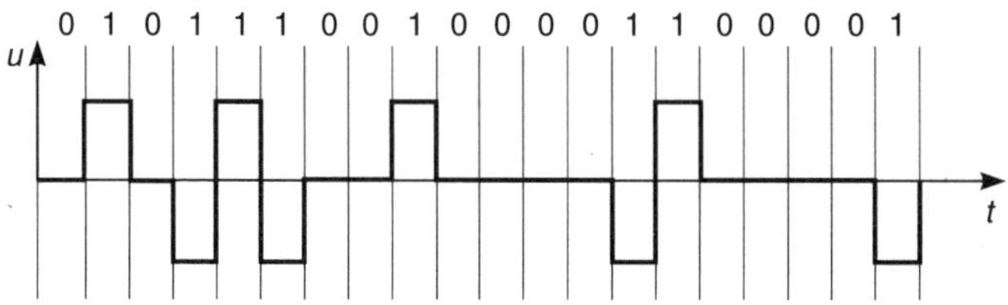

Amplitude – amplitude [engl.] Es gilt auch die Bezeichnung Signalamplitude. Maximalwert einer sinusförmigen Zeitfunktion. Dabei kann es sich um positive oder negative Werte handeln. Es ist auch üblich, den Begriff Amplitude ebenfalls bei nicht-sinusförmiger Zeitfunktion zu verwenden.

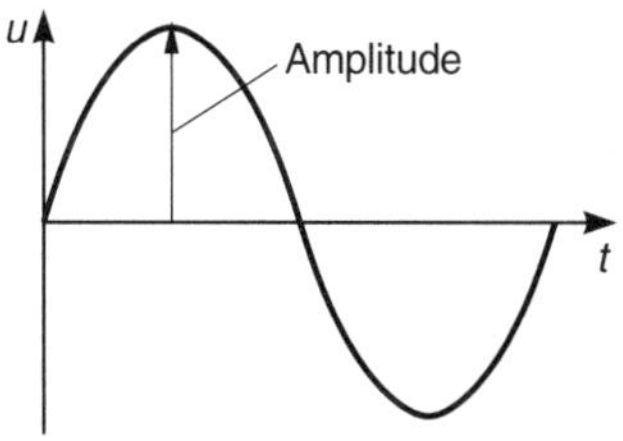

amplitude limiter [engl.] – siehe: Amplitudenbegrenzer

amplitude modulation [engl.] – siehe: Amplitudenmodulation

Amplitudenbegrenzer – amplitude limiter [engl.] Aktive oder passive Vierpolschaltung, die das Überschreiten eines Höchstwertes der Amplitude verhindert. Wird dem Amplitudenbegrenzer ein Signal mit wechselnder Amplitude zugeführt, dann tritt am Ausgang ein Signal mit konstanter Amplitude auf, soweit das Eingangssignal einen vorgegebenen Grenzwert überschreitet.

Beispiel: Bei UKW-FM-Empfängern wird im Regelfall für das Zwischenfrequenz-Signal (ZF-Signal) ein Amplitudenbegrenzer verwendet, der durch Störeinflüsse aufgetretene Veränderungen der Amplituden des ZF-Signals aufhebt, damit der FM-Demodulator ein konstantes Eingangssignal erhält.

Amplitudenbereich – Bereich zwischen kleinster und größter Amplitude, der möglich oder zulässig ist.

Amplitudendichte – Hüllkurve der Darstellung von Amplituden in Abhängigkeit von der Frequenz.

Amplituden-Frequenzgang – amplitude (frequency) response [engl.] Es gilt auch die Bezeichnung Amplitudengang. Darstellung von Amplitudenwerten in Abhängigkeit von der Frequenz.

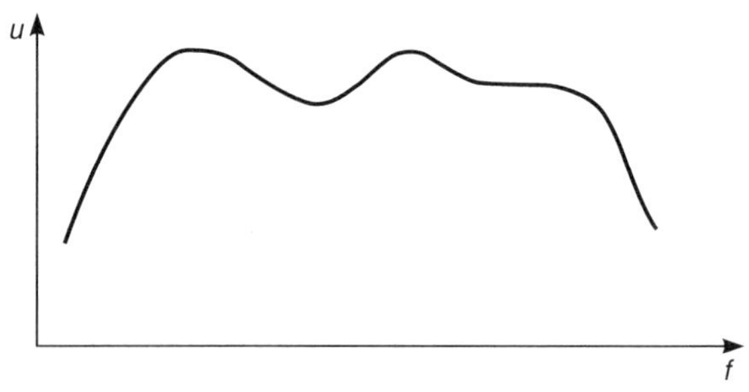

Dabei wird für die Frequenzen die x-Achse des Koordinatensystems verwendet, weshalb dafür auch die Bezeichnung Frequenzachse gilt.

Amplitudengang – siehe: Amplituden-Frequenzgang

Amplitudenmodulation (AM) – amplitude modulation (AM) [engl.] Analoges Modulationsverfahren, bei dem die Amplitude als Parameter des Trägersignals im Rhythmus des zu übertragenden Nutzsignals (als Modulationssignal $u_M(t)$ bezeichnet) verändert wird. Für das Verhältnis der Amplituden von Modulationssignal und Trägersignal gilt die Bezeichnung Modulationsgrad m.

$$m = \frac{\hat{u}_M}{\hat{u}_T}$$

Für die Zeitfunktion des amplitudenmodulierten Signals (AM-Signal) $u_{AM}(t)$ gilt:

$$u_{AM}(t) = \hat{u}_T \cdot \sin(\omega_T \cdot t) + \frac{m}{2} \cdot \hat{u}_T \cdot \cos((\omega_T - \omega_M)\cdot t)$$

$$- \frac{m}{2} \cdot \hat{u}_T \cdot \cos((\omega_T + \omega_M)\cdot t)$$

Das AM-Signal besteht bei einem zu übertragenden Frequenzband aus der Trägerfrequenz, dem oberen Seitenband (OSB) als Summe von Trägerfrequenz und zu übertragendes Frequenzband und dem unteren Seitenband (USB) als Differenz von Trägerfrequenz und zu übertragendes Frequenzband. Die zu übertragende Information ist bei der AM nur im Seitenband enthalten. Es gibt deshalb folgende Varianten der Amplitudenmodulation, gekennzeichnet durch unterschiedlichen Aufwand für die Sender und/oder Empfänger sowie unterschiedlichen Wirkungsgrad für das Übertragungssystem:

- Zweiseitenband-Amplitudenmodulation (ZSB-AM) mit vollem Träger

  [engl.: double sideband amplitude modulation (DSB-AM), full carrier]

- Zweiseitenband-Amplitudenmodulation (ZSB-AM) mit reduziertem Träger

  [engl.: double sideband amplitude modulation (DSB-AM), reduced carrier]

- Zweiseitenband-Amplitudenmodulation (ZSB-AM) mit unterdrücktem Träger

  [engl.: double sideband amplitude modulation (DSB-AM), suppressed carrier]

- Einseitenband-Amplitudenmodulation (ESB-AM) mit vollem Träger

  [engl.: single sideband amplitude modulation (SSB-AM), full carrier]

- Einseitenband-Amplitudenmodulation (ESB-AM) mit reduziertem Träger

  [engl.: single sideband amplitude modulation (SSB-AM), reduced carrier]

- Einseitenband-Amplitudenmodulation (ESB-AM) mit unterdrücktem Träger

  [engl.: single sideband amplitude modulation (SSB-AM), suppressed carrier]

- Restseitenband-Amplitudenmodulation (RSB-AM)

  [engl.: vestigial sideband amplitude modulation (VSB-AM)]

- Zweiseitenband-Amplitudenmodulation (ZSB-AM) mit voneinander unabhängigen Seitenbändern

  [engl.: independent sideband amplitude modulation (ISB-AM)]

Beispiel: Beim Hörfunk kommt im Mittelwellenbereich DSB-AM zum Einsatz, bei Kurzwelle auch ESB-AM mit verschiedenen Trägerwerten. Für das Fernsehen wird dagegen RSB-AM eingesetzt, damit alle Anteile des Videosignals übertragen werden können.

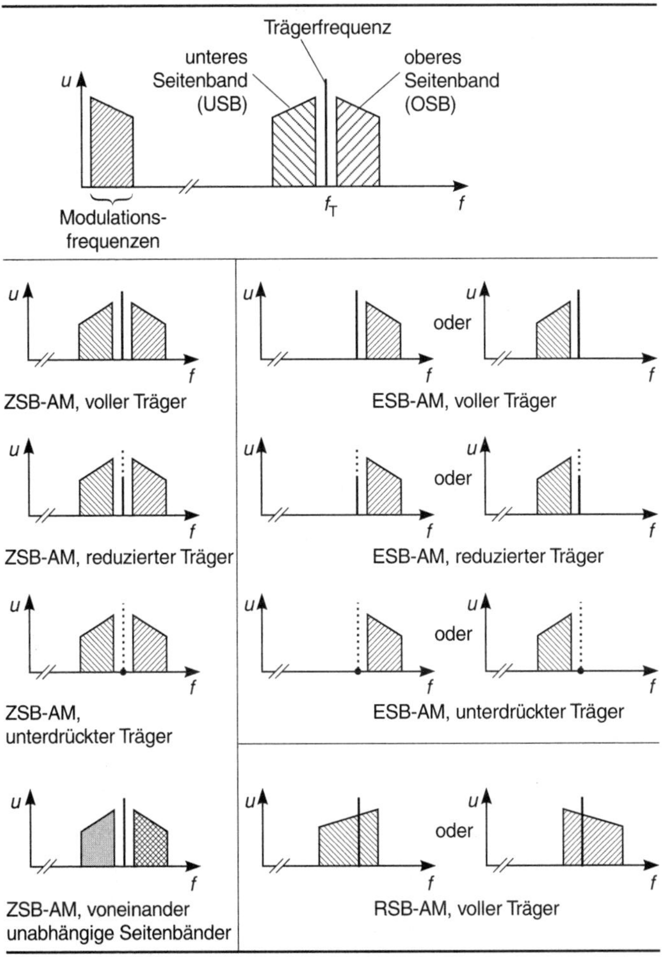

Amplitudenspektrum – siehe: Spektrum

Amplitudenumtastung – amplitude shift keying (ASK) [engl.] Digitales Modulationsverfahren, bei dem die Amplitude des sinusförmigen Trägersignals im Rhythmus des rechteckförmigen Modulationssignals zwischen (im Regelfall) zwei Werten wechselt. Die Phasenlage des Trägersignals bleibt dabei unverändert.

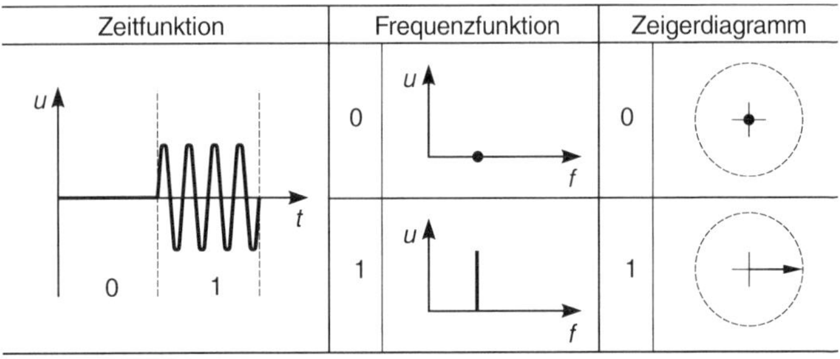

amplitude shift keying (ASK) [engl.] – siehe: Amplitudenumtastung

AM-Signal Durch Amplitudenmodulation (AM) sich ergebendes Signal. Die Amplitude des Trägersignals wird dabei im Rhythmus des Modulationssignals planmäßig verändert.

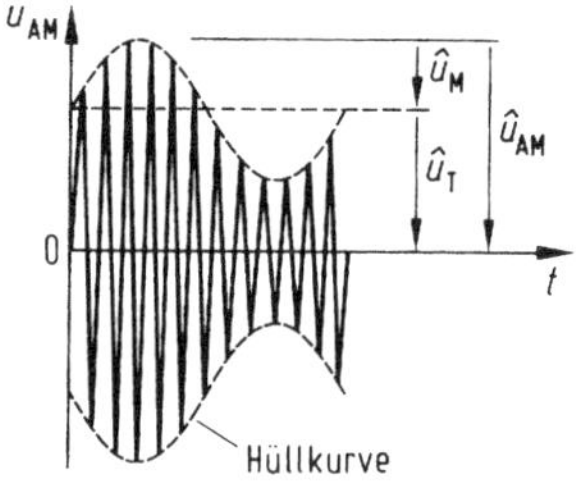

Die Hüllkurve des AM-Signals ist abhängig vom Modulationssignal $u_M(t)$ und dem Modulationsgrad m, also dem Verhältnis des Modulationssignals zum Trägersignal.

AM-TV (amplitude modulation television) [engl.] Analoge Fernsehübertragung unter Verwendung der Amplitudenmodulation. Es ist das typische Verfahren für die terrestrische Fernsehversorgung.

AN – siehe: Alphanumerik

analog – analog(ue) [engl.] Wert- und zeitkontinuierliche Verläufe physikalischer Größen. Innerhalb eines definierten Bereiches kann somit jeder Wert auftreten, es ist dadurch Vielwertigkeit gegeben. Der zum Begriff analog gegensätzliche Begriff ist digital.

Beispiel:Ein Mikrofon wandelt den Schalldruck in eine diesem Verlauf analoge Wechselspannung.

Analog/Digital-Umsetzer (ADU) – analog-to-digital converter (ADC) [engl.] Es gilt auch die Bezeichnung Analog/Digital-Wandler (ADW). Technische Funktionseinheit, die ein analoges Signal in ein digitales Signal umsetzt.

Das Gegenstück des Analog/Digital-Umsetzers (ADU) ist der Digital/Analog-Umsetzer (DAU).

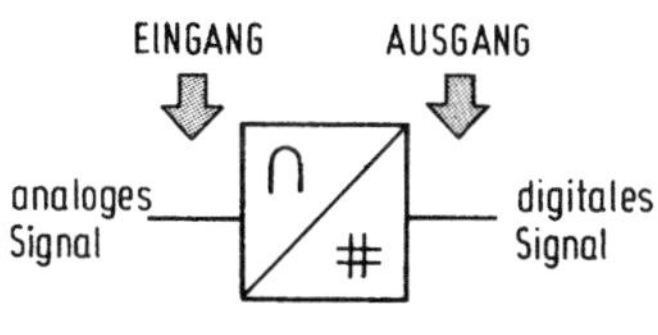

Analog/Digital-Wandler – siehe: Analog/Digital-Umsetzer

analoge Internationale Mietleitung (aIML) – Es gilt auch die Bezeichnung „IML, analog“. Analoge Standleitung für internationale Kommunikation.

analoger Netzabschluß – network termination analog [engl.] Einrichtung für den Netzabschluß im öffentlichen Fernmeldenetz

Beispiel: Die Telekommunikations-Anschluß-Einheit (TAE) ist ein analoger Netzabschluß.

analoge Übertragung analog(ue) transmission [engl.] Übertragungsmethode, bei der die Kommunikation der Endgeräte über eine Verbindung mit definierter Bandbreite und Dynamik durch Verwendung analoger Signale erfolgt. Das Gegenstück der „analogen Übertragung“ ist die „digitale Übertragung“.

Analog-Filter – Komponente oder schaltungstechnische Einheit, die ein analoges Signal frequenzabhängig beeinflußt. Analog-Filter sind aktive oder passive Vierpole, die mit frequenzabhängigen Bauelementen die kontinuierliche Filterwirkung hervorrufen. Das Gegenteil zu Analog-Filtern stellen Digital-Filter dar, bei denen die Signalverarbeitung ausschließlich digital erfolgt. Quasi-Analog-Filter liegen vor, wenn analoge Signale am Eingang und Ausgang vorgesehen sind, die Filterung jedoch durch einen Digital-Filter erfolgt. Es wird dabei am Eingang eine Analog-Digital-Umsetzung durchgeführt und am Ausgang eine Digital-Analog-Umsetzung.

Analogtechnik – Verarbeitung und Übertragung von Signalen, die zeit- und wertekontinuierlich verlaufen, also analoge Signale sind.

analog-to-digital converter [engl.] – siehe: Analog/Digital-Umsetzer

Analyse – Zerlegung in Bestandteile bei Signalen oder systematische Prüfung der Funktionsfähigkeit bei Schaltungen. Durch Analyse ist feststellbar, ob vorgegebene Anforderungen für Signale, Geräte, Anlagen oder Systeme erfüllt werden.

Beispiel:Jeder beliebige periodische Signalverlauf kann durch Analyse auf eine Summe von sinusförmigen Signalen (und ggf. einem Gleichanteil) zurückgeführt werden. Das Verfahren wurde vom französischen Mathematiker Fourier entwickelt, weshalb die Bezeichnung Fourier-Analyse üblich ist.

ANC (anciliary data) [engl.] – Zusatzdaten. In einem Übertragungssystem dem zu übertragenden Signal ergänzend beigefügte Daten.

ANI (automatic number identification) [engl.] – Automatische Rufnummern-Identifizierung. Optionales Leistungsmerkmal in Fernmeldenetzen mit Wählbetrieb.

Animation Erzeugung künstlicher Bilder in schneller Abfolge, so daß der Eindruck eines fließenden Bewegungsablaufs entsteht. Mit entsprechendem Rechenaufwand ist es dabei auch möglich, den Blickwinkel, also die Perspektive, beliebig zu ändern.

Anklopfen – call wait (CW) [engl.] Leistungsmerkmal in digitalen Kommunikationsnetzen mit Wählbetrieb zur Signalisierung eines Verbindungswunsches bei einem angewählten Teilnehmer-Endgerät, welches besetzt ist. Dabei kann optional auch die Rufnummer des rufenden Teilnehmers angezeigt werden.

ANL – siehe: automatic noise limiter

Anpassung – matching [engl.] Erfüllung elektrischer und ggf. mechanischer Schnittstellenbedingungen, um optimale Signalübertragung (d. h. mit geringstmöglichen Störungen und Verlusten) zu erreichen. Bei Anpassung soll entweder maximale Wirkleistung übertragen werden (= Leistungsanpassung), oder die Übertragung mit kleinstmöglicher Reflexion an der Schnittstelle erfolgen

(= Widerstandsanpasung). Beide Forderungen werden gleichzeitig erfüllt, wenn der Innenwiderstand der Quelle Z_i und der als Last wirkende Außenwiderstand Z_a nur Realteile aufweisen, also Blindkomponenten nicht gegeben sind. Es gilt dann als Bedingung für die Anpassung: $R_a = R_i$. Abweichung von der Anpassung führt zur Reflexion von Teilen des zum Außenwiderstandes verlaufenden Signals, es ergibt sich also ein rücklaufendes Signal. Diese Situation wird als Fehlanpassung [mismatching] bezeichnet und ist zahlenmäßig durch den Reflexionsfaktor, die Rückflußdämpfung, den Anpassungsfaktor oder den Welligkeitsfaktor beschreibbar. Diese Kenngrößen sind zueinander gleichwertig und können gegeneinander umgerechnet werden.

Anpassungsnetzwerk – Passiver Vierpol zur Herstellung der Anpassung zwischen zwei beliebigen Vierpolen und/oder Zweipolen. Anpassungsnetzwerke bestehen im Regelfall entweder aus Widerständen oder Kombinationen von Kondensatoren und Spulen (LC-Netzwerke). Eingangs- und Ausgangswiderstand des Netzwerkes werden so konzipiert, daß die Anpassung für die angeschlossenen Vierpole/Zweipole vorliegt.

Beispiel: Zur Anpassung der Antenne an einen Sender kommt häufig ein sog. π-Glied zum Einsatz. Es besteht aus einer Spule im Längszweig und je einem Kondensator vor und nach der Spule als Querzweig. Damit wird auf der einen Seite der Senderausgang angepaßt, auf der anderen Seite dagegen die Impedanz der Antenne.

Anpassungsschaltung Passiver oder aktiver Vierpol zur Herstellung der Anpassung zwischen zwei beliebigen Vierpolen und/oder Zweipolen.

Anrufbeantworter Telekommunikations-Endgerät, das parallel zum Telefon geschaltet wird. Es kann Ansagen durchführen und den Anruf aufzeichnen, wenn der Teilnehmer nicht erreichbar ist oder den Anruf nicht selbst annehmen will. Der Anrufbeantworter schaltet sich automatisch mit seiner Ansage ein, wenn das Rufzeichen mehrfach aufgetreten ist und der Telefonhörer nicht abgenommen wurde. Nach der Ansage schaltet er automatisch auf Anrufaufzeichnung um und kennzeichnet dies durch einen Signalton. Die Speicherung der Ansage und des Anrufs kann auf Magnetbandkassetten oder mit Hilfe digitaler Festwertspeicher erfolgen. Es sind auch kombinierte Versionen möglich (z. B. Ansage digital gespeichert, Anrufaufzeichnung auf Magnetband).

Anrufsperre Leistungsmerkmal in Kommunikationsnetzen mit Wählbetrieb zur dauerhaften oder vorübergehenden Verhinderung ankommender Verbindungen. Das Gegenstück der „Anrufsperre" ist die „abgehende Sperre".

Anrufumleitung – siehe: Rufumleitung

Anrufweiterschaltung – siehe: Rufumleitung

Anrufwiederholung – siehe: Rufwiederholung

Ansagedienst Sprachorientierter Mehrwertdienst in Telefonnetzen zur automatischen Ausgabe gespeicherter Informationen in Sprachform auf Anforderung des Anrufers.

Anschlußbereich (AsB) Teil des Anschlußnetzes im öffentlichen Telefonnetz, für den ein Anschlußknoten (z. B. Vermittlungsstelle) zuständig ist.

Anschlußknoten (AsK) Verzweigungspunkt in einem Kommunikationsnetz, mit dem Teilnehmeranschlüsse unterstützt werden.

Anschlußleitung (AsL) Verbindung im öffentlichen Telefonnetz vom Anschlußknoten in einem Anschlußbereich (AsB) zum Teilnehmeranschluß. Die Anschlußleitung ist bisher überwiegend als Kupfer-Doppelader (Kupfer-DA) ausgeführt.

Anschlußnetz Teil des öffentlichen Telefonnetzes, der die Teilnehmeranschlüsse (Benutzeranschlüsse) bereitstellt. Die Verbindung erfolgt über Anschlußleitungen (AsL), die bisher überwiegend als symmetrische Kupfer-Doppeladern (Kupfer-DA) ausgeführt sind. Die Anschlußleitungen stützen sich auf Anschlußknoten (z. B. Vermittlungsstelle) örtlicher oder regionaler Anschlußbereiche (AsB).

ANSI (American National Standardization Institute) [engl.] Nationale Normungsorganisation in den Vereinigten Staaten von Amerika (USA). Diese Organisation ist dem Deutschen Institut für Normung (DIN) vergleichbar.

Anstiegszeit – rise time t_r[engl.] Zeit für den Anstieg der Vorderflanke eines Impulses von 10% auf 90% des Maximalwertes. Die Anstiegszeit kennzeichnet die Flankensteilheit der vorderen Flanke eines Impulses. Das Gegenteil der Anstiegszeit [rise time] ist die Abfallzeit [fall time].

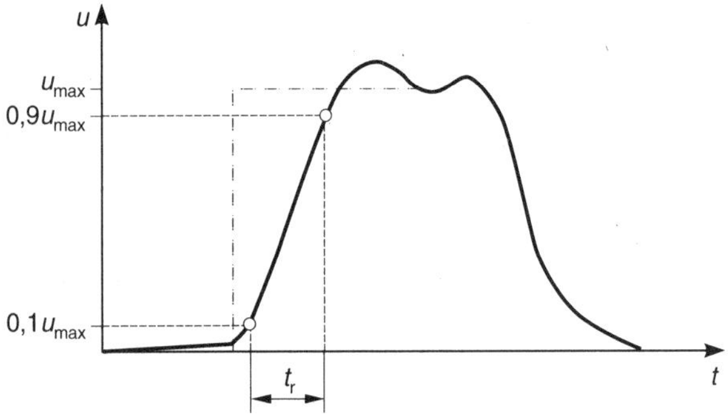

antenna [engl.] – siehe: Antenne

antenna diversity [engl.] – Antennendiversity

antenna gain [engl.] – siehe: Antennengewinn

Antenne – antenna [engl.] oder aerial [engl.] Technische Funktionseinheit zur Abstrahlung oder zum Empfang elektromagnetischer Wellen. Jede Antenne ist ein Wandler zwischen geführten und nicht geführten elektromagnetischen Wellen. Bei Abstrahlung liegt eine Sendeantenne vor, während es sich beim Empfang um eine Empfangsantenne handelt. Für Sende- und Empfangsantennen gilt das Reziprozitätstheorem, die Antennen sind deshalb grundsätzlich gegeneinander austauschbar. Jede Sendeantenne ist somit auch als Empfangsantenne verwendbar und umgekehrt. Antennen sind frequenzabhängige Baugruppen, die bestimmungsgemäße Funktion ist in der Praxis für eine definierte Bandbreite gegeben. Am Fußpunkt jeder Antenne ist ein von der Frequenz abhängiger Impedanzwert feststellbar, für optimale Signalübertragung muß für diesen die Anpassung an die Antennenleitung bzw. den Sender oder Empfänger erfolgen. Antennen weisen in der Praxis unterschiedliche Bauformen auf. Sie können jedoch in allen Fällen auf das Konzept des Dipols zurückgeführt werden.

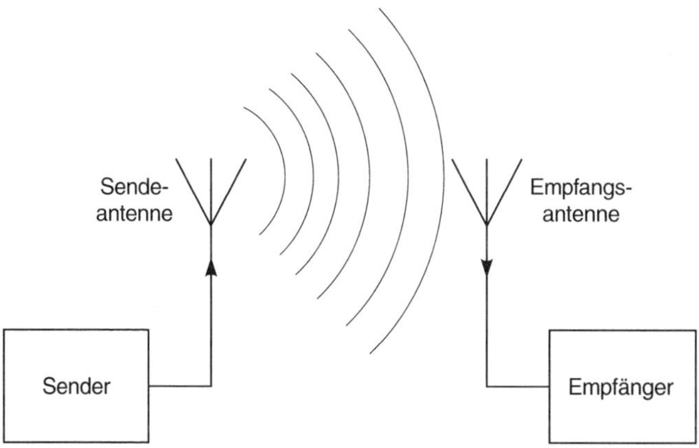

Antennendiversity – antenna diversity [engl.] Empfangsantennensystem mit mehreren räumlich getrennt aufgebauten Einzelantennen, wobei abhängig von der zeitlich oder räumlich veränderlichen Feldstärkeverteilung jeweils die günstigste Antenne automatisch zum Empfänger durchgeschaltet wird. Bei Antennendiversity kommt ein Mehrantennensystem zum Einsatz, der Empfang erfolgt jedoch stets nur mit einer Antenne. Die Auswahl der besten Antenne und die Durchschaltung erfolgt automatisch. Als Kriterium gilt dabei im Regelfall der Feldstärkewert am Ort der jeweiligen Antenne.

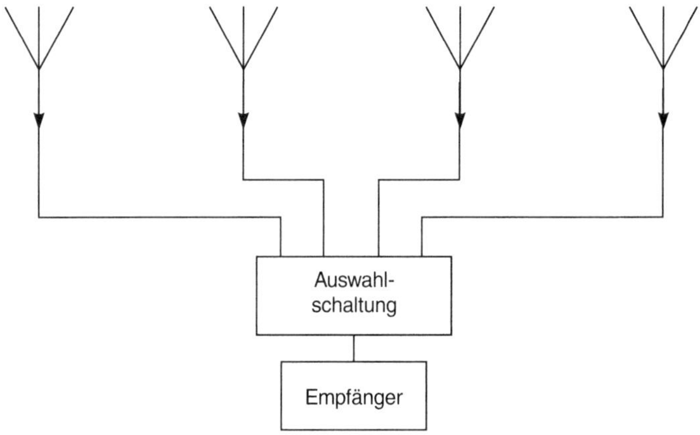

Antennengewinn – antenna gain [engl.] Verhältnis der Feldstärke einer Richtantenne in Hauptstrahlrichtung/Hauptempfangsrichtung zum Feldstärkewert einer Bezugsantenne in gleicher Richtung. Als Bezugsantenne dient dabei entweder ein Halbwellendipol oder ein Kugelstrahler (isotroper Strahler). Der Antennengewinn wird in der Praxis stets in Dezibel (dB) angegeben. Eine Angabe in dBd bedeutet den Halbwellendipol als Referenz, bei dBi ist es der Kugelstrahler. Um an einem vorgegebenen Empfangsort eine bestimmte Feldstärke zu erreichen, ist bei Verwendung einer

Richtantenne weniger Strahlungsleistung erforderlich, als mit einem Halbwellendipol oder Kugelstrahler. Das logarithmierte Verhältnis der Strahlungsleistung der Bezugsantenne zu der Strahlungsleistung der betrachteten Antenne ist der Antennengewinn. Bei Empfangsantennen bewirkt der Antennengewinn, daß gegenüber Verwendung der Bezugsantenne eine um den Antennengewinn größere Spannung am Antennenanschluß auftritt.

Anti-Aliasing – Verfahren zur Reduzierung oder Kompensation des Aliasing-Effektes.

Anti-Aliasing-Filter Vor die Abtastung eines Signals geschalteter Tiefpaß. Durch seine Grenzfrequenz kann sichergestellt werden, daß kein Aliasing mehr auftritt, wenn Zahl der Abtastungen im Zeitbereich entsprechend gewählt wird. Es wird in der Fachsprache auch der Begriff Aliasing-Filter verwendet. Dieser ist jedoch mißverständlich, weil das Filter das Aliasing nicht hervorruft, sondern verhindert.

Anwendung – application [engl.] Software (Programm für Rechner), die einem Benutzer die Durchführung definierter Aufgaben ermöglicht.

Anwendungsschnittstelle – siehe: API

AOR (atlantic ocean region) [engl.] Bezeichnung für die Orbitposition und die Ausleuchtzone geostationärer Satelliten in der Region Atlantischer Ozean.

Apertur Für die Bestimmung der Apertur wird von einer Hüllfläche ausgegangen, welche eine Sendeantenne vollständig umschließt. Der als strahlend angenommene Teil dieser Hülle ist die Apertur. Dabei kann die Strahlungsleistung gleichmäßig oder unregelmäßig über diese Fläche verteilt sein.

API (application programming interface) [engl.] – Anwendungsschnittstelle. Software-Schnittstelle, die über die vom Betriebssystem gestellte Bedienoberfläche die Realisierung vom Nutzer selbst definierter Anwendungen ermöglicht.

Apogäum – Erdfernster Punkt der elliptischen Umlaufbahn eines Satelliten um die Erde.

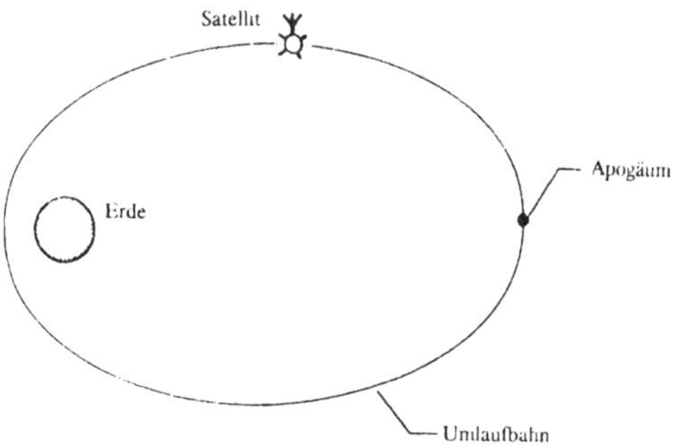

application [engl.] – siehe: Anwendung

application programming interface [engl.] – siehe: API

Arbeitsgemeinschaft der öffentlich-rechtlichen Rundfunkanstalten Deutschlands siehe: ARD

Arbeitsplatzrechner – Arbeitsplatzbezogener Personal Computer (PC), der an ein Netzwerk angeschlossen ist.

Arbeitspunkt – operating point [engl.] Durch die Dimensionierung einer Schaltung festgelegter Punkt im Kennlinienfeld eines Bauelements oder einer Zusammenschaltung von Bauelementen, der sich ohne Ansteuerung mit Signalen ergibt. Die Lage des Arbeitspunktes im Kennlinienfeld ist maßgebend für die bestimmungsgemäße Funktion einer Schaltung.

Arbeitsspeicher – random access memory (RAM) [engl.] Es handelt sich um einen Speicher mit wahlfreiem Zugriff in einem Rechner oder Rechnersystem. Dieser Speicher hat die Aufgabe, alle aktuell erforderlichen Daten zu speichern, damit diese der zentralen Verarbeitungseinheit [central processing unit (CPU)] direkt zur Verfügung stehen. Beim Ausschalten gehen die Daten im Arbeitsspeicher verloren, da es sich um einen flüchtigen Speicher handelt.

Architektur Konzeptioneller Rahmen für Kommunikationssysteme, Rechner, Rechneranlagen und sonstiger technischer Systeme, in dem Funktionen, Schnittstellen und Verfahren festgelegt sind.

ARD (Arbeitsgemeinschaft der öffentlich-rechtlichen Rundfunkanstalten Deutschlands) Verbund der in den Bundesländern zuständigen öffentlich-rechtlichen Landesrundfunkanstalten. Ziel ist die Zusammenarbeit in den programmlichen, betrieblichen, technischen und finanziellen Bereichen. Dazu zählt besonders die Produktion des ersten Fernsehprogramms, die Koordinierung der dritten Programme und der Programmaustausch im europäischen und internationalen Rahmen.

ARI (Autofahrer-Rundfunk-Information) Verfahren der Signalisierung von Verkehrsfunk-Durchsagen im UKW-Hörfunk, durch Übertragung bestimmter Kennungen über den Hilfsträger 57 kHz oberhalb des UKW-Multiplexsignals. Es sind folgende Signale festgelegt:

- Senderkennung (SK)

  d. h. Sender strahlt grundsätzlich Verkehrsfunk aus

  Realisierung: $f_T = 57$ kHz
- Bereichskennung (BK)

  d. h. nur der mit SK versehene Sender kann in einer festgelegten Region (A, B, C, D, E. F) empfangen werden, der die zugeordnete Kennung aufweist

Realisierung: Zweiseitenband-Amplitudenmodulation (ZSB-AM)

f_T = 57 kHz, f_M = 23 Hz...54 Hz (abhängig von der Region)

- Durchsagekennung (DK)

  d. h. der mit SK versehene Sender strahlt zur Zeit Verkehrsdurchsagen aus

  Realisierung: Zweiseitenband-Amplitudenmodulation (ZSB-AM)

  f_T = 57 kHz, f_M = 125 Hz

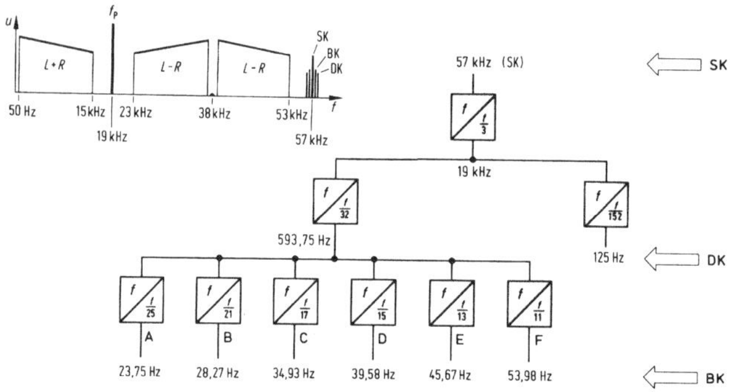

ARQ (automatic repeat request) [engl.] – Automatische Wiederholungsanforderung. Verfahren der Datenübertragung, bei dem fehlerhaft übertragene Blöcke durch entsprechende Quittierung zur wiederholten Übertragung aufgefordert werden.

Artefakt Bei der digitalen Bildübertragung auftretende sichtbare Störeffekte, bedingt durch nicht optimale Datenreduktion und/oder sonstige Einschränkungen der technischen Parameter bei der Übertragung.

AsB – siehe: Anschlußbereich

ASCII (american standard code for information interchange) [engl.] International verwendete Codierung für alphanumerische Zeichen und Sonderzeichen. Die Codeworte weisen pro Zeichen eine Länge von 7 Bit oder in einer erweiterten Fassung 8 Bit auf. Der Zeichensatz entspricht dem Internationalen Telegrafenalphabet Nr. 5.

<table>
<tr><td colspan="4">MSB ⇨</td><td>0</td><td>0</td><td>1</td><td>1</td><td>1</td><td>1</td><td>Bit 7</td></tr>
<tr><td colspan="4"></td><td>1</td><td>1</td><td>0</td><td>0</td><td>1</td><td>1</td><td>Bit 6</td></tr>
<tr><td colspan="4">LSB ⇩</td><td>0</td><td>1</td><td>0</td><td>1</td><td>0</td><td>1</td><td>Bit 5</td></tr>
<tr><td>0</td><td>0</td><td>0</td><td>0</td><td>SP</td><td>0</td><td>@</td><td>P</td><td></td><td>p</td><td></td></tr>
<tr><td>0</td><td>0</td><td>0</td><td>1</td><td>!</td><td>1</td><td>A</td><td>Q</td><td>a</td><td>q</td><td></td></tr>
<tr><td>0</td><td>0</td><td>1</td><td>0</td><td>″</td><td>2</td><td>B</td><td>R</td><td>b</td><td>r</td><td></td></tr>
<tr><td>0</td><td>0</td><td>1</td><td>1</td><td>#</td><td>3</td><td>C</td><td>S</td><td>c</td><td>s</td><td></td></tr>
<tr><td>0</td><td>1</td><td>0</td><td>0</td><td>$</td><td>4</td><td>D</td><td>T</td><td>d</td><td>t</td><td></td></tr>
<tr><td>0</td><td>1</td><td>0</td><td>1</td><td>%</td><td>5</td><td>E</td><td>U</td><td>e</td><td>u</td><td></td></tr>
<tr><td>0</td><td>1</td><td>1</td><td>0</td><td>&</td><td>6</td><td>F</td><td>V</td><td>f</td><td>v</td><td></td></tr>
<tr><td>0</td><td>1</td><td>1</td><td>1</td><td>′</td><td>7</td><td>G</td><td>W</td><td>g</td><td>w</td><td></td></tr>
<tr><td>1</td><td>0</td><td>0</td><td>0</td><td>(</td><td>8</td><td>H</td><td>X</td><td>h</td><td>x</td><td></td></tr>
<tr><td>1</td><td>0</td><td>0</td><td>1</td><td>)</td><td>9</td><td>I</td><td>Y</td><td>i</td><td>y</td><td></td></tr>
<tr><td>1</td><td>0</td><td>1</td><td>0</td><td>*</td><td>:</td><td>J</td><td>Z</td><td>j</td><td>z</td><td></td></tr>
<tr><td>1</td><td>0</td><td>1</td><td>1</td><td>+</td><td>;</td><td>K</td><td>[</td><td>k</td><td>{</td><td></td></tr>
<tr><td>1</td><td>1</td><td>0</td><td>0</td><td>,</td><td><</td><td>L</td><td>\</td><td>l</td><td>|</td><td></td></tr>
<tr><td>1</td><td>1</td><td>0</td><td>1</td><td>–</td><td>=</td><td>M</td><td>]</td><td>m</td><td>}</td><td></td></tr>
<tr><td>1</td><td>1</td><td>1</td><td>0</td><td>·</td><td>></td><td>N</td><td>^</td><td>n</td><td>~</td><td></td></tr>
<tr><td>1</td><td>1</td><td>1</td><td>1</td><td>/</td><td>?</td><td>O</td><td>_</td><td>o</td><td>DEL</td><td></td></tr>
<tr><td>Bit 4</td><td>Bit 3</td><td>Bit 2</td><td>Bit 1</td><td></td><td></td><td></td><td></td><td></td><td></td><td></td></tr>
</table>

Beispiel: Großbuchstabe Y im ASCII-Format:

Y_{ASCII} = 1 0 1 1 0 0 1

MSB LSB

ASIC (application specific integrated circuit) [engl.] – Anwendungsspezifische Integrierte Schaltung. Es handelt sich um Integrierte Schaltungen (IS) [integrated circuits (IC)], die nach den Vorgaben des Anwenders entwickelt werden und im Regelfall für solche Funktionen vorgesehen sind für die Standard-ICs nicht ausreichen.

AsK – siehe: Anschlußknoten

ASK – siehe: Amplitudenumtastung

AsL – siehe: Anschlußleitung

ASPEC (adaptive spectral entropy coding) [engl.] – Adaptive spektrale Entropie-Codierung. Standardisiertes Datenreduktionsverfahren für Audiosignale mit kleiner Bitrate (bis 64 kbit/s). ASPEC basiert auf der Nutzung psychoakustischer Effekte.

ASSP (application specific standard product) [engl.] Integrierte Schaltungen (IS) [integrated circuits (IC)] für anwendungsspezifische Systemaufgaben, die als Standardprodukte zahlreichen Anwendern zur Verfügung stehen.

Astra Aus mehreren auf der Orbitposition 19,2° Ost kopositionierten Satelliten bestehendes System zur Übertragung von Fernseh- und Hörfunkprogrammen. Der Direktempfang ist bereits mit Antennen möglich, deren Parabolspiegel Durchmesser von 45...60 cm aufweisen. Ergänzend zu der Generation Astra 1 auf 19,2° Ost ist die Generation Astra 2 auf 28,2° Ost geplant.

asymmetrical digital subscriber line [engl.] – siehe: ADSL

asymmetrische digitale Teilnehmerleitung – siehe: ADSL

asynchron – asynchronous [engl.] Digitale Übertragung, bei der Sende- und Empfangsseite nicht ständig im Gleichtakt arbeiten. Asynchrone Übertragung ist durch ein Startsignal vor und ein Stoppsignal nach jedem Zeichen gekennzeichnet. Dadurch wird die einwandfreie Übertragung der Zeichen sichergestellt. Das Gegenteil der asynchronen Übertragung ist die synchrone Übertragung.

asynchroner Übertragungsmodus – siehe: ATM

asynchronous – siehe: asynchron

asynchronous transfer mode [engl.] – siehe: ATM

ATM (asynchronous transfer mode) [engl.] Aasynchroner Übertragungsmodus. Standardisiertes Übertragungsverfahren für digitale Signale mit Paketvermittlung, das im asynchronen Zeitmultiplex mit Zellen fester Größe arbeitet. Die Zellen umfassen 53 byte, davon sind 5 byte Steuerdaten und 48 byte Nutzdaten. Das Übertragungsverfahren ATM ist für Bitraten von 155 Mbit/s und 622 Mbit/s konzipiert. Bei ATM werden aus den Signalen von Datenkanälen unterschiedliche Übertragungsraten jeweils die konstant großen Zellen gebildet. Dabei ergeben kleine Übertragungsraten weniger Zellen, während große Übertragungsraten eine entsprechend größere Zahl von Zellen bewirken. Jeder Zelle ist ein Adressteil, der sog. „cell header“, vorangestellt, damit die Informationen jeweils den richtigen Empfänger erreichen können. Das Gegenteil von ATM ist der synchrone Übertragungsmodus [synchronous transfer mode (STM)], bei dem die Daten jeweils in Kanälen mit einer spezifischen Übertragungsrate vom Sender zum Empfänger gelangen.

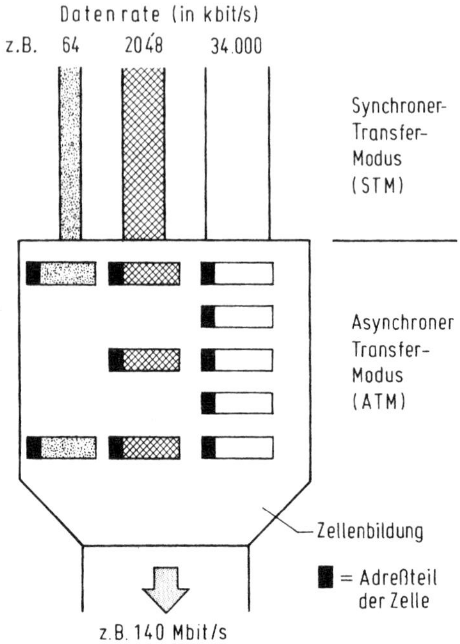

Abb, zu ATM

ATR – siehe: Tonbandgerät

AT-Standard – siehe: Hayes Standard

attenuation [engl.] – siehe: Dämpfung

Audio – International genutzte Bezeichnung für Tonsignale (Sprache, Musik, Geräusche).

audio distribution amplifier [engl.] – siehe: ADA

audio frequency [engl.] – siehe: Niederfrequenz

Audio(signal)-Verteilverstärker – siehe: ADA

audio tape recorder [engl.] – siehe: Tonbandgerät

Audiovision (AV) Sammelbegriff für die kombinierte Aufzeichnung, Wiedergabe und Nutzung von Audio- und Videosignalen

Auflösung – resolution [engl.] Es wird auch die Bezeichnung „Bildauflösung“ verwendet. Die Auflösung wird durch die Zahl der Bildelemente [picture elements (PEL)] – häufig auch als Pixel bezeichnet – beschrieben, aus denen ein Bild besteht. Dabei wird von quadratischen Bildelementen ausgegangen. Die Angabe erfolgt als Zahlenpaar (z. B. 640 x 480). Die erste Zahl gibt die Zahl der Bildpunkte in horizontaler (waagerechter) Richtung an, die zweite Zahl gilt für die Zahl der Bildpunkte in vertikaler (senkrechter) Richtung. Für die Diagonalen der gängigen Monitor-Bildschirme gelten für die Auflösung folgende Werte:

- 14-Zoll-Bildschirm: 640 x 480
- 15-Zoll-Bildschirm: 800 x 600
- 17-Zoll-Bilschirm: 1024 x 768

Wird bei konstanter Bildschirmgröße eine höhere Auflösung verwendet, dann werden mehr Bildelemente dargestellt und die Bildqualität steigt.

Aufwärtsfrequenz Bei einer Satellitenfunkverbindung von der Erde zum Satelliten verwendete Frequenz. Die Aufwärtsfrequenz ist auf der Erde die Sendefrequenz, für den Satelliten dagegen die Empfangsfrequenz.

Aufwärtskompatibilität Hardware oder Software arbeitet auch mit neueren Standards bzw. Versionen einwandfrei in seiner ursprünglichen Funktion.

Aufwärtskonvertierung – up-conversion [engl.] Umsetzung von einer gegebenen Spezifikation auf eine höherwertigere Spezifikation.

Das Gegenteil der „Aufwärtskonvertierung" ist die „Abwärtskonvertierung".

Beispiel: Die Erhöhung der Zeilenzahl eines Fernsehbildes von 625 auf 1250 ist eine Aufwärtskonvertierung.

Aufwärtsmischung Mischvorgang, bei dem das Ausgangssignal frequenzmäßig oberhalb des Eingangssignals liegt. Bei jeder Mischung ergibt sich die Summe und die Differenz aus der Eingangsfrequenz und der Oszillatorfrequenz (auch als Mischerfrequenz bezeichnet). Bei der Aufwärtsmischung wird der Summenwert verwendet. Dies bedeutet für das Eingangssignal im Frequenzspektrum eine Verschiebung um die Oszillatorfrequenz zu größeren Frequenzen hin.

Beispiel: Bei höherwertigen Empfängern wird zur Verbesserung der Spiegelfrequenzfestigkeit häufig als erste Zwischenfrequenz (ZF) eine Frequenz über der Eingangsfrequenz verwendet. Für die Realisierung ist Aufwärtsmischung erforderlich.

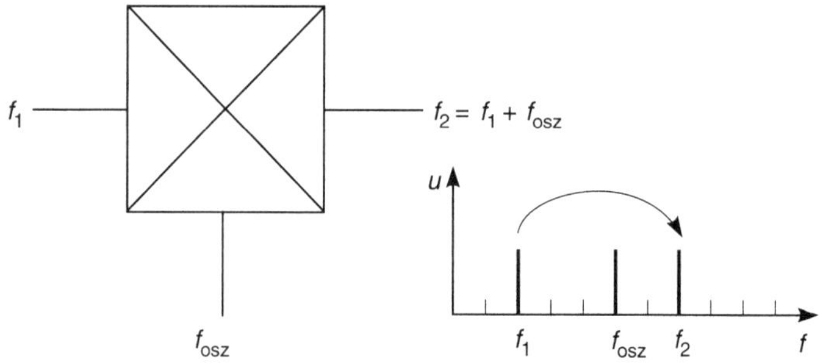

Aufwärtsstrecke – uplink [engl.] Funkstrecke beim Satellitenfunk von der Erdfunkstelle zum Satelliten und beim terrestrischen Mobilfunk von der Mobilstation zur Basisstation. Das Gegenstück von der Aufwärtsstrecke [uplink] ist die Abwärtsstrecke [downlink].

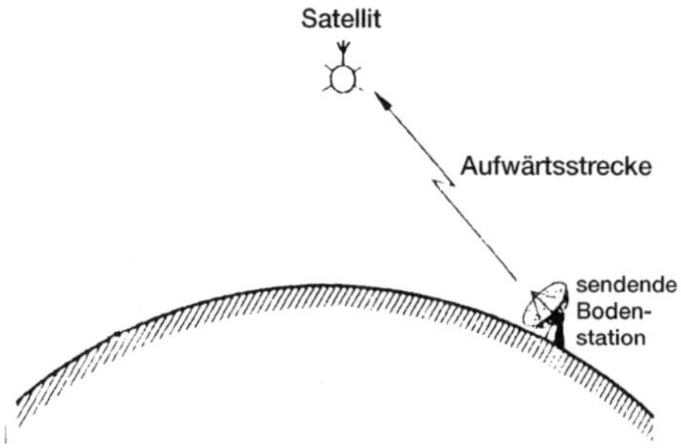

Aufzeichnung – recording [engl.] Speicherung von Audiosignalen und/oder Videosignalen mit Hilfe geeigneter Technologien. Bei der Aufzeichnung kann es sich um analoge oder digitale Signale handeln. Die Funktion basiert bei Band- und Plattenspeichern meist auf magnetischen und/oder optischen Effekten. Bei Festwertspeichern werden elektronische Speicherschaltungen eingesetzt, die Speicherung erfolgt dabei durch kapazitive Effekte.

Aufzeichnungsformat – recording format [engl.] Zusammenfassung der technischen Merkmale eines Systems für die Aufzeichnung von Audiosignalen und/oder Videosignalen. Dazu gehören z. B. die Breite des Magnetbandes, das Bandmaterial, die Lage der Aufzeichnungsspur, der Kopfradumschlingungswinkel, die Bandtransportgeschwindigkeit, usw.

Aufzeichnungsgerät – siehe: recorder

Augenblickswert – Es gilt auch die Bezeichnung Momentanwert. Wert einer physikalischen Größe (z. B. Spannung) zu einem definierten Zeitpunkt.

Augendiagramm – eye pattern [engl.] Übereinanderschreibende Darstellung der 0/1- und 1/0-Übergänge einer empfangenen Bitfolge auf dem Bildschirm eines Oszilloskopes.

Bei idealer Übertragung würde die ursprüngliche Form der Bits auftreten, also Rechteckform oder der eher übliche $\cos^2$-förmige Verlauf. Dabei wäre konstante Periodendauer und Amplitude gegeben, was als Ergebnis auf dem Bildschirm zu einer dünnen Kurve, ähnlich den Umrissen eines Auges führen würde. Bedingt durch vom Übertragungssystem hervorgerufenen Jitter (d. h. Schwankungen der Taktfrequenz) ergeben sich horizontale und durch Amplitudenschwankungen vertikale Verwischungen der Bildschirmdarstellung, so daß der als „Augenöffnung" bezeichnete signalfreie Raum zwischen allen übereinandergeschriebenen Kurven mehr oder weniger zusammenschrumpft. Je kleiner die Augenöffnung wird, desto geringer ist die Übertragungsqualität und umgekehrt.

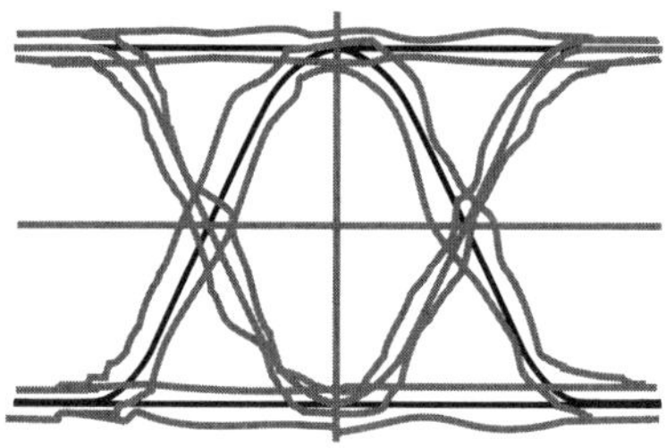

Augenempfindlichkeitskurve Darstellung der Abhängigkeit zwischen Empfindlichkeit des Auges und der Wellenlänge (oder Frequenz) des Lichtes. Jede Wellenlänge des Lichtes wird vom Auge als eine andere Farbe wahrgenommen. Dabei weist das menschliche Auge für jede Farbe eine andere Empfindlichkeit auf. So wird grün wesentlich stärker empfunden als rot und diese Farbe noch stärker als blau. Durch eine Vielzahl von Versuchen und Messungen wurde eine Standardfunktion ermittelt. Diese Kurve zeigt deutlich das nichtlineare Verhalten des Auges.

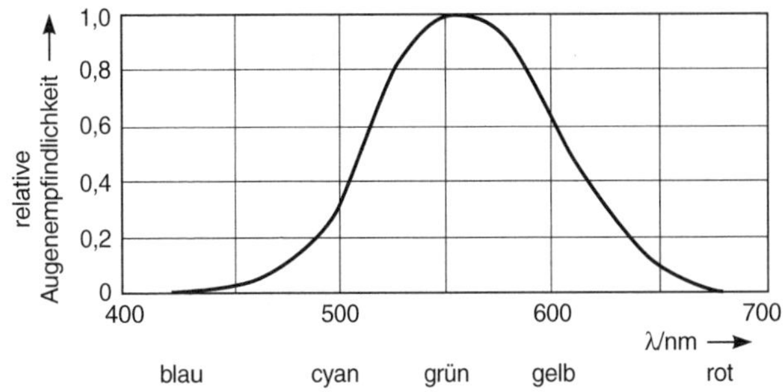

Ausbreitungsdämfung In einem Funkfeld durch Schwund, Absorption und/oder Streuung zusätzlich zur Grundübertragungsdämpfung auftretende Beeinflussung des Signals. Die Ausbreitungsdämpfung ist somit abhängig von der Topografie (d. h. Bebauung und Bewuchs) und den Witterungsgegebenheiten im Bereich zwischen Sender und Empfänger.

Ausgangsfrequenz – output frequency [engl.] Frequenz des Signals am Ausgang einer Schaltung, einer Baugruppe oder eines Gerätes.

Ausgangsimpedanz – output impedance [engl.] Am Ausgang eines beliebigen Vierpols (Zweitors) feststellbare Impedanz. Die Ausgangsimpedanz ist grundsätzlich eine komplexe Größe. Häufig reicht jedoch die Betrachtung des Betrages aus, weshalb auch die Bezeichnung Ausgangswiderstand üblich ist. Die Ausgangsimpedanz ist maßgebend für die Anpassung an den Eingang des nachfolgenden Vierpols (Zweitors) oder Zweipols (Eintors).

Ausgangssignal – output signal [engl.] Signal am Ausgang einer Schaltung, einer Baugruppe oder eines Gerätes. Das Ausgangssignal läßt sich als Zeitfunktion (z. B. mit einem Oszilloskop) und/oder als Frequenzfunktion (z. B. mit einem Spektrumanalysator) meßtechnisch erfassen.

Ausgangswiderstand – siehe: Ausgangsimpedanz

Ausleuchtzone – footprint [engl.] Gebiet auf der Erdoberfläche, bei dem durch gerichtete Abstrahlung elektromagnetischer Energie von einem Satelliten definierte Werte der Feldstärke bzw. Leistungsflußdichte gegeben sind. Durch die Konstruktion und den Öffnungswinkel der Sendeantenne des Satelliten können bei der Ausleuchtzone (fast) beliebige Formen erreicht werden. Die Konturlinien sind stets Linien gleicher Feldstärke bzw. Leistungsflußdichte, meist erfolgt die Angabe in dB(W/m^2). Dies ermöglicht Erkenntnisse über die erforderliche Größe der Empfangsantenne.

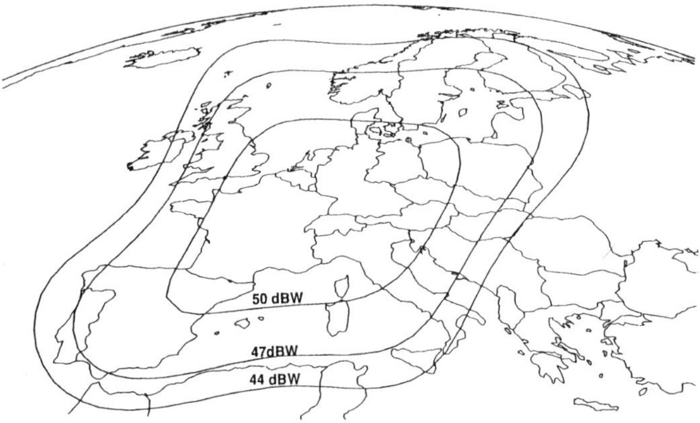

ausloggen – siehe: logout

Aussendung – Abstrahlung eines Signals in den umgebenden Raum mit Hilfe elektromagentischer Wellen durch Einsatz einer Sendeanlage.

Außeneinheit – outdoor unit [engl.] Teil einer Satellitenanlage, die sich außerhalb des Gebäudes befindet.

Beispiel:Der Parabol-Reflektor und die Speiseeinheit [feed unit] ist die Außeneinheit einer Satellitenempfangsanlage.

Außenleiter – outer conductor [engl.] Die beim Koaxialkabel den zentrischen Innenleiter vollständig umschließende leitende Hülle. Der Außenleiter ist entweder als Metallgeflecht oder als Metallfolie aufgebaut. Um ein großes Schirmdämpfungsmaß zu erreichen, sind auch zwei übereinanderliegende Außenleiter üblich, was dann als „doppelt geschirmt" bezeichnet wird.

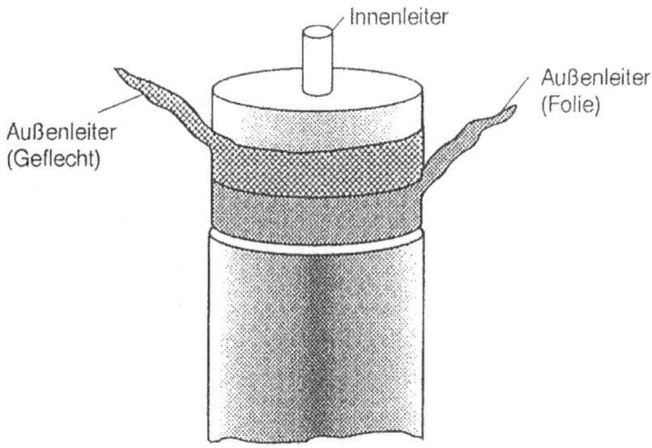

Aussteuerbereich – siehe: Aussteuerungsbereich

Aussteuerungsbereich – dynamic range [engl.] Es gilt auch die Bezeichnung Aussteuerbereich. Zulässiger Bereich für das Eingangssignal bei einem beliebigen Vierpol (Zweitor), damit bei analogen Signalen der lineare Zusammenhang zwischen Ausgangssignal und Eingangssignal erhalten bleibt. Der Aussteuerungsbereich ist abhängig von der spezifischen Kennlinie des Vierpols $u_2 = f(u_1)$, also der Abhängigkeit zwischen Ausgangsspannung u_2 und Eingangsspannung u_1. Im Regelfall ist nur der lineare Teil dieser Kennlinie von Interesse. Eine zu große Eingangsspannung führt zur Übersteuerung und ergibt bei der Ausgangsspannung Verzerrungen des Kurvenverlaufes gegenüber der Eingangsspannung.

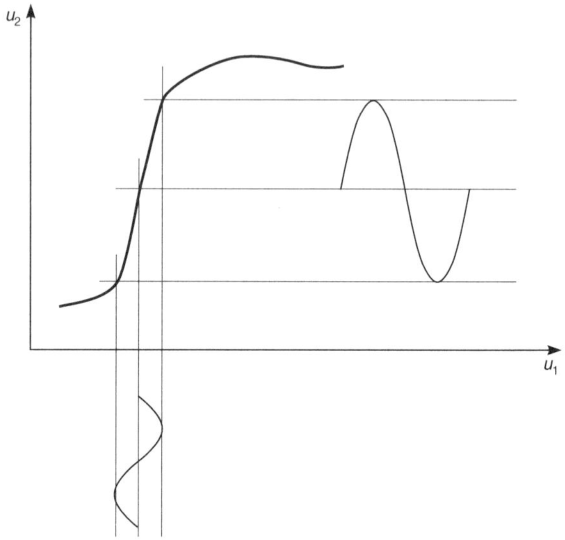

Austastlücke Bei Videosignalen während des Zeilenrücklaufs und Bildrücklaufs, nicht für die Übertragung genutzte Zeiten. Das Videosignal ist dabei also ausgetastet, was einer Dunkeltastung entspricht. Beim Zeilenrücklauf, also dem Zeilenwechsel, liegt die horizontale Austastlücke vor. Beim Bildrücklauf, also dem Bildwechsel, handelt es sich dagegen um die vertikale Austastlücke.

Austastung – blanking [engl.] Vollständige Unterdrückung eines Signals in definierten Zeitabschnitten. Die Austastung hat stets die Aufgabe, bei einem Nutzsignal nicht gewollte Anteile zu eliminieren. Dabei werden Störungen unterdrückt oder Platz für andere Signale geschaffen.

auto call back [engl.] – Automatischer Rückruf. Bei Anwahl eines Modems oder eines Endgerätes in Wählnetzen ausgelöster automatischer Rückruf zur Verhinderung nichtautorisierter Zugriffe.

Autofahrer-Rundfunk-Information – siehe: ARI

automatic call distribution [engl.] – siehe: ACD

automatic direction finder [engl.] – siehe: ADF

automatic fine tuning [engl.] – siehe: AFT

automatic frequency control (AFC) – Selbsttätige Frequenzeinstellung. Es gilt auch die Bezeichnung „automatische Frequenzregelung" (AFR). Die AFC dient bei Empfängern dazu, die Frequenz des eingestellten Senders konstant zu halten. Dabei kommen Diskriminatorschaltungen zum Einsatz, die bei Abweichung von der Trägerfrequenz des Senders eine Nachstimmspannung für den Oszillator bewirken.

automatic gain control [engl.] – siehe: AGC

automatic noise limiter (ANL) [engl.] – Selbsttätiger Rauschbegrenzer. Technische Funktionseinheit mit der Aufgabe, den Störabstand (d. h. Abstand zwischen Nutzsignalpegel und Rauschsignalpegel) zu verbessern und damit eine Begrenzung des durch Rauschen bedingten Störeinflusses zu bewirken.

automatic repeat request [engl.] – siehe: ARQ

automatische Anrufverteilung – siehe: ACD

automatische Frequenzregelung – siehe: automatic frequency control

automatische Richtungsumkehr – siehe: auto reverse

automatische Verstärkungsregelung – siehe: AGC

Autotelefon Im Kraftfahrzeug eingesetztes Funktelefon, mit am Fahrzeug angebrachter Antenne und im Regelfall Stromversorgung aus dem Bordnetz. Das Autotelefon ist eine Variante des Funktelefons für den Zugang zu einem oder mehreren Mobilfunknetzen. Im Gegensatz zu portablen Geräten oder Handies, kann mit größeren Strahlungsleistungen gearbeitet werden, außerdem sind durch die Platzierung der Antenne auf der Metallkarosserie des Fahrzeugs Probleme bezüglich der elektromagnetischen Verträglichkeit (EMV) für den Nutzer fast vollständig ausgeschlossen.

auto reverse [engl.] – Automatische Richtungsumkehr. Automatische Umschaltung der Laufrichtung eines mit Magnetband arbeitenden Aufzeichnungsgerätes am Bandende. Auto reverse kann bei Kassettengeräten und Spulengeräten verwendet werden. Es setzt jedoch voraus, daß die Aufzeichnung auf getrennten Spuren in beiden Laufrichtungen erfolgt. Dies ist in der Praxis nur bei Audiosignalen üblich, für Videosignale wird dagegen die gesamte Breite des Magnetbandes für eine Laufrichtung benötigt. Durch das Leistungsmerkmal „auto reverse“ ist bei einem Kassettenrecorder am Ende der Spieldauer einer Seite das Wenden der Kassette nicht erforderlich. Dadurch wird die ununterbrochene Spielzeit gegenüber einem Gerät ohne „auto reverse“ verdoppelt.

AUX (auxiliary) [engl.] – Hilfe, Zusatz, Reserve. Kennzeichnung für Anschlüsse oder Signale, welche die Nutzung weiterer Geräte oder Komponenten ermöglichen bzw. die Übertragung von Hilfssignalen oder zusätzlicher Signale.

auxiliary – siehe: AUX

AV – siehe: Audiovision

AVR – siehe: AGC

Azimutdiagramm – Es gelten auch die Bezeichnungen Horizontaldiagramm und horizontale Strahlungscharakteristik. Das Azimutdiagramm ergibt sich durch die Linien gleicher Feldstärke, ermittelt in allen Richtungen auf der Azimutebene um die Antenne. Das Gegenteil des Azitmutdiagramms (Horizontaldiagramms) ist das Elevationsdiagramm (Vertikaldiagramm).

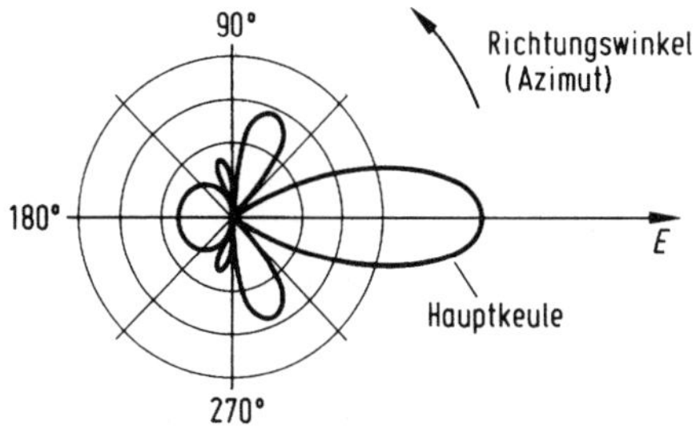

Azimutwinkel – Es gilt auch die Bezeichnung Richtungswinkel. Winkel im Azimutdiagramm einer Antenne bezogen auf die Hauptstrahlungsrichtung. Im Regelfall wird beim Umlauf um die Antenne der Winkel im Uhrzeigersinn gezählt. Der Azimutwinkel kann auch auf die Nordrichtung bezogen werden, die Hauptstrahlungsrichtung weist dann eine feste Abweichung auf.

B

BA – siehe: Basisanschluß

BaAs – siehe: Basisanschluß

backbone [engl.] – Stütznetz für Datenübertragung. Nichtredundante Datennetzkonfiguration mit großer Übertragungsgeschwindigkeit (Bitrate) zur Verbindung lokaler oder regionaler Subnetze.

backup [engl.] – Absicherung, Reserve. Sammelbezeichnung für Geräte und Verfahren, die als Reserve, Ersatz, Ausweich oder Sicherung dienen. In der Datentechnik handelt es sich um die strukturierte Sicherung von Daten auf Disketten oder speziellen Laufwerken (z. B. Streamern). Bei elektronischen Systemen sind es Komponenten (d. h. Anlagenteile, Geräte, Baugruppen), die im Fehlerfall die Funktion der gestörten Komponente übernehmen. Dabei kann der Wechsel automatisch oder manuell erfolgen.

Ballempfang Zuführung des Modulationssignals zu einem Sender durch Empfang des Signals mit Hilfe einer Empfangsanalge vom Muttersender. Durch Ballempfang werden Leitungsverbindungen vermieden.

balun (balanced/unbalanced) [engl.] Technische Funktionseinheit zur Anpassung zwischen einem symmetrischen Eingang/Ausgang und einem unsymmetrischen Ausgang/Eingang.

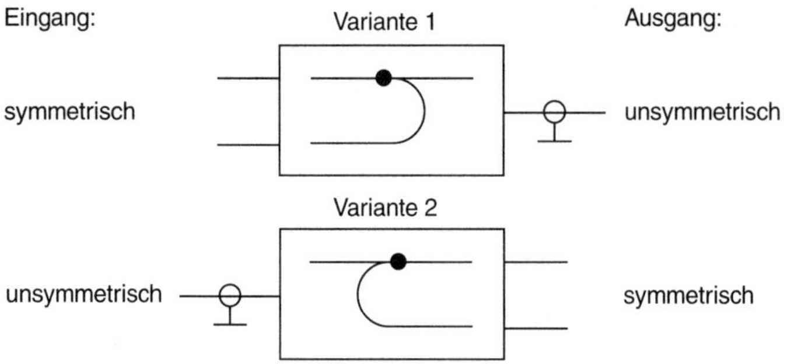

Baud (Bd) – Einheit für die Geschwindigkeit der Signalschritte bei digitaler Übertragung.

Bandbreite B – bandwidth (BW) [engl.] Differenz zwischen einer oberen Grenzfrequenz f_{max} und einer unteren Grenzfrequenz f_{min} im Amplituden-Frequenzgang.

Es gilt: $B = f_{max} - f_{min}$

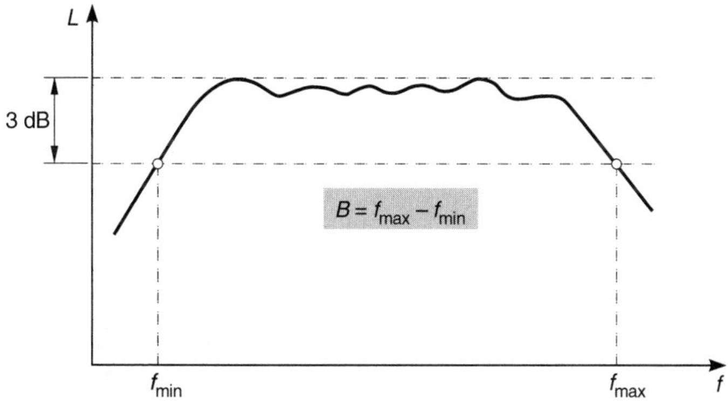

Im Regelfall sind die Grenzfrequenzen dann gegeben, wenn der Pegel der Amplitude gegenüber dem Wert bei einer Referenzfrequenz (Bezugsfrequenz) oder dem Maximalwert um 3 dB kleiner geworden ist. Die Bandbreite ist ein charakteristisches Merkmal für jeden Bandpaß. Dies gilt auch für den Tiefpaß, die untere Grenzfrequenz beträgt hierbei jedoch stets 0 Hz.

Bandbreitenausnutzung – spectral efficiency [engl.] Es gelten auch die Bezeichnungen Bandbreiteneffizienz oder spektrale Effizienz. In einem System übertragbare Bitrate, bezogen auf 1 Hz Bandbreite. Die Angabe erfolgt in (bit/s)/Hz. Die Bandbreitenausnutzung beschreibt den Wirkungsgrad für eine digitale Signalübertragung.

Bandbreiteneffizienz – siehe: Bandbreitenausnutzung

Bandpaß (BP) – bandpass (BP) [engl.] Es gilt auch die Bezeichnung Bandpaß-Filter bzw. bandpass-filter [engl.]. Als Vierpol (Zweitor) arbeitende Funktionseinheit, die nur den zwischen zwei Grenzfrequenzen liegenden Teil des Spektrums durchläßt. Es ist damit als Kenngröße die Bandbreite gegeben. Als Grenzfrequenzen gelten im Regelfall die Frequenzen, bei denen das Signal gegenüber dem maximalen Signal im Durchlaßbereich oder bei einer Referenzfrequenz um 3 dB abgenommen hat. Dafür ist die Steilheit der Kurve im Übergang zwischen Durchlaß und Sperrung maßgebend.

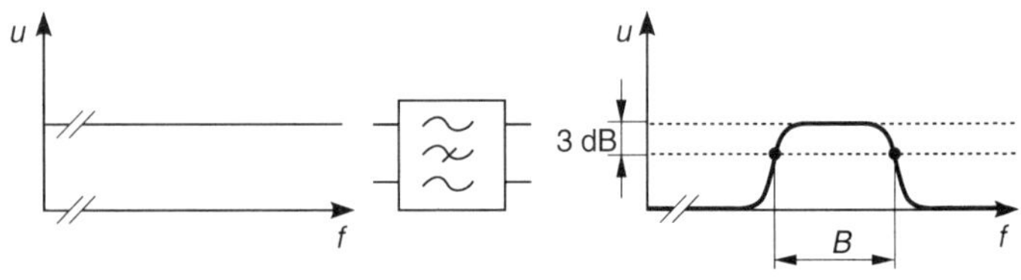

bandpass [engl.] – siehe: Bandpaß

Bandpaß-Filter – siehe: Bandpaß

Bandsperre (BS) – bandstop (BS) [engl.] Als Vierpol (Zweitor) arbeitende Funktionseinheit, die den zwischen zwei Grenzfrequenzen liegenden Teil des Spektrums sperrt. Es ist damit als Kenngröße die Bandbreite gegeben. Als Grenzfrequenzen gelten im Regelfall die Frequenzen, bei denen das Signal gegenüber dem maximalen Signal außerhalb des Sperrbereiches oder bei einer Referenzfrequenz um 3 dB abgenommen hat. Dafür ist die Steilheit der Kurve im Übergang zwischen Durchlaß und Sperrung maßgebend.

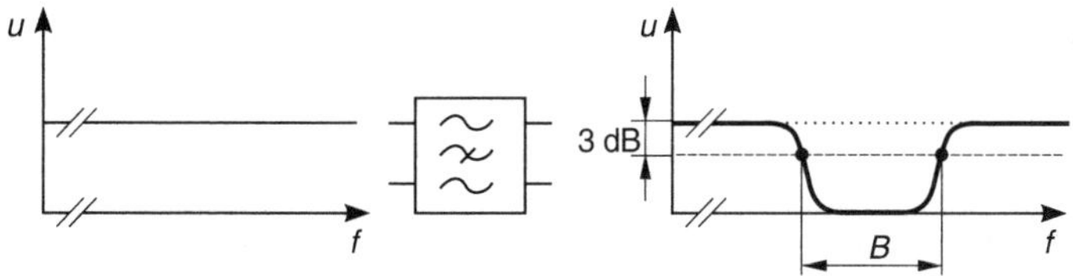

bandstop [engl.] – siehe: Bandsperre

bandwidth [engl.] – siehe: Bandbreite

BAPT (Bundesamt für Post und Telekommunikation) Dem Bundesministerium für Post und Telekommunikation (BMPT) nachgeordnete Bundesoberbehörde für die nationale Frequenzverwaltung.

baseband [engl.] – siehe: Basisband

basestation [engl.] – siehe: Basisstation

Basisanschluß (BA) – Es wird auch die Abkürzung BaAs verwendet. Kleinste Anschlußeinheit im dienste-integrierenden digitalen Fernmeldenetz [integrated services digital network (ISDN)] [engl.]. Sie umfaßt zwei Basis-Kanäle (B-Kanäle) mit je 64 kbit/s und einen Daten-Kanal (D-Kanal) mit 16 kbit/s. Es ist der Anschluß von bis zu 8 Endgeräten oder 1 Telekommunikations-Anlage (TK-Anlage) möglich.

Basisband (BB) – baseband (BB) [engl.] Frequenzband eines Signals in ursprünglicher Lage.

Beispiel:

- Basisband des NF-Signals für den Hörfunk im UKW-Bereich: 50 Hz...15 kHz
- Basisband des Videosignals für die Fernsehübertragung: 0 Hz...5MHz

Basisbandübertragung Übertragung eines Signals in seiner ursprünglichen Lage (Basisbandlage). Es wird also keine Modulation verwendet, so daß nur ein Signal übertragbar ist.

Basisstation – basestation [engl.] Feste Stationen in Netzen und Systemen für mobile Kommunikation, die den Funkverkehr mit den mobilen Benutzerstationen abwickeln.

Beispiel:Jedes schnurlose Telefon [cordless telephone (CT)] besteht aus der Basisstation und mindestens einem Mobilteil. Zwischen Basisstation und Mobilteil wird im Betriebsfall eine Duplex-Funkverbindung aufgebaut. Die Basisstation ist über die Telekommunikations-Anschlußeinheit (TAE) an das Telefon-Festnetz angeschlossen.

BB – siehe: Basisband

B-Bild – Bidirektional prädiktiv codiertes Bild. Durch Bezug auf ein früheres und ein späteres Referenzbild im Rahmen der Bewegungsschätzung bei der Bildcodierung im digitalen Fernsehen entstandenes Bild.

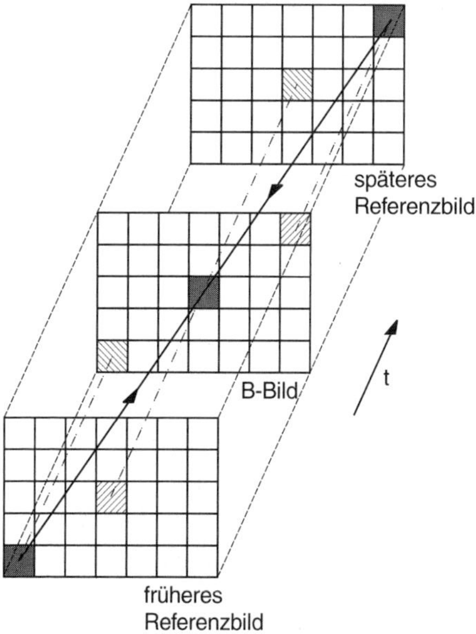

BCC (block check character) [engl.] – Blockprüfzeichen. Prüfzeichen für die zyklische Blockprüfung bei zeichenorientierten Übertragungsprotokollen für digitale Signale.

BCD (binary coded decimal) [engl.] – Binär codierte Dezimalzahlen. Durch BCD wird jede Stelle einer Dezimalzahl durch ein 4-Bit-Wort codiert. Die Wertigkeit beginnt rechts mit 2^0 und steigt nach links über 2^1 und 2^2 auf 2^3 an. Da mit 4 Bit genau 16 unterscheidbare Zustände möglich sind, bleiben bei BCD sechs Zeichen (10...15) ungenutzt.

Dezimal	BCD			
0	0	0	0	0
1	0	0	0	1
2	0	0	1	0
3	0	0	1	1
4	0	1	0	0
5	0	1	0	1
6	0	1	1	0
7	0	1	1	1
8	1	0	0	0
9	1	0	0	1
10	1	0	1	0
	(2^3)	(2^2)	(2^1)	(2^0)

Beispiel: Die Dezimalzahl 147 setzt sich im BCD-Code aus drei 4-Bit-Worten zusammen. Es ergibt sich: 0001 0100 0111. Für jede Stelle wird die Ziffer durch den BCD-Code gemäß Tabelle angegeben.

Bd – siehe: Baud

BDC (basis mode control procedures for data communication systems) [engl.] International standardisiertes zeichenorientiertes Übertragungsprotokoll für Datenkommunikation.

BE – siehe: Bildelement

beam [engl.] – Strahlungskeule. Gerichtete Funkstrecke zwischen Erdfunkstelle und Satelliten bzw. Satelliten und Satelliten-Empfangsanlage. Abhängig vom Öffnungswinkel, bewirkt die zur Erde gerichtete Strahlungskeule eine entsprechend große Ausleuchtzone [footprint].

Bedienoberfläche – operating interface [engl.] Anordung von Bedienfeldern auf dem Bildschirm, die bei menügesteuerten Systemen mit Hilfe der Maus, oder durch direkte Berührung des Bildschirms (bei berührungssensitiven Bildschirmen [touch screen]) aktiviert werden. Es wird auch die Bezeichnung Benutzeroberfläche verwendet, obwohl dieses sprachlich falsch ist, denn es handelt sich nicht um die „Oberfläche eines Benutzers", sondern um die Oberfläche für die Benutzung (Bedienung).

Befehl – instruction [engl.] Anweisung zur Auslösung oder Durchführung definierter Aktivitäten. Bei Computern werden durch Befehle Rechenvorgänge, logische Verknüpfungen, Aufrufe von Unterprogrammen, Datenspeicherung, Ladevorgänge, Speicherung, usw. ausgelöst. Ein Befehl wird entweder als Befehlzeile über die Tastatur eingegeben oder bei menügesteuerten Systemen über den Bildschirm (z. B. mit Hilfe der Maus).

Benutzerkennung – network user identification (NUI) [engl.] Es gilt auch die Bezeichnung Teilnehmerkennung. Identifizierung des Benutzers in digitalen Telekommunikationsnetzen, um die Teilnahme an der Kommunikation, sowie die Abrechnung der Verbindungen oder anderer Dienste, zu ermöglichen.

Benutzeroberfläche – siehe: Bedienoberfläche

BER – siehe: Bitfehlerhäufigkeit

Berechtigungskarte Chipkarte, die in Verbindung mit der persönlichen Identifikationsnummer [personal identification number (PIN)] erst die Nutzung eines Funktelefons ermöglicht. Für die Chipkarte sind unterschiedliche Ausführungen möglich.

Berechtigungssymbol – siehe: token

Bereichskennung – siehe: ARI

Bereichskennzahl (BKZ) – Numerische Kennzeichnung regionaler Bereiche von Telekommunikationsnetzen.

Bessel-Funktionen Kurvenschar zur Ermittlung der Amplituden der Seitenfrequenzen bei der Frequenzmodulation in Abhängigkeit vom Modulationsindex.

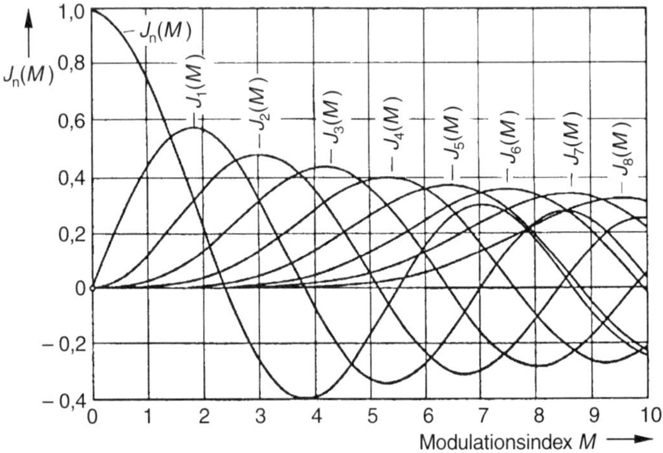

Betrag – Es gilt auch die Bezeichnung Absolutwert. Wert eines Signals zu einem definierten Zeitpunkt, ohne Berücksichtigung des Vorzeichens. Häufig handelt es sich um den Maximalwert des Signals. Die Angabe als Betrag wird durch je einen senkrechten Strich vor und nach dem Formelzeichen gekennzeichnet. Betragswerte sind immer positive Werte.

Beispiel:Es sei ein sinusförmiger Spannungsverlauf mit einem Scheitelwert von 10 V gegeben. Daraus ergibt sich für die positive Halbwelle:

$\hat{u}_{pos}$ = 10 V d. h. $|\hat{u}_{pos}|$ = 10 V

Für die negative Halbwelle gilt dagegen:

$\hat{u}_{neg}$ = – 10 V d. h. $|\hat{u}_{neg}|$ = 10 V

Betreiber – carrier [engl.] Firmen oder Organiationen, die Telekommunikationsnetze betreiben und Dienste in diesen Netzen Dritten gegen Entgelt zur Verfügung stellen.

Betriebsfunk Räumlich begrenzter Mobilfunkdienst für betriebliche Anwendungen. Dabei wird Sprachkommunikation und/oder Datenaustausch (z. B. Statusmeldungen) genutzt. Es handelt sich bei den Nutzern des Betriebsfunks stets um geschlossene Benutzergruppen (GBG). Typische Beispiele sind Taxibetriebe, Flughäfen, Transportunternehmen, Wartungsdienste, Versorgungsbetriebe, großflächige Fabrikationsanlagen, usw. Bedingt durch starke Nachfrage steht jedem Benutzer nur eine geringe Übertragungskapazität zur Verfügung. Eine Verbesserung der Situation ist durch den Einsatz von Bündelfunk [trunked radio] möglich.

Betriebssystem – operating system [engl.] Software, welche die Basisfunktionen eines Mikroprozessors, Computers oder Rechnersystems ermöglicht. Das Betriebssystem ist die Kern-Software, welche dem Nutzer das Arbeiten erheblich erleichtert, da er sich auf diese Weise nicht um interne Routinevorgänge (z. B. Öffnen einer Datei, Datentransport zum Bildschirm, Speicherorganisation) der Funktionseinheit kümmern muß.

Betriebsverfahren – operating mode [engl.] Angabe über die richtungsbezogene physikalische Übertragung analoger oder digitaler Signale zwischen zwei Teilnehmern in einem Netz. Es sind folgende Arten zu unterscheiden:

- Simplex-Betrieb

  Es gilt auch die Bezeichnung Richtungsbetrieb.

  Die Signalübertragung verläuft dabei nur in einer Richtung, also von Teilnehmer 1 zu Teilnehmer 2 oder umgekehrt.

  Beispiel: Rundfunk

- Halbduplex-Betrieb

  Es gelten auch die Bezeichnungen Semiduplex-Betrieb und Wechselbetrieb.

  Die Signalübertragung ist dabei wechselweise in beiden Richtungen zwischen den Teilnehmern möglich. Der Wechsel der Übertragungsrichtung erfordert stes einen Umschaltvorgang.

  Beispiel: Sprechfunk

- Vollduplex

  Es gilt auch die Bezeichnung Gegenbetrieb.

  Die Signalübertragung verläuft dabei gleichzeitig in beiden Richtungen zwischen den Teilnehmern.

  Beispiel: Telefon

Bewegungsvektor – motion vector [engl.] Beim digitalen Fernsehen im Rahmen der Bildcodierung bei der Abschätzung von Bewegungen (Prädiktion) auftretender Vektor. Er gibt Richtung und Umfang der Verschiebung eines aktuellen oder prädizierten Bildes bzw. Bildanteils bezogen auf ein Referenzbild bzw. Referenzbildanteil an.

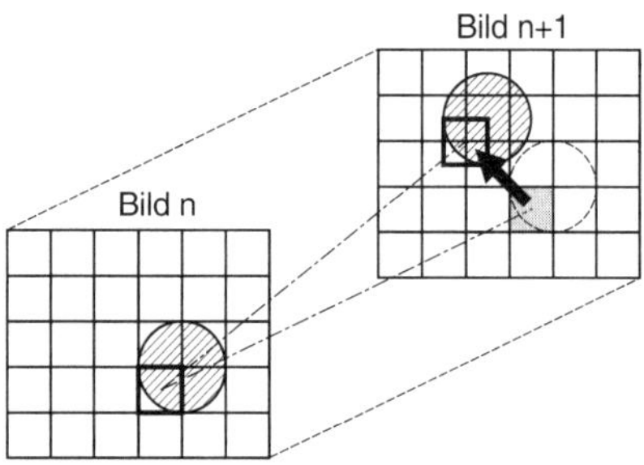

Bezahl-Fernsehen – siehe: pay-TV

BFH – siehe: Bitfehlerhäufigkeit

BICMOS (bipolar complementary metal oxid semiconductor) [engl.] Halbleiter-Bauelemente, die gemischt in bipolarer Technik (NPN und PNP) und in CMOS-Technologie (Schichtaufbau Metall-Oxid-Halbleiter) aufgebaut sind.

bidirektional – Merkmal einer Signalübertragung, daß die Übertragung von A nach B, sowie von B nach A möglich ist, also in beiden Richtungen. Das Gegenteil von bidirektional ist unidirektional.

bidirektional prädiktiv codiertes Bild – siehe: B-Bild

Bildauflösung – siehe: Auflösung

Bildelement (BE) – picture element (PEL) [engl.] oder pixel [engl.] Kleinstes unterscheidbares Element einer Bildübertragung bzw. Bilddarstellung, was üblicherweise dem Abtastwert/Abtastpunkt entspricht. Es wird im Regelfall von quadratischen Bildelementen ausgegangen. Die Zahl der Bildelemente pro Vollbild kennzeichnet die Auflösung des Bildes. Beim digitalen Fernsehen gibt es pro Bildelement je einen Wert für die Helligkeit (Luminanz) und die Farbe (Chrominanz).

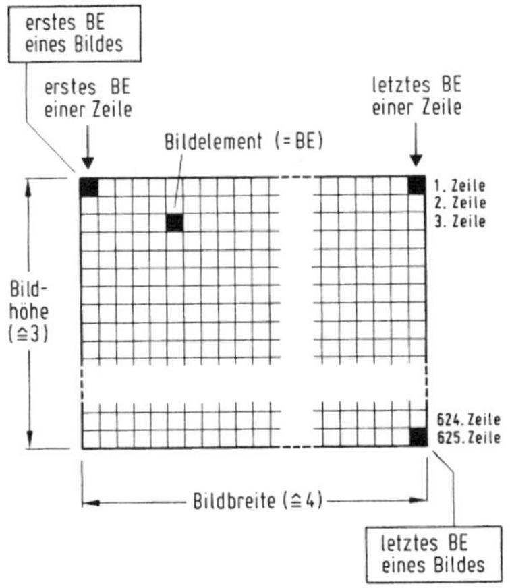

Bildformat – Angabe des Verhältnisses von Bildbreite zu Bildhöhe.

Beispiel:Fernsehbilder weisen bisher im Regelfall das Verhältnis von 4:3 für Bildbreite zu Bildhöhe auf. Für Breitbildfernsehen gilt dagegen das Verhältnis 16:9, was bezogen auf gleiche Bildhöhe eine Steigerung der Bildbreite um ca. 30 Prozent bedeutet.

Bildfrequenz – siehe: Bildwechselfrequenz

Bildrate – Frequenz, mit der Vollbilder übertragen werden.

Bildschirm-Splitting – siehe: screen splitting

Bildspeicher Technische Funktionseinheit in videotechnischen Geräten, Anlagen und Systemen (z. B. Fernsehgeräte), mit der Bilder vollständig zwischengespeichert werden können.

Bildwechselfrequenz Es gelten auch die Bezeichnungen Bildfrequenz und Vertikalfrequenz. Zahl der pro Sekunde übertragenen Fernsehbilder. Wird bei der Übertragung das Zeilensprungverfahren verwendet, dann bezieht sich die Angabe der Bildwechselfrequenz im Regelfall auf die Zahl der pro Sekunde übertragenen Halbbilder, obwohl hierfür konsequenterweise der Begriff Halbbildwechselfrequenz zu verwenden wäre. Die Frequenzangabe 50 Hz bedeutet deshalb im Regelfall 25 Vollbilder pro Sekunde.

bimodales Telefaxgerät Telefaxgerät der Gruppe 4, das abwärtskompatibel ist und deshalb mit Telefaxgeräten der Gruppe 3 kommunizieren kann.

binär – zweiwertig, üblicherweise durch 0 und 1 dargestellt.

Binärzeichen – siehe: Bit

bipolar – Positive und negative Werte sind möglich, also beide Polaritäten.

B-ISDN – siehe: Breitband-ISDN

Bit (binary digit) [engl.] – Binärzeichen. Impuls zur Darstellung einer logischen Null oder Eins als Elementarentscheidung. Als Einheit wird die Bezeichnung „Bit" verwendet.

Es gilt: 1 Bit = 1 Elementarentscheidung.

bit Einheit für Binärzeichen. – Es gelten dabei auch die für Einheitennamen üblichen Vorzeichen:

- Kilobit: kbit = 10^3 bit
- Megabit: Mbit = 10^6 bit
- Gigabit: Gbit = 10^9 bit

	Bit	kbit	Mbit	Gbit
1 kbit =	1000	1	—	—
1 Mbit =	1000000	1000	1	—
1 Gbit =	1000000000	1000000	1000	1

bit error rate [engl.] – siehe: Bitfehlerhäufigkeit

Bitfehlerhäufigkeit (BFH) – bit error rate (BER) [engl.] Es gilt auch die Bezeichnung Bitfehlerrate. Verhältnis der fehlerhaft empfangenen Bit zu den gesamt übertragenen Bit bei einer digitalen Übertragung.

Es gilt:

$$\text{BFH} = \text{BER} = \frac{\text{fehlerhafte empfangene Bit}}{\text{gesamt übertragene Bit}}$$

Es ergibt sich eine dimensionslose Zahl, im Regelfall 10 mit einem negativen Exponenten. Je kleiner die Bitfehlerhäufigkeit (d. h. je größer der Zahlenwert des negativen Exponenten), desto besser ist die Übertragungsqualität.

Beispiel: Die Angabe BFH = 10^{-4} bedeutet, daß im Mittel bei 10000 übertragenen Bit nur ein Bit fehlerhaft ist.

Bitfehlerrate – siehe: Bitfehlerhäufigkeit

Bitfehlerwahrscheinlichkeit – Wahrscheinlichkeit, daß in einer Bitfolge ein Bit fehlerhaft ist.

Bitfrequenz – siehe: Bitrate

Bitrate – bit rate [engl.] Es gelten auch die Bezeichnungen Bitstrom, Bitfrequenz oder Datenrate [data rate]. Übertragungsgeschwindigkeit bei der Übertragung digitaler Signale als Anzahl der pro Sekunde seriell übertragenen Bit. Die Angabe erfolgt in bit/s, kbit/s, Mbit/s oder Gbit/s.

Bitratenmanagement Aufteilung der Gesamt-Bitrate eines digitalen Übertragungssystems in Bitraten für einzelne Signalwege. Erfolgt diese Aufteilung zeitlich variabel, dann liegt dynamisches Bitratenmanagement vor.

Bitratenreduktion (BRR) – bitrate reduction (BRR) [engl.] Sammelbegriff für alle Verfahren, mit denen die zu übertragende Bitrate verringert werden kann, ohne die Qualität des Nutzsignals für den Empfänger zu beeinflussen. Ein vergleichbarer Ausdruck für Bitratenreduktion ist Datenreduktion [data reduction].

bit/s – Einheit für die Bitrate. Es gelten dabei auch die für Einheitennamen üblichen Vorzeichen:

- Kilobit pro Sekunde: kbit/s = 10^3 bit/s
- Megabit pro Sekunde: Mbit/s = 10^6 bit/s
- Gigabit pro Sekunde: Gbit/s = 10^9 bit/s

	Bit/s	kbit/s	Mbit/s	Gbit/s
1 kbit/s =	1000	1	—	—
1 Mbit/s =	1000000	1000	1	—
1 Gbit/s =	1000000000	1000000	1000	1

Bitstrom – siehe: Bitrate

bit stuffing [engl.] – Bitstopfen. Einfügen von informationslosen Bits (sog. Stopfbits) in eine Bitfolge, um lange Folgen von Nullen oder Einsen zu unterbrechen, oder Bitmuster im Kopf eines Rahmens zu vermeiden, die als Steuerzeichen interpretiert werden könnten.

BK – siehe: ARI

BK – Abkürzung für folgende Begriffe:

- Breitbandkommunikation
- Breitbandkabel
- Bürokommunikation

BK-Netz (Breitbandkabel-Netz) – Es gilt auch die Bezeichnung Breitbandkommunikations-Netz. Verteilnetze der Deutschen Telekom AG für Hörfunk- und Fernsehprogramme (analog und digital). Sie weisen zentrale Einspeisepunkte und baumförmige Netzstruktur auf. Die Übertragung erfolgt im Frequenzbereich 47...446 MHz. Unterhalb dieses Bereiches sind Rückkanäle für interaktive Anwendungen konzipiert.

BKZ – siehe: Bereichskennzahl

blanking [engl.] – siehe: Austastung

Block – block [engl.] Bereich zusammenhängender Frequenzen (Frequenzblock) oder Daten gleichen Formats (Datenblock).

block check character [engl.] – siehe: BCC

Blockfehler – burst error [engl.] Fehler in einem Datenblock, bei dem ein Bündel aufeinanderfolgender Bits betroffen sind.

blocksynchrone Übertragung – Methode zur Übertragung digitaler Signale durch Bildung standardisierter Datenblöcke mit vorangestellten Synchronisationszeichen.

BNC (bayonet nut connector) [engl.] – Koaxiale Steckverbindung mit Bajonett-Verschluß.

Stift - Stecker als Kabelstecker

Buchse - Stecker als Gehäusestecker

BOM (beginn of message) [engl.] – Steuerzeichen in der Datenübertragung zur Kennzeichnung des Beginns einer Nachricht, also eines Datenfeldes.

booten [engl.] – hochlaufen. Automatischer Hochlauf eines Computers nach dem Einschalten bis zur vollen Betriebsfähigkeit. Dazu gehören das Laden des Betriebssystems in das RAM, Prüfung der Speicherkapazität, Durchführung von Selbsttests, Feststellung der Konfiguration der Peripheriegeräte, usw.

bouquet [engl.] – Strauß. Zusammenfassung mehrerer Programme und ggf. Dienst zu einer Vermarktungseinheit. Die Übertragung kann dabei auch für mehrere Kanäle erfolgen, wobei jedoch nicht alle in einem Kanal übertragenen Programme/Dienste zu dem Bouquet gehören müssen. Jedes Bouquet stellt also ein Paket aus Programmen und ggf. Diensten dar.

box [engl.] – Aufbewahrungsbehältnis. Individueller Speicherbereich in einem Kommunikationssystem zur Speicherung von Sprache, Texten oder Daten. Der Zugang für das Auslesen der Informationen ist im Regelfall durch ein Paßwort geschützt.

BP – siehe: Bandpaß

bps (bits per second) [engl.] – Englische und amerikanische Schreibweise der Angabe „bit/s“.

Breitband – broadband [engl.] Sammelbegriff für Übertragungen, die entweder einzeln einen großen Frequenzbereich erfordern, oder durch Aufteilung dieses Bereiches in mehrere Kanäle den gleichzeitigen Transport verschiedener Signale ermöglichen.

Breitband-ISDN (B-ISDN) – broadband integrated services digital network [engl.] Bezeichnung für das konzipierte diensteintegrierende digitale Fernmeldenetz [integrated services digital network (ISDN)] mit Übertragungsraten bis 155 Mbit/s. Das Gegenstück zum Breitband-ISDN (B-ISDN) ist das Schmalband-ISDN (S-ISDN).

breitbandiges dienste-integrierendes digitales Fernmeldenetz – siehe: Breitband-ISDN

Breitbandkabel-Netz – siehe: BK-Netz

bridge [engl.] – Brücke. Technische Funktionseinheit, die zwei oder mehrere gleichartige Netze protokolltransparent miteinander verbindet, also keine Protokollumsetzung erfordert.

bridging router [engl.] – Es gilt auch die Bezeichnung „brouter". Router, der einerseits gemäß dem unterstützten Protokoll arbeitet und Rahmen, die nicht vom Protokoll erfaßt werden, nach Art einer Brücke [bridge] überträgt.

broadband integrated services digital network [engl.] – siehe: Breitband-ISDN

broadcast satellite service (BSS) [engl.] – Rundfunkdienst über Satellit. Es gilt auch die Bezeichnung Satelliten-Rundfunkdienst. Über Satelliten abgestrahlte Rundfunkprogramme (Hörfunk und Fernsehen), wobei der unmittelbare Empfang beim Teilnehmer vorgesehen ist.

broadcast videotex [engl.] – siehe: Videotext

brouter [engl.] – siehe: bridging router

BRR – siehe: Bitratenreduktion

BS – siehe: Bandsperre

BSS – siehe: broadcast satellite service

Bündelfunk – trunked radio [engl.] Zellulares Mobilfunksystem für betriebliche Kommunikation (Betriebsfunk). Es wird dabei nicht jeder Nutzergruppe eine bestimmte Übertragungskapazität zugewiesen, sondern aus einem verfügbaren Frequenzbündel mit Hilfe eines Organisationskanals Übertragungskapazität nur für die Dauer einer signalisierten Nutzung zugeteilt. Dies ermöglicht eine effektivere Nutzung der Frequenzen, da der Einsatz nutzungsorientiert und nicht teilnehmerorientiert erfolgt. Beim Bündelfunk wird im Regelfall Halbduplex-Betrieb verwendet, wobei die Übertragung von Sprache, Text und Daten möglich ist. Bei den derzeitigen Bündelfunk-Systemen erfolgt dies durch analoge Signale, während bei künftigen Systemen (z. B. TETRA [Transeuropean Trunked Radio Access]) digitale Übertragung vorgesehen ist. Die Signalisierung erfolgt in beiden Fällen allerdings digital.

Bundesamt für Zulassungen in der Telekommunikation – siehe: BZT

Bundesverband des Unterhaltungs- und Kommunikationselektonik-Einzelhandels – siehe: BVU

burst [engl.] – Bündel, Büschel. Signal, das aus mehreren Perioden einer Schwingung oder aus mehreren Bits besteht.

Beispiel:Die im Fernsehsignal zur Synchronisierung des Farbträgergenerators im Empfänger mitübertragenen Schwingungen des Farbträgersignals werden als Burst bezeichnet.

burst error [engl.] – siehe: Blockfehler

Bus – Anzahl paralleler Leitungen zur Übertragung von Bitmustern.

business TV (business television) [engl.] – betriebliches Fernsehen. Übertragung von Video- und Audiosignalen für geschlossene Benutzergruppen (GBG). Dabei kann es sich um Punkt-zu-Punkt-Verbindungen [point-to-point distribution] oder auch um Punkt-zu-Multipunkt-Verbindungen [point-to-multipoint distribution] handeln. Beispiele für die Anwendung von „business TV":

- Übertragung besonderer Ereignisse [special events] (z. B. Fachkongresse)
- Übertragung unternehmensinterner Informationen (z. B. Schulung, Einführung neuer Produkte, Änderungen der Betriebsorganisation)
- Übertragungen zur Aus-, Fort- und Weiterbildung (z. B. Universitäten, Fachverlage, Messeveranstalter)

BVB (Bundesverband Informations- und Kommunikations-Systeme) Verband deutscher Unternehmen der Informations- und Kommunikationstechnik. Der Verband hat derzeit knapp 300 Mitglieder.

BVTA (Bundesverband Telearbeit) – Verband, der die Interessen von Telearbeiterinnen und Telearbeitern vertritt.

BVU (Bundesverband des Unterhaltungs- und Kommunikations-Einzelhandels) Vereinigung des deutschen Einzelhandels für Unterhaltungs- und Kommunikationselektronik.

BW – siehe: Bandbreite

B-Y – Es gelten auch die Bezeichnungen U und C_B. Farbdifferenzsignal für die Farbe Blau.

Byte [engl.] – Datenwort, das aus 8 aufeinander folgenden Bit besteht.

byte [engl.] – Einheit für Datenworte mit 8 bit Länge.

BZT (Bundesamt für Zulassungen in der Telekommunikation) – Bundesbehörde, die Zulassungen für den Einsatz von Telekommunikationsgeräten in Deutschland erteilte. Diese BZT-Zulassungen hießen vorher ZZF-Zulassungen und davor FTZ-Zulassungen. Das BZT wurde inzwischen als eigenständige Behörde aufgelöst und als Abteilung dem BAPT (Bundesamt für Post und Telekommunikation) hinzugefügt, wobei das BAPT ab 01.01.98 in die gemäß dem Telekommunikationsgesetz (TKG) zu bildende Regulierungsbehörde übergeben wird.

C

CA – siehe: conditional access

cable impedance [engl.] – siehe: Wellenwiderstand

cable television [engl.] – siehe: CATV

CABX (computerized automatic branch exchange) [engl.] Rechnergesteuerte lokale Telekommunikations-Anlage (TK-Anlage), häufig noch als Nebenstellen-Anlage bezeichnet, für Sprache, Texte und Daten.

cache [engl.] – Pufferspeicher. Zwischenspeicher in einem Rechner, um kleine Zugriffszeiten zu ermöglichen.

CAI – siehe: Luftschnittstelle

caller party pays [engl.] – siehe: CPP

call forwarding [engl.] – siehe: Rufumleitung

call wait [engl.] – siehe: Anklopfen

CAPI (common ISDN application programme interface) [engl.] Software-Schnittstelle für Anwendungen im dienste-integrierenden digitalen Fernmeldenetz [integrated services digital network (ISDN)] mit dem PC [personal computer].

Capstan – Transportmotor für das Magnetband bei Videorecordern und Audiorecordern.

carrier [engl.] – siehe: Betreiber

carrier frequency [engl.] – siehe: Trägerfrequenz

carrier signal [engl.] – siehe: Trägersignal

carrier-to-noise ratio [engl.] – siehe: CNR

cathode ray tube (CRT) [engl.] – siehe: Kathodenstrahlröhre

CATV (cable television) [engl.] – Kabelfernsehen. Ursprünglich galt die Bezeichnung „community antenna television", als Groß-Gemeinschafts-Antennenanlagen (GGA) in Orten oder Ortsteilen. Kabelfernsehen ist inzwischen ein Sammelbegriff für breitbandige Verteilnetze zur Versorgung der angeschlossenen Teilnehmer mit Hörfunk- und Fernsehprogrammen.

CAV (constant angular velocity) [engl.] – konstante Winkelgeschwindigkeit. Aufzeichnungsmodus für Daten, bei dem die Speicherplatte konstante Winkelgeschwindigkeit aufweist. Ein Datenblock erfordert dabei auf einer inneren Spur eine kürzere Strecke als auf einer äußeren Spur.

C_B – Es gelten auch die Bezeichnungen U und B-Y. Farbdifferenzsignal für die Farbe Blau.

CBMS [engl.] – siehe: MHS

CBT (computer-based teaching) [engl.] – Rechnergestützte Lern- und Ausbildungs-Programme mit interaktivem Betriebsmodus.

CBX – siehe: private automatic branch exchange

CC (compact cassette) [engl.] – Kompakt-Magnetbandkassette. Konzept für die longitudinale Aufzeichnung analoger Audiosignale.

CCBS (completion of calls to busy subscriber) [engl.] Rückruf bei besetztem Anschluß als Leistungsmerkmal im diensteintegrierenden digitalen Fernmeldenetz [integrated services digital network (ISDN)].

CCD (charge coupled device) [engl.] – Ladungsgekoppeltes Halbleiter-Bauelement. Flächiger Sensor für die Wandlung von Licht in elektrische Signale, wobei für jedes Bildelement [pixel] eine dem Licht entsprechende Ladung gespeichert wird und das Auslesen zeilenweise erfolgt.

CCIR (Comité Consultatif International des Radiocommunications) [franz.] Beratender Ausschuß für das Funkwesen der Internationalen Fernmeldeunion. [International Telecommunication Union (ITU)] Er ist zuständig für die Regulierung, Standardisierung und Entwicklung des internationalen Funkwesens, durch Erarbeitung von Empfehlungen [recommendations] zu technischen und betrieblichen Fragen. Im Rahmen einer Organisationsänderung der Internationalen Fernmeldeunion im Jahre 1994 wurde das CCIR aufgelöst und die Arbeit vom Bereich ITU-R übernommen, wobei das R für „radiocommunication" steht.

CCITT (Comité Consultatif International des Télégraphique et Téléphonique) [franz.] Beratender Ausschuß für das Fernmeldewesen (Telegrafie und Telefonie) der Internationalen Fernmeldeunion [International Telecommunication Union (ITU)]. Er ist zuständig für die Regulierung, Standardisierung und Entwicklung des internationalen Fernmeldewesens durch Erarbeitung von Empfehlungen [recommendations] zu technischen und betrieblichen Fragen. Im Rahmen einer Organisationsänderung der Internationalen Fernmeldeunion im Jahre 1994 wurde das CCITT aufgelöst und die Arbeit durch den Bereich ITU-T übernommen, wobei das T für „telecommunication“ steht.

CCVS (composite color video signal) [engl.] – siehe: FBAS

CD (compact disc) [engl.] – Kompaktplatte

Platte für die optische Speicherung digitaler Signale.

CDMA (code division multiple access) [engl.] – Vielfachzugriff im Codemultiplex. Zugriff auf ein Codemultiplex-Signal durch entsprechenden Decoder, mit dem lediglich das gewünschte Nutzsignal gewonnen wird.

CD-ROM (compact disc - read-only memory) [engl.] – Kompaktplatte – Nur-Lese-Speicher. Optischer Plattenspeicher mit einem Durchmesser von 5 Zoll (ca. 12 cm) zur Speicherung digitaler Daten. Dieses Speichermedium kann nur gelesen werden, beschreiben ist nicht möglich.

C-DVB (cable digital video broadcasting) [engl.] – digitales Kabelfernsehen. Es wird auch die Abkürzung DVB-C verwendet. Verbreitung digitaler Fernsehprogramme in Kabelanlagen.

cell [engl.] – siehe: Zelle

CENELEC (Comité Européenne de Normalisation Electrotechnique) [franz.] Europäisches Komitee für die Normung in der Elektrotechnik. Diese Normung umfaßt auch Geräte und Systeme der Telekommunikation und der Informationstechnik.

Centronics – Definierte Schnittstelle für Datenübertragung im Parallelbetrieb über kurze Distanzen.

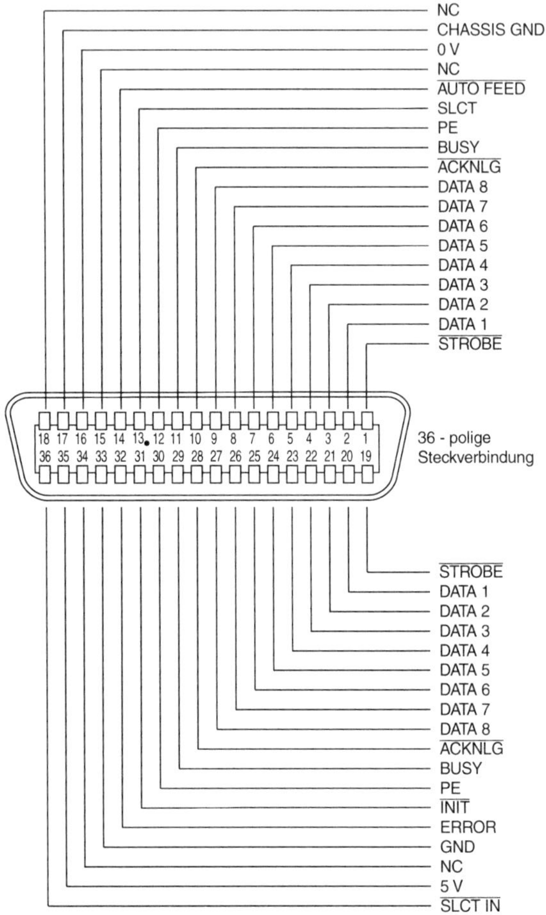

CEPT (Conference Europées des Administrations des Postes et Télécommunications) [franz.] Konferenz der Europäischen Post- und Telekommunikationsverwaltungen. Die CEPT ist zuständig für die Regulierung der Post und Telekommunikation in Europa. An der CEPT sind alle europäischen Staaten mit ihren Post- und Telekommunikationsverwaltungen beteiligt.

CF – siehe: Rufumleitung

CFB (call forwarding busy) [engl.] – Anrufweiterschaltung bei besetztem Anschluß als Leistungsmerkmal im dienste-integrierenden digitalen Fernmeldenetz [integrated services digital network (ISDN)]

changeover [engl.] – Wechsel. Automatischer passiver Wechsel der Mobilfunkanschlüsse von Funkzelle, zu Funkzelle ohne bestehende Verbindung zu anderen Teilnehmeranschlüssen als Leistungsmerkmal in zellularen Mobilfunknetzen. Erfolgt der Wechsel bei bestehender Verbindung, dann liegt „handover" vor.

channel [engl.] – siehe: Kanal

channel bundling [engl.] – siehe: Kanalbündelung

channel capacity [engl.] – siehe: Kanalkapazität

character [engl.] – siehe: Zeichen

characters per second (CPS) [engl.] – Zeichen pro Sekunde. Anzahl der pro Sekunde übertragenen Zeichen.

chat [engl.] – Elektronischer Dialog

Es gilt auch die Bezeichnung „chatting". Dialog per Tastatureingabe mit einem Teilnehmer oder mehreren Teilnehmern eines Online-Dienstes.

chatting [engl.] – siehe: chat

Chrominanz C – Farbanteil eines Fernsehbildes.

CIM [CompuServe Information Manager] [engl.] – Bedienoberfläche für die Kommunikation im Online-Dienst CompuServe.

circuit switching [engl.] – siehe: Leitungsvermittlung

CISC (complex instruction set computer) [engl.] – Mikroprozessor mit umfangreichem komplexen Befehlssatz.

Cityruf In Deutschland von einer Tochtergesellschaft der Deutschen Telekom AG angebotener Funkrufdienst, bei dem verschiedene Betriebsarten (Ton, Numerik, Alphanumerik) möglich sind.

client [engl.] – Klient. An einem Server als „Kunde" angeschlossenes Gerät oder System.

clock [engl.] – Zeittakt

closed user group [engl.] – siehe: geschlossene Benutzergruppe

cluster [engl.] – Bündel. Zusammenfassung physikalischer Einheiten zu einem Verbund.

CLV (constant linear velocity) [engl.] – Konstante Lineargeschwindigkeit. Aufzeichnungsmodus für Daten, bei dem spiralförmig verlaufende Spuren mit konstanter Geschwindigkeit genutzt werden. Für jeden Datenblock ist dabei dieselbe Strecke erforderlich, weshalb die Speicherplatte wegen der von außen nach innen verlaufenden Spur die Drehzahl kontinuierlich zunehmen muß. CLV wird auch bei Speicherung mit Magnetband verwendet.

CMOS (complementary metal oxid semiconducor) [engl.] – Halbleitertechnologie mit komplementärem Schichtaufbau Metall-Oxid-Halbleiter. Bauelemente in CMOS-Technologie haben eine sehr geringe Stromaufnahme und ermöglichen eine nahezu leistungslose Ansteuerung.

CN [engl.] – siehe: corporate network

CNR (carrier-to-noise ratio) [engl.] – Träger-Rausch-Abstand. Pegelabstand zwischen einem Trägersignal und dem vorhandenen Rauschsignal.

Code – Zuordnungsvorschrift für Zeichen zwischen unterschiedlichen Zeichenvorräten.

Codec (Coder/Decoder) – Technische Funktionseinheit, die aus einem Coder und einem Decoder besteht.

code division multiple access [engl.] – siehe: CDMA

Coder – coder [engl.] Es gelten auch die Bezeichnungen Codierer und Encoder. Technische Funktionseinheit zur Durchführung einer Codierung. Das nicht codierte (uncodierte) Signal wird dabei der Einheit zugeführt, gemäß dem vorgegebenen Code verarbeitet und danach als codiertes Signal am Ausgang zur Verfügung gestellt.

Codetransparenz – Von einem gegebenen Code unabhängiges Verhalten einer zeichenorientierten Datenübertragung oder eines Kommunikationsprotokolls.

codieren – siehe: Codierung

Codierer – siehe: Coder

Codierung – coding [engl.] Die Durchführung der Maßnahme wird als codieren bezeichnet. Codierung bedeutet allgemein die Zuordnung zwischen Zeichen aus definierten Vorratsmengen. Die Festlegungen für diese Zuordnung (Zuordnungsvorschrift) – in vielen Fällen handelt es sich um eine Berechnungsformel (Algorithmus) – werden als Code bezeichnet. Beim digitalen Rundfunk und bei Datendiensten werden im Rahmen einer Codierung digitalen oder analogen Signalen Bitfolgen zugeordnet, also eine jeweils festgelegte Zahl von Binärzeichen [bit]. Der Einsatz von Codierung erfolgt aus den unterschiedlichsten Gründen, so stellen Verwürfelung [scrambling] und Verschlüsselung [encryption] spezielle Anwendungen der Codierung dar. Bei der Wandlung analoger in digitale Signale betrifft die Codierung die Zuodnung von Bitfolgen zu den zeit- und wertequantisierten Anteilen des analogen Signals.

coding [engl.] – siehe: Codierung

COFDM (coded orthogonal frequency division multiplex) [engl.] Mehrträger-Übertragungsverfahren, bei dem die einzelnen Träger digital moduliert werden, üblicherweise mit Phasenumtastung (PSK) oder Quadratur-Amplitudenmodulation (QAM). Die Trägerfrequenzen müssen so gewählt werden, daß die Modulation jeder Trägerfrequenz auf der Empfangsseite von den anderen Trägerfrequenzen eindeutig unterscheidbar ist. Außerdem wird bei COFDM das aus einer definierten Zahl von Bit bestehende Symbol nicht in konstanter Folge den einzelnen Trägern aufmoduliert, sondern nach einem Code auf die Träger verteilt. Dadurch bewirkt frequenzselektiver Schwund nur geringfügigen Ausfall zusammenhängender Informationen.

color subcarrier [engl.] – siehe: Farbträger

common air interface [engl.] – siehe: Luftschnittstelle

common channel signalling system No. 7 [engl.] – siehe: zentrales Zeichengabesystem

common interface [engl.] – Definierte Schnittstelle in Set-Top-Boxen (STBn) für wechselbare intelligente Chipkarten [smart cards], wobei nach der vorgesehenen Standardisierung dort das Multiplexsignal zur Verfügung steht. Die Verarbeitung der EMMs [entitlement management messages], und der ECMs [entitlement control messages] sowie die Abwicklung aller anderen CA [conditional access]-Prozesse erfolgt dabei auf der externen Steckkarte. Dadurch sind in der Set-Top-Box keine die Entschlüsselung betreffenden Maßnahmen erforderlich, weshalb beim Gerät ein Schutz gegen Piraterie nicht erforderlich ist.

common scrambling [engl.] – Verwürfelung digitaler Signale nach einem einheitlichen Algorithmus. Dieser wird vertraulich behandelt, um Piraterie zu erschweren. Steht auf der Empfangsseite dieser Algorithmus nicht zur Verfügung, dann ist auch keine Entwürfelung möglich.

communication highway [engl.] – siehe: Datenautobahn

compatibility [engl.] – siehe: Kompatibilität

compiler [engl.] – Übersetzungsprogramm. Programm zur Übersetzung des Quellencodes in Maschinencode.

component [engl.] – Komponente. Bestandteil eines Ganzen, wenn dieses aus mehreren Anteilen besteht.

Beispiel:Das Fernseh-Komponentensignal YUV besteht aus folgenden drei Komponenten: Luminanzsignal Y, Farbdifferenzsignal U (C_B) und Farbdifferenzsignal V (C_R).

composite signal [engl.] – Zusammengesetzes Signal. Aus der Zusammenfassung verschiedener Anteile bestehendes Signal.

Beispiel:Das FBAS-Fernsehsignal besteht aus folgenden Anteilen: Farbsignal F, Helligkeitssignal B, Austastsignal A und Synchronsignal S.

computer-based message system [engl.] – siehe: MHS

computer-based teaching [engl.] – siehe: CBT

computerized branch exchange – siehe: private automatic branch exchange

conditional access (CA) [engl.] – Bedingter Zugriff. Gesamtheit und Zusammenwirken von Komponenten in einem Übertragungssystem, durch welche sichergestellt wird, daß übertragene Signale nur von autorisierten Empfangseinrichtungen störungsfrei wiedergegeben werden können. Conditional Access besteht aus einer Kombination von Signalverwürfelung und Signalverschlüsselung. Für die Empfangseinrichtung des Teilnehmers (z. B. Set-Top-Box beim digitalen Fernsehen) muß dabei der richtige Schlüssel zur Verfügung stehen, außerdem ist auf der Sendeseite sicherzustellen, daß die vom Teilnehmer gewünschte (und bezahlte) Autorisierung für den Empfang realisiert wird. Für die Aufgabe sind das SMS [subscriber management system] und das SAS [subscirber authorization system] zuständig.

connection [engl.] – siehe: Verbindung

connector [engl.] – siehe: Steckverbinder

consumer [engl.] – Verbraucher. Teilnehmer von Kommunikationsdiensten (z. B. Rundfunk), Betreiber und Nutzer von Endgeräten (z. B. Radio, Fernsehgerät, CD-Spieler).

contention mode [engl.] – siehe: Konkurrenzbetrieb

content provider [engl.] – Inhalteanbieter. Es handelt sich um Anbieter von Inhalten für digitale Übertragungssysteme. Dazu gehören primär die Anbieter von Programmen, aber auch die Anbieter anderer Dienste.

control bus [engl.] – siehe: Steuerbus

control channel [engl.] – Steuerungskanal, Organisationskanal. Kanal im Mobilkommunikationssystem, der den Austausch von Betriebsdaten im Duplex-Betrieb zwischen Mobilstation und Basisstation ermöglicht.

control data [engl.] – siehe: Steuerdaten

conversational mode [engl.] – siehe: Dialogbetrieb

converter [engl.] – siehe: Konverter

convolution [engl.] – siehe: Faltung

cordless telephone [engl.] – siehe: schnurloses Telefon

corporate network (CN) [engl.] – Telekommunikationsnetz für eine begrenzte Anzahl von Nutzern, welches Leistungsmerkmale aufweist, die den spezifischen Bedürfnissen eines Unternehmens oder einer Unternehmensgruppe angepaßt sind. Die Anforderungen an „corporate networks" sind gegenüber öffentlichen Netzen im Regelfall verschieden, da andere betriebliche Gesichtspunkte vorliegen.

coupler [engl.] – siehe: Koppler

coverage area [engl.] – Versorgungsbereich. Räumliche Ausdehnung eines leitungsgebundenen Netzes oder Reichweite eines Funknetzes.

CPP (caller party pays) [engl.] – Betriebsvariante für Funkrufdienste, bei der die Kosten jeweils vom Anrufenden übernommen werden.

CPS – siehe: characters per second

C_R – Es gelten auch die Bezeichnungen V und R-Y. Farbdifferenzsignal für die Farbe Rot.

CRC (cyclic redundancy check) [engl.] – Zyklische Redundanzprüfung. Verfahren zur Erkennung fehlerhaft übertragener Datenblöcke durch Ergänzung redundanter Bits auf der Sendeseite und Paritätsprüfung der Zeilen und Spalten der Blöcke auf der Empfangsseite.

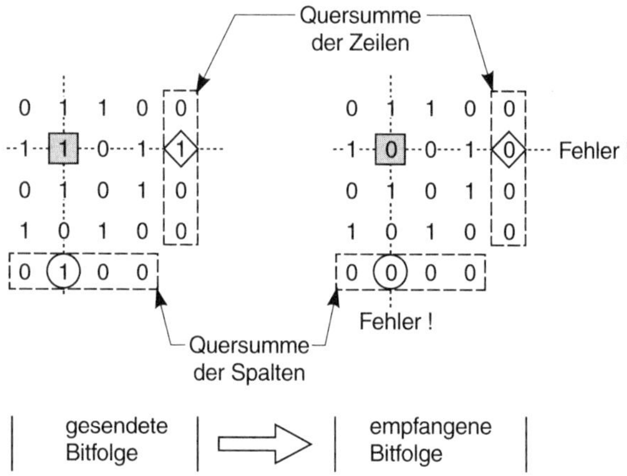

cross colour [engl.] – Luminanz/Chrominanz-Übersprechen. Störbeeinflussung des Chrominanzsignals durch das Luminanzsignal beim Farbfernsehen. Im Frequenzbereich der Chrominanz liegende Anteile der Luminanz werden bei geringfügiger Änderung der Amplitude oder Phase von Zeile zu Zeile wegen ungenügender Trennbarkeit der Spektrallinien von Luminanz und Chrominanz vom Empfänger als Farbanteile interpretiert. Diese höherfrequenten Anteile des Luminanzsignals führen dann zu farblichen Flimmereffekten an Stellen feiner Schwarzweiß-Strukturen des Fernsehbildes.

cross luminance [engl.] – Chrominanz/Luminanz-Übersprechen. Störbeeinflussung des Luminanzsignals durch das Chrominanzsignal beim Farbfernsehen. Anteile des Chrominanzsignals (Farbsignals) werden dabei als Luminanzsignal (Helligkeitssignal) ausgewertet und führen zu bewegten Mustern bei Farbübertragungen.

crosstalking [engl.] – siehe: Übersprechen

CRT – siehe: Kathodenstrahlröhre

CSMA/CD (carrier sense multiple access/collision detection) [engl.] – Trägersensibler Vielfachzugriff mit Kollisionserkennung. Asynchrone Zugriffssteuerung in lokalen Datennetzen [local area networks (LAN)] nach dem Konkurrenzprinzip. Durch Kollisionserkennung wird im Prinzip ausgeschlossen, daß mehrere Geräte im Netz gleichzeitig senden.

CSSP (customer specific standard product) [engl.] – Anwenderspezifisches Standardprodukt. Integrierte Schaltung (IS) [integrated circuit (IC)], die überwiegend aus Standardzellen aufgebaut ist, wobei die restliche Chipfläche für anwenderspezifische Funktionen (Logik, Speicher, Peripherie) zur Verfügung steht.

CSTA (computer supported telephony applications) [engl.] – rechnergestützte Telefonanwendungen. Definierte Schnittstelle für die Nutzung elektronischer Datenverarbeitung bei Telekommunikationsanlagen (TK-Anlagen). Dazu gehören insbesonders Vermittlungs- und Auswerteprozeduren.

CT – siehe: schnurloses Telefon

CTI (computer telephone integration) [engl.] – Computer/Telefon-Integration. Rechnergestützte Anwendungen beim Telefon.

cue [engl.] – Elektronische Markierung. Methode der elektronischen Kennzeichnung gewünschter inhaltlicher Stellen bei Bandaufzeichnung, damit diese für eine spätere Verarbeitung verfügbar sind.

CUG – siehe: geschlossene Benutzergruppe

cursor [engl.] – Grafisches Markierzeichen. Zeichen auf dem Bildschirm eines Computers zur Markierung der Stelle, an der die nächsten Bearbeitungsschritte ausgeführt werden. Durch entsprechende Bedienvorgänge kann der Cursor an jeder beliebigen Stelle des Bildschirms positioniert werden.

CW – siehe: Anklopfen

cyberspace [engl.] – Aus den Begriffen Kybernetik [cybernetic] und Raum [space] gebildetes Kunstwort. Die Kybernetik befaßt sich mit dem Zusammenwirken sich selbst regulierender autonomer Systeme. Mit Hilfe einer geeigneten Mensch-Maschine-Schnittstelle im Cyberspace agierende Anwender können sich im virtuellen Raum frei bewegen und sogar verändernd eingreifen. Die rechnergestützt ermittelten Wechselwirkungen werden dabei in realistischen Bildeindrücken, akustischen Signalen oder auch Bewegungsvorgängen an die Anwender weitergegeben. Es ist dadurch eine künstliche Realität [virtual reality] gegeben.

cyclic redundancy check [engl.] – siehe: CRC

C

DAB (digital audio broadcasting) [engl.] – Digitaler Hörfunk. Übertragung digitaler Hörfunksignale mit einer Datenreduktion nach dem MUSICAM-Verfahren einer Multiplexbildung, von im Regelfall sechs Programmen und Einsatz des COFDM-Verfahrens.

DAC – siehe: Digital/Analog-Umsetzer

Dämpfung – attenuation [engl.] Reduzierung der Leistung elektrischer oder optischer Signale in nachrichtentechnischen Systemen durch Verluste bei der Übertragung, bezogen auf die Wirkungsrichtung vom Eingang (1) zum Ausgang (2). Der Umfang der Dämpfung wird entweder durch den Dämpfungspegel $L_{(A)}$ oder das Dämpfungsmaß a in der Pseudoeinheit dB (Dezibel) angegeben. Es gilt:

$$L_{(A)} = L_1 - L_2$$

$$a = 10 \cdot \lg \frac{P_1}{P_2} \text{ dB} = 20 \cdot \lg \frac{U_1}{U_2} \text{ dB}$$

Wegen der Wirkungsrichtung sind in Berechnungen Dämpfungspegel mit negativem Vorzeichen zu verwenden. Das reine Zahlenverhältnis der Leistungen bzw. Spannungen ergibt den Dämpfungsfaktor A. Das Gegenstück der Dämpfung [attenuation] ist die Verstärkung [gain].

Dämpfungsglied – attenuator [engl.] Passives oder aktives Viertor (Zweipol), welches die Dämpfung eines zugeführten Signals bewirkt. Abhängig von der Bauform ist der Dämpfungswert entweder konstant (fest) oder einstellbar (variabel).

DAG – siehe: Datenanschlußgerät

DAI (digital audio interface) [engl.] – Digitale Audioschnittstelle in Mobilfunksystemen.

DAL (drahtlose Anschlußleitung) – Über eine Funkverbindung realisierter Anschluß im Fernmeldenetz, eingesetzt in Gebieten ohne ausreichende Telekommunikations-Infrastruktur.

DARC (data radio channel) [engl.] – Datenkanal im Hörfunk. System der zusätzlichen Datenübertragung für Texte und Grafiken bei Ultrakurzwellen (UKW)-Sendern in den USA und in Asien.

DASAT (Datenübertragung über Satellit) Satellitengestütztes Wählnetz für Datenübertragung von 64 kbit/s bis 1920 kbit/s.

DAT (digital audio tape) [engl.] – Verfahren für die digitale Aufzeichnung von Audiosignalen. Die Aufzeichnung erfolgt im Regelfall nach dem Schrägspurverfahren in verschachtelten Datenblöcken. Außerdem werden Zusatzinformationen und Daten für die Spurführung übertragen.

data circuit equipment [engl.] – siehe: Datenübertragungseinrichtung

data clock (DCL) [engl.] – Taktsignal für Bitfolge.

data compression [engl.] – siehe: Datenreduktion

data encryption standard [engl.] – siehe: DES

data format [engl.] – siehe: Datenformat

data link [engl.] – Datenverbindung. Sammelbegriff für Verbindungen zur Datenkommunikation.

data network [engl.] – siehe: Datennetz

data rate [engl.] – siehe: Bitrate

data reduction [engl.] – siehe: Datenreduktion

data terminal equipment [engl.] – siehe: Datenendeinrichtung

Datei – file [engl.] Die durch Festlegung des Nutzers als Einheit zu betrachtende Zusammenfassung von Daten. Für den eindeutigen Zugriff werden Dateien üblicherweise mit Namen versehen und durch eine Erweiterung (extension) die grundsätzliche Funktion der jeweiligen Datei angegeben (z. B. .TXT für Textdatei).

Dateiname – Im Prinzip wahlfreie Bezeichnung einer Datei, um den eindeutigen Zugriff zu ermöglichen. Für die Bezeichnung ist im Regelfall eine begrenzte Stellenzahl festgelegt.

Datei Server – file server [engl.] Zentrale Funktionseinheit in einem Datennetz, welche die Dateien mehrerer Benutzer verwaltet.

Dateitransfer – file transfer [engl.] Übertragung von Dateien zwischen miteinander verbundenen technischen Funktionseinheiten.

Daten – data [engl.] Folge binär codierter Zeichen [character], die von einem Rechner(system) verarbeitet werden können bzw. sollen.

Datenanschlußgerät (DAG) Datennetzabschlußeinrichtungen (DNAE) im öffentlichen Integrierten Text- und Datennetz [integrated digital network (IDN)].

Datenautobahn – information highway [engl.]

Es gilt auch die Bezeichnung „communication highway". Nicht näher spezifizierter Sammelbegriff für globale, breitbandige und multimediale Kommunikationssysteme. Mit Hilfe geeigneter Kommunikations-Server ist dabei auch der Zugriff auf eine Vielzahl von Datenbanken vorgesehen.

Datenblock – siehe: Block

Datendirektverbindung (DDV) Digitale Standleitungen hoher Übertragungsgüte und Verfügbarkeit. Die Übertragungsrate kann bedarfsabhängig in bestimmten Stufen (z. B. 256 kbit/s) gewählt werden. Datendirektverbindungen ermöglichen transparente Übertragung von Signalen. Datendirektverbindungen wurden früher als Direktrufverbindungen oder Hauptanschlüsse für Direktruf (HfD) bezeichnet.

Datendurchsatz Verhältnis der als fehlerfrei akzeptierten Bit auf der Empfangsseite, zu der Summe der übertragenen Bit, jeweils bezogen auf dasselbe Beobachtungsintervall. Der Datendurchsatz ist das Leistungsmaß einer Datenübertragung.

Datenendeinrichtung (DEE) – data terminal equipment (DTE) [engl.] Sammelbegriff für alle technischen Funktionseinheiten, die Daten senden und/oder empfangen können.

Datenfernschaltgerät (DFGT) – Datennetzabschlußeinrichtung (DNAE) bei festgeschalteten Verbindungen und Wählanschlüssen des Integrierten Text- und Datennetzes [integrated digital network (IDN)].

Datenfernübertragung – siehe: Datenübertragung

Datenformat – data format [engl.] Struktur des Rahmens bei asynchroner Datenübertragung. Dabei handelt es sich um die Rahmendauer, sowie Art und Folge der individuellen Einheit (z. B. Startbit, Datenbit, Paritätsbit, Stopbit).

Datenfunk – Digitaler Datenübertragungsdienst in Mobilfunknetzen, Rundfunknetzen und Funkrufnetzen.

Beispiel:Das beim Hörfunk im UKW-Bereich verwendete Radio-Daten-System (RDS) stellt einen Datenfunkdienst dar.

Datenfunknetz – siehe: radio data network

Datenkompression – siehe: Datenreduktion

Datennetz – data network [engl.] Gesamtheit aller technischen Funktionseinheiten, mit denen Datenverbindungen zwischen Datenendeinrichtungen (DEE) hergestellt werden.

Datennetzabschlußeinrichtung (DNAE) Technische Funktionseinheit, die als Schnittstelle zwischen dem Datennetz und der Datenendeinrichtung (DEE) dient.

Datennetzabschlußgerät (DNG) – Datennetzabschlußeinrichtungen (DNAE) für spezielle Einsatzfälle.

Datennetzabschlußmodul (DNM) – Datennetzabschlußeinrichtung (DNAE) des Integrierten Text- und Datennetzes [integrated digital network (IDN)] für den Einsatz in der Datenendeinrichtung (DEE).

Datennetzkontrollzentrum (DNKZ) – Zentrale Leitstellen (Netzwarten) in öffentlichen Datennetzen der Deutschen Telekom AG.

Datenrate – siehe: Bitrate

Datenreduktion – data reduction [engl.] Verfahren zur Verbesserung der Leistungsfähigkeit einer Datenübertragung. Dabei werden redundante und irrelevante Anteile im Bitstrom ermittelt und nicht übertragen. Diese Redundanzreduktion und Irrelevanzreduktion reduziert die Bitrate für die Übertragung. Dadurch sind kürzere Übertragungszeiten, Kanäle mit geringerer Übertragungskapazität, weniger Speicheraufwand und niedrigere Übertragungskosten realisierbar. Die Datenreduktion wird häufig auch als Datenkompression [data compression] bezeichnet, weil sich die Reduktion der Bitrate wie eine Kompression der zu übertragenden Daten darstellt.

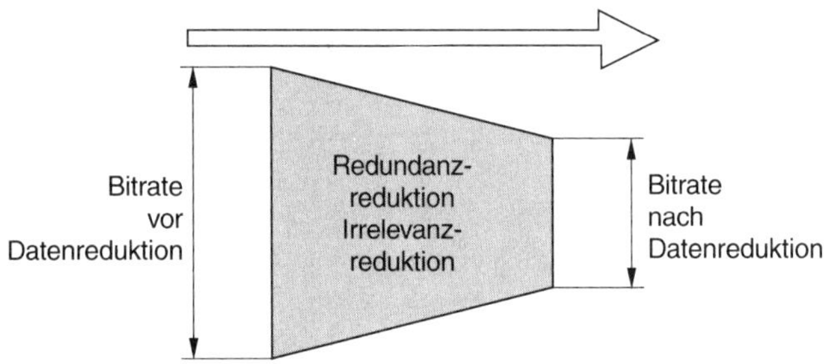

Datensicherung Gesamtheit aller Maßnahmen, die Daten vor Beschädigung, Verfälschung oder Verlust schützen. Bei der Datenübertragung betrifft dies besonders die Prozeduren für den Aufbau fehlertoleranter Verbindungen.

Datenübertragung (DÜ) – Es gilt auch die Bezeichnung Datenfernübertragung (DFÜ). Bezeichnung für den technischen Transport von Daten zwischen räumlich getrennten Datenstationen.

Datenübertragungseinrichtung (DÜE) – data circuit equipment (DCE) [engl.] Sammelbegriff für alle technischen Funktionseinheiten, welche die Anpassung zwischen Datenendeinrichtung (DEE) und Übertragungskanal für die Daten bewirken. Bei leitungsorientierten Wählnetzen können diese Einrichtungen zusätzlich auch vermittlungstechnische Aufgaben übernehmen.

Datenumsetzerstelle (DUSt) – Zentrale Betriebsstellen in Datennetzen mit übertragungstechnischen Knotenfunktionen.

Datenvermittlungsstelle (DVSt) – Knotenstellen in Datennetzen zur Herstellung leitungs- oder paketvermittelter Wählverbindungen.

Datenwort – data word [engl.] Vom Umfang her festgelegte Gruppe seriell oder parallel übertragener Bit, die definierte Funktionen im Sender und/oder Empfänger bei der Übertragung bewirken. Für die Länge von Datenworten gelten prinzipiell keine Beschränkungen.

DATEX (data exchange) [engl.] – Dienstleistungsangebot der Deutschen Telekom AG für leitungs- und paketvermittelte Datenübertragung.

DATEX-J – DATEX für jedermann. Bereitstellung von Informationsdiensten, interaktiven Online-Diensten und transparenten Datendiensten mit Hilfe der Transport- und Diensteplattform DATEX.

DATEX-L – Dienstleistungsangebot der Deutschen Telekom AG für leitungsvermittelte Datenübertragung zwischen Anschlüssen gleicher Bitrate. Verfügbare Werte sind 2,4 kbit/s, 4,8 kbit/s, 9,6 kbit/s und 64 kbit/s.

DATEX-M – DATEX-Multimedia. Dienstleistungsangebot der Deutschen Telekom AG für vermittelten Breitbanddienst. Die zulässigen Bitraten der Anschlüsse liegen zwischen 64 kbit/s und 34 Mbit/s.

DATEX-P – Dienstleistungsangebot der Deutschen Telekom AG für paketvermittelte Datenübertragung. Die Anschlüsse können dabei für unterschiedliche Bitraten ausgelegt sein.

DATEX-S – Dienstleistungsangebot der Deutschen Telekom AG für satellitengestützte leitungsvermittelte Wählverbindungen. Die zulässigen Bitraten liegen im Bereich zwischen 64 kbit/s und 2 Mbit/s.

DAU – siehe: Digital/Analog-Umsetzer

DAVIC (Digital Audio-Visual Council) [engl.] – Internationale Initiative für die Erarbeitung von Spezifikationen und Standards für audiovisuelle und multimediale Dienste. Ausgehend von einem Referenzmodell werden dabei die Systeme von Endpunkt zu Endpunkt definiert.

DAVID (direkter Anschluß zur Verteilung von Nachrichten im Datensektor) Satellitengestützter europaweiter Datenübertragungsdienst der Deutschen Telekom AG mit Bitraten 300 Bit/s bis 19,2 kbit/s für asynchrone Übertragung und 1,2 kbit/s bis 64 kbit/s für synchrone Übertragung. Auf der Nutzerseite reichen dabei Satellitenanlagen mit kleinen Antennen [very small aperture terminal (VSAT)] aus. DAVID ist für den schnellen Einsatz in Gebieten mit unzureichender Telekommunikations-Infrastruktur vorgesehen.

DAW – siehe: Digital/Analog-Umsetzer

D/A-Wandler (Digital/Analog-Wandler (DAW)) – Technische Funktionseinheit, welche ein digitales Eingangssignal in ein analoges Ausgangssignal wandelt.

D/A-Wandlung (Digital/Analog-Wandlung) D/A-conversion (digital-to-analog conversion) [engl.] Umsetzung eines digitalen

Signals in ein analoges Signal. Die Umkehrung der D/A-Wandlung ist die A/D-Wandlung.

dB (Dezibel) Zehntel des logarithmierten Verhältnisses von Leistungsgrößen (z. B. Leistung) oder Feldgrößen (z. B. Spannung) zur Verwendung als Pseudoeinheit für Pegel L (level) [engl.], Abstände (z. B. Störabstand) oder Maße (z. B. Rauschabstand).

Leistungspegel

$$L_P = 10 \cdot \lg \frac{P_1}{P_2} \, dB$$

Spannungspegel

$$L_U = 20 \cdot \lg \frac{U_1}{U_2} \, dB$$

Der Vorteil bei der Verwendung von dB-Werten besteht darin, daß bei den in der Nachrichtentechnik üblichen Kettenschaltungen diese nur vorzeichengerecht addiert werden müssen, so daß aufwendige Multiplikationen entfallen.

dBm – Pseudoeinheit für Leistungspegel, deren Wert auf 1 mW Leistung bezogen ist.

dB(µV) – Pseudoeinheit für Spannungspegel, deren Wert auf 1 µV Spannung bezogen ist. In der Fachliteratur wird auch die Schreibweise dBµV verwendet.

dB(µV/m) – Pseudoeinheit für Feldstärkepegel, deren Wert auf 1 µV/m Feldstärke bezogen ist.

DCC (digital compact cassette) [engl.] – Digitale Kompakt-Magnetbandkassette. Konzept für die longitudinale Aufzeichnung digitaler Audiosignale. Es arbeitet mit 9 Spuren und verwendet Datenreduktion.

DCE [engl.] – siehe: Datenübertragungseinrichtung

DCL [engl.] – siehe: data clock

DCS (digital cellular system) [engl.] – Europäisch standardisiertes zellulares Mobilfunksystem im Frequenzbereich 1800 MHz. In Deutschland werden dort die E-Netze betrieben.

DCT – Siehe: diskrete Cosinus-Transformation

Decoder – decoder [engl.] Technische Funktionseinheit, die eine Codierung rückgängig macht, also ein codiertes Signal in ein uncodiertes Signal wandelt. Für die Decodierung muß allerdings der für die Codierung verwendete Code genutzt werden, weil sonst die einwandfreie Funktion nicht gegeben ist. Das Gegenteil des Decoders ist der Coder/Encoder.

Decodierung – decoding [engl.] Die Decodierung ist das Gegenteil der Codierung. Durch die Decodierung wird die im Rahmen der Codierung verwendete Zuordnung von Bitfolgen wieder rückgängig gemacht. Für die einwandfreie Funktion der Decodierung muß jedoch die Zuordnungsvorschrift bzw. der Algorithmus bekannt sein.

decoding [engl.] – siehe: Decodierung

decrypter [engl.] – siehe: Entschlüsseler

decryption [engl.] – siehe: Entschlüsselung

DECT (Digital European Cordless Telecommunication) [engl.] Europäischer Standard für schnurlose digitale Telekommunikation. Das System arbeitet im Frequenzbereich 1900 MHz und benutzt ein kombiniertes Zugriffsverfahren aus Frequenzmultiplex mit 10 Trägersignalen und Zeitmultiplex mit 24 Zeitlagen. Diese

Kombination aus FDMA [frequency division muliple access] und TDMA [time division multiple access] bietet bei einer Kapazität von 120 Kanälen gleichzeitig 12 Duplexverbindungen mit 32 kbit/s. DECT wird genutzt für schnurlose Telefone, drahtlose Telekommunikationsanlagen (TK-Anlagen) und drahtlose lokale Datennetze [local area networks (LAN)].

DEE – siehe: Datenendeinrichtung

default [engl.] – Standardeinstellung, Voreinstellung. Bei Geräten, Anlagen und Systemen herstellerseitig festgelegte Werte für Einstellungen durch Software und Hardware. Werden durch den Nutzer keine Änderungen eingegeben, dann erfolgt automatisch die Verwendung dieser „Default-Werte“.

delay [engl.] – Verzögerung. Zeitspanne, um die ein analoges oder digitales Signal gegenüber einem Bezugswert später auftritt.

Beispiel: Verzögerungen von Signalen können durch systembedingte Laufzeiten hervorgerufen werden. So sind bei jeder Satellitenübertragung mindestens 2 · 36.000 km Übertragungsweg zu berücksichtigen, der eine entsprechende Laufzeit bewirkt.

Demodulation – Verfahren, um den Vorgang der Demodulation wieder rückgängig zu machen.

Demodulator Technische Funktionseinheit, die aus einem modulierten Signal wieder das ursprüngliche Modulationssignal in Zwischenfrequenz-Lage (ZF-Lage) oder Basisband-Lage (BB-Lage) gewinnt. Das Gegenstück des Demodulators ist der Modulator.

Demultiplexer (DEMUX) – Technische Funktionseinheit, die aus dem von einem Multiplexer gebildeten Multiplexsignal die ursprünglichen Eingangssignale wiedergewinnt, also die Multiplexierung wieder rückgängig macht. Das Gegenteil vom Demultiplexer ist der Multiplexer.

Demultiplexierung – demultiplexing [engl.] Die Demultiplexierung ist das Gegenteil der Multiplexierung. Das Multiplexsignal wird dabei wieder in die ursprünglichen einzelnen digitalen Signale aufgeteilt.

demultiplexing [engl.] – siehe: Demultiplexierung

DEMUX – siehe: Demultiplexer

DES (data encryption standard) [engl.] – Standardisiertes Verschlüsselungsverfahren für die Datenübertragung über ein Modem.

descrambler [engl.] – Entwürfeler. Technische Funktionseinheit der digitalen Übertragungstechnik oder Software, die ein verwürfeltes Signal wieder in die ursprüngliche Form bringt. Das Gegenstück zum „descrambler" ist der „scrambler", der die Verwürfelung durchführt.

descrambling [engl.] – Entwürfelung. Rückgewinnung des ursprünglichen Signals aus einem verwürfelten digitalen Signal [scrambled signal], bei dem also die Bitfolgen auf der Sendeseite reproduzierbar geändert wurden. Das Gegenstück von „descrambling" ist „scrambling".

deterministisches Zugriffsverfahren Verfahren für den Zugriff von Geräten in Datennetzen auf den Bus, bei dem ein für das jeweilige Gerät ausschließliche Zugriffsrecht in regelmäßigen (d. h. berechenbaren) Zyklen angeboten wird. Dadurch ist eine Kollision durch gleichzeitig auf den Bus zugreifende Geräte nicht mehr möglich.

Deutsche Kommission für Elektrotechnik (DKE) Kommission für die Normung auf dem Gebiet der Elektrotechnik und Elektronik in Deutschland. Diese Kommission wird vom Deutschen

Institut für Normung (DIN) und dem Verband Deutscher Elektrotechniker (VDE) gemeinsam getragen.

Deutsches Forschungsnetz (DFN) Rechnergestützte Kommunikations- und Informationsstruktur für die Grundversorgung mit Datenkommunikation zwischen den wissenschaftlichen Einrichtungen in Deutschland.

DFGT – siehe: Datenfernschaltgerät

DFN – siehe: Deutsches Forschungsnetz

DFS (Deutsches Fernmeldesatelliten-System) Das System besteht aus zwei Betriebssatelliten in der Orbitposition 23,5° Ost und den Erdfunkstellen Usingen und Berlin. Als Systemname wird „Kopernikus“ verwendet.

DFT – siehe: diskrete Fourier-Tansformation

DFÜ – siehe: Datenübertragung

Dialogbetrieb – conversational mode [engl.] Es gilt auch die Bezeichnung interaktiver Betrieb. Betriebsart in analogen oder digitalen Übertragungssystemen, die durch wechselweise Informationsübertragung zwischen den kommunizierenden Funktionseinheiten und/oder Nutzern gekennzeichnet ist.

dial tone multi frequency [engl.] – siehe: Mehrfrequenzwahlverfahren

Dienst – service [engl.] Übertragung definierter Informationsstrukturen mit festgelegten Signalformen und Übertragungsverfahren als Punkt- zu-Punkt-Verbindung oder Punkt-zu-Multipunkt-Verbindung.

Beispiel: Die im Fernmeldenetz realisierbaren Wählverbindungen für Sprachübertragung werden als Telefondienst bezeichnet. Der Punkt-zu-Multipunkt-Verteildienst von Fernsehprogrammen ist ein Rundfunkdienst.

Diensteanbieter – siehe: service provider

Dienste-Integration – services integration [engl.] Es ist auch die Schreibweise Diensteintegration üblich. Gleichzeitige Abwicklung unterschiedlicher Dienste in einem Netz.

dienste-integrierend – integrated services [engl.] Ergänzende Bezeichnung für Kommunikationsnetze, bei denen auf einem Übertragungskanal gleichzeitig mehrere (gleiche oder unterschiedliche) Dienste abgewickelt werden können.

dienste-integrierendes digitales Fernmeldenetz – integrated services digital network (ISDN) [engl.] Diensteneutrales, digitales Kommunikationsnetz mit Wählbetrieb auf der Basis von 64-kbit/s-Verbindungen für das zu übertragende Signal und einem separaten Steuerungs- und Signalisierungskanal. Der einfachste Teilnehmeranschluß (sog. Basisanschluß) umfaßt zwei Nutzkanäle (B-Kanäle) mit je 64 kbit/s und einen Steuerungs- und Signalisierungskanal (D-Kanal) mit 16 kbit/s. Es können dadurch gleichzeitig zwei Dienste abgewickelt werden. Beim dienste-integrierenden digitalen Fernmeldenetz können bei jedem Teilnehmeranschluß bis zu acht Endgeräte über einen Bus angeschlossen werden, deren Adressierung mit einer Kennziffer erfolgt. In der bisherigen Form sind mit ISDN alle gängigen Fernmeldedienste wie Telefon, Telefax, langsame Datenübertragung und Bildtelefon realisierbar. Das konzipierte Breitband-ISDN (B-ISDN) arbeitet mit größeren Bitraten und ermöglicht dann auch schnelle Datenübertragung und Videoübertragung.

Dienstevermittler – siehe: service provider

differentiell – Abweichung von vorgegebenen Werten (z. B. Spannungssignalen) bzw. Unterschied (Differenz) zu einem vorhergehenden Wert.

Differenz-Pulscodemodulation (DPCM) Verfahren zur Redundanzreduktion bei der digitalen Bildübertragung. Es wird dabei nur der Unterschied des vorhergehenden Bildelements übertragen, wobei das nachfolgende Bildelement auch durch Vorhersage (Prädiktion) gewonnen sein kann. Durch Einsatz der DPCM ist die Reduzierung der Bitrate möglich, da bei gleichen Bildelementen keine und bei geringen Abweichungen zwischen den Bildelementen durch weniger Bit darstellbaren Differenzsignale übertragen werden müssen.

digital – digital [engl.] Wert- und zeitdiskrete Verläufe physikalischer Größen (z. B. Spannung). Im Regelfall werden darunter zweiwertige Signale verstanden, die in einem festen Zeittakt auftreten. Es ist dabei gegenüber der Vielwertigkeit analoger Signale nur noch eine Zweiwertigkeit gegeben. Der zum Begriff digital gegensätzliche Begriff ist analog.

Digital-Analog-Umsetzer (DAU) – digital-to-analog converter (DAC) [engl.] Es gilt auch die Bezeichnung Digital/Analog-Wandler (DAW). Technische Funktionseinheit, die ein digitales Signal in ein analoges Signal umsetzt. Das Gegenstück des Digital/Analog-Umsetzers (DAU) ist der Analog/Digital-Umsetzer (ADU).

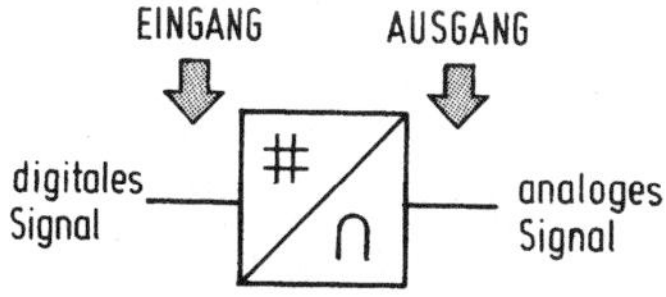

Digital/Analog-Wandler – siehe: Digital/Analog-Umsetzer

digital audio interface [engl.] – siehe: DAI

digitale Außeneinheit – digital outdoor unit (DOU) [engl.] Teil einer Satellitenanlage für digitale Signale, die sich außerhalb des Gebäudes befindet.

digitale Inneneinheit – digital indoor unit (DIU) [engl.] Teil einer Satellitenanlage für digitale Signale, die sich innerhalb des Gebäudes befindet.

digitale Internationale Mietleitung (dIML) – Es gilt auch die Bezeichnung „IML, digital". Digitale Standleitung für internationale Kommunikation, vorzugsweise Datenkommunikation bis 1,984 Mbit/s.

digitale MAZ – siehe: digital video tape recorder

digitaler Signalprozessor (DSP) – digital signal processor (DSP) [engl.] Technische Funktionseinheit zur Durchführung digitaler Verarbeitung von Signalen in Echtzeit nach vorgegebenen Kriterien.

digitaler Videoeffekt (DVE) – Auf digitaler Ebene realisierbare Verfremdungen, Verformungen oder Übergänge in Bildern.

digitales Fernsehen – siehe: digital video broadcasting

Digitales Satelliten-Radio (DSR) – digital satellite radio (DSR) [engl.] Digitales Hörfunk-Übertragungssystem für ein aus 16 Stereoprogrammen bestehendes Paket via Satellit. Dabei wird mit einer Abtastfrequenz von 48 kHz gearbeitet, für die abgetasteten Audiosignale gilt eine Auflösung von 16 Bit. Bedingt durch das Übertragungssystem arbeitet DSR jedoch nur mit 14 Bit Auflösung, so daß die bis 14 Bit gegebene lineare Quantisierung darüber in eine Rundung überführt wird. Dieser Fall tritt jedoch nur bei großen Audiosignal-Amplituden auf. Die Übertragung von Hörfunkprogrammen mit DSR erfolgt in CD-Qualität.

digitale Teilnehmerleitung für große Bitraten – siehe: HDSL

digitale Teilnehmerleitung für sehr große Bitraten – siehe: VDSL

digitale Übertragung – digital transmission [engl.] Übertragungsverfahren, bei der eine Kommunikation zwischen Endgeräten durch Verwendung digitaler Signale mit definierter Bitrate in synchroner oder asynchroner Betriebsart stattfindet. Das Gegenstück der „digitalen Übertragung" ist die „analoge Übertragung", bei der die Bandbreite und der Störabstand wesentliche Kriterien sind.

digitale Vermittlungsstelle für den Fernverkehr – siehe: DIVF

digitale Vermittlungsstelle für den Ortsverkehr – siehe: DIVO

Digitalfilter Filter, dessen Frequenzgang durch Verzögerung, Dämpfung oder Verstärkung der unter Berücksichtigung des Abtasttheorems gewonnenen spektralen Anteile digital festgelegt wird. Für die im Frequenzbereich abgetasteten Werte erfolgt zuerst eine Analog-Digital-Wandlung, so daß mit den entstehenden Bitfolgen (Worten) die gewünschten Rechenvorgänge möglich sind. Danach wird eine Digital-Analog-Wandlung durchgeführt.

digital indoor unit [engl.] – siehe: digitale Inneneinheit

digital outdoor unit [engl.] – siehe: digitale Außeneinheit

digital satellite news gathering [engl.] – siehe: DSNG

digital serial components (DSC) [engl.] – siehe: digital-serielle Komponenten

digital-serielle Komponenten (DSK) – digital serial components (DSC) [engl.] Standardisierte Struktur des digitalen Videosignals in der Studiotechnik. Es umfaßt den Luminanzanteil und den Chrominanzanteil des Bildes sowie Zusatzdaten.

digital short range radio (DSRR) [engl.] – Zellulares Nahbereichs-Mobilfunksystem für digitale Sprach- und Datenkommunikation.

Digitalsignal – Signal mit definierter Zahl möglicher Stufungen im Wertbereich. Es gilt:

- Binärsignal: 2 Werte
- Ternärsignal: 3 Werte
- Quaternärsignal: 4 Werte

digital signal processor [engl.] – siehe: digitaler Signalprozessor

digital subscriber signalling system [engl.] – siehe: DSS

Digitaltechnik – Verarbeitung und Übertragung von Signalen, die zeit- und wertediskret verlaufen, also digitale Signale sind.

digital television broadcasting (DTVB) [engl.] – Digitaler Fernseh-Rundfunk. Es wird auch die Bezeichnung „digital video broadcasting" (DVB) verwendet. Verbreitung digitaler Fernsehprogramme via Satellit, über Kabelanlagen und mit Hilfe terrestrischer Sender.

digital versatile disc [engl.] – siehe: digital video disc

digital video broadcasting (DVB) [engl.] – Digitales Fernsehen. Es wird auch die Bezeichnung „digital television broadcasting“ (DTVB) verwendet. Verbreitung digitaler Fernsehprogramme via Satellit, über Kabelanlagen und mit Hilfe terrestrischer Sender.

digital video disc (DVD) [engl.] – Digitale Videoplatte. Es gilt auch die Bezeichnung „digital versatile disc“, wobei „versatile“ für den Begriff „vielseitig“ steht. Optisches Speichermedium mit den Abmessungen der Compact Disc (CD), jedoch erheblich größerer Speicherkapazität. Die für die Speicherung der Bit verwendeten Vertiefungen [pits] in der verspiegelten Fläche der Platte sind kleiner als bei der CD. Außerdem können auch zwei Schichten auf einer Plattenseite realisiert werden. Dadurch ergibt sich eine Speicherkapazität von fast 10 Gbyte pro Seite. Dies ermöglicht die problemlose Speicherung mit Datenreduktion aufgezeichneter Filme in hervorragender Bildqualität. Laufwerke für die digitale Videoplatte sind abwärtskompatibel, können also auch CD-ROMs, Photo-CDs und Musik-CDs richtig auslesen. Bisher ist die DVD nur ein lesbares Medium, an dem Konzept einer beschreibbaren DVD wird jedoch bereits gearbeitet.

digital video tape recorder (DVTR) [engl.] – Digitales Videosignal-Magnetband-Aufzeichnungsgerät (DMAZ, digitale MAZ). Gerät zur Aufzeichnung und Wiedergabe digitaler Videosignale, bei dem als Speichermedium Magnetband verwendet wird.

dIML – siehe: digitale Internationale Mietleitung

DIN (Deutsches Institut für Normung) – Nationale Normungsorganisation in Deutschland

direct memory access (DMA) [engl.] – Unmittelbarer Speicherzugriff. Verfahren zur Übertragung großer Datenmengen zwischen dem Arbeitsspeicher und Peripheriegeräten eines Rechners, ohne eine Mitwirkung des Prozessors zu benötigen.

directory [engl.] – Verzeichnis. Auflistung in einem Rechner oder Rechnersystem gespeicherter Programme oder Dateien.

direct-to-home [engl.] – siehe: Satelliten-Direktempfang

Direktruf – Leistungsmerkmal eines Endgerätes im Telefonnetz, das die Wahl einer gespeicherten Rufnummer einleitet, sobald der Hörer abgenommen und eine beliebige Taste gedrückt wird.

Direktrufverbindungen – siehe: Datendirektverbindung

disc [engl.] – Scheibe. Als Scheibe aufgebauter optischer oder magnetischer Speicher für digitale Daten. Dabei ist der Speicher entweder nur lesbar oder er kann vom Anwender auch selbst beschrieben werden.

Diskette – floppy disc (FD) [engl.] Magnetische Speicherplatte für digitale Signale aus flexiblem Material in einer stabilen Schutzhülle. Im Regelfall weisen die Disketten eine Speicherkapazität von 1,4 Mbit und einen Durchmesser von 3,5 Zoll auf.

diskret – Angabe oder Darstellung von Größen als Einzelwerte. Das Gegenstück zu diskret ist kontinuierlich.

diskrete Cosinus-Transformation (DCT) Verfahren zum Übergang vom Ortssignalbereich in den Ortsfrequenzbereich bei der digitalen Bildübertragung. Die Basisfunktionen sind dabei reale Cosinus-Funktionen für jeden Abtastwert. Bei der DCT liegt vergleichbar der Fourier-Transformation ein Übergang zwischen Zeit- und Frequenzbereich vor.

diskrete Fourier-Transformation (DFT) – Verfahren zur Bestimmung der spektralen Abtastwerte (also im Frequenzbereich) eines zeitbegrenzten Signals. Dies steht im Gegensatz zur Anwendung des Abtasttheorems bei der „normalen" Fourier-Transformation, nach der ein frequenz(band)begrenztes Signal durch Abtastwerte im Zeitbereich eindeutig beschrieben werden kann. Die Umkehrung der diskreten Fourier-Transfortmation (DFT) ist die inverse diskrete Fourier-Transformation (IDFT).

display [engl.] – Anzeige. Komponente eines Gerätes, einer Anlage oder eines Systems zur optischen Darstellung von Informationen. Dies wird im Regelfall mit einem entsprechenden Bildschirm realisiert.

Display-Technik Technik der Darstellung von Fernsehbildern oder anderen Bildern auf einem Bildschirm. Neben dem klassischen Bildröhrenkonzept wird verstärkt auch die Halbleitertechnik verwendet. Ein Beispiel ist der Flüssigkristall-Bildschirm [liquid crystal display (LCD)].

DIU – siehe: digitale Innenheit

DIVF (digitale Vermittlungsstelle für den Fernverkehr) Digitaler Vermittlungsknoten im öffentlichen Fernmeldenetz, der Fernverbindungen bereitstellt, jedoch keine Benutzeranschlüsse direkt unterstützt.

DIVO (digitale Vermittlungsstelle für den Ortsverkehr) Digitaler Vermittlungsknoten im öffentlichen Fernmeldenetz, der analoge oder digitale Benutzeranschlüsse unmittelbar unterstützt.

DK – siehe: ARI

D-Kanal Kanal für die Übertragung der Steuerungsdaten im dienste-integrierenden digitalen Fernmeldenetz [integrated services digital network (ISDN)] [engl.]. Seine Übertragungskapazität beträgt 16 kbit/s beim Basisanschluß und 64 kbit/s beim Primärmultiplexanschluß.

DKE – siehe: Deutsche Kommission für Elektrotechnik

DMA – siehe: direct memory access

DMAZ – siehe: digital video tape recorder

DNAE – siehe: Datennetzabschlußeinrichtung

DNG – siehe: Datennetzabschlußgerät

DNKZ – siehe: Datennetzkontrollzentrum

DNM – siehe: Datennetzabschlußmodul

dongle [engl.] – Aus Hardware und Software bestehende technische Funktionseinheit, die auf serielle oder parallele Schnittstellen von Rechnern aufgesteckt wird. Die in der Baugruppe gespeicherten Informationen ermöglichen es, daß Programme im Rechner nicht unberechtigt genutzt werden.

Doppelstromverfahren – Gleichstrom-Übertragungsverfahren für zweiwertige (binäre) Digitalsignale. Dabei werden die beiden Werte duch betragsgleiche positive und negative Spannungen dargestellt. Die Entscheidungsschwelle liegt damit bei Null, weshalb auch die Bezeichnung Polaritätsentscheidung gilt. Das Gegenstück zum Doppelstromverfahren ist das Einfachstromverfahren.

dots per inch (dpi) [engl.] – Punkte je Zoll. Maß für die Auflösung grafischer Darstellungen.

DOU – siehe: digitale Außeneinheit

down-conversion [engl.] – siehe: Abwärtskonvertierung

downlink [engl.] – siehe: Abwärtsstrecke

download [engl.] – herunterladen. Vorgang, bei dem von einer Quelle Daten in ein Endgerät geladen werden.

downstream [engl.] – siehe: Vorwärtskanal

DPCM – siehe: Differenz-Pulscodemodulation

dpi – siehe: dots per inch

DQDB (distributed queue dual bus) [engl.] Bussystem für städtische/regionale Datennetze [metropolitan area network (MAN)] als getaktetes Zugriffsverfahren über zwei gegenläufig gerichtete Busse. Die Bitraten betragen im Regelfall 34 Mbit/s oder 140 Mbit/s.

DQPSK (differential quadrature phase shift keying) [engl.] Differentielle vierwertige Phasenumtastung. Bei dieser Variante der Phasenumtastungen werden nicht die Phasenlagen direkt übertragen, sondern nur die Unterschiede zwischen den einzelnen Phasenwinkeln. Damit wird auf der Empfangsseite keine Referenzphase benötigt.

drahtlose Anschlußleitung – siehe: DAL

drahtloses lokales Datennetz – siehe: wireless local area network

driver [engl.] – siehe: Treiber

drop-out [engl.] – Ausfallstelle. Punktförmige Fehlerstelle bei der Beschichtung von magnetischem Speichermaterial. Dadurch kommt es zu kurzzeitigen Unterbrechnungen beim Lesen der gespeicherten Information.

DSC – siehe: digital-serielle Komponenten

DSK – siehe: digital-serielle Komponenten

DSNG (digital satellite news gathering) [engl.] – Gleichzeitige oder zeitversetzte Übertragung von vor Ort beschaffter Nachrichten (Video und/oder Audio) in digitaler Form, via Satellit zu gewünschten Empfangsstellen (z. B. Nachrichtenzentrale, Studio).

DSP – siehe: digitaler Signalprozessor

DSR – siehe: Digitales Satelliten-Radio

DSRR – siehe: digital short range radio

DSS (digital subscriber signalling system) [engl.] – Übertragungsprotokoll für den D-Kanal im europäischen dienste-integrierenden digitalen Fernmeldenetz [European Integrated Services Digital Network (Euro-ISDN)]

DSS 1 (digital subscriber signalling) [engl.] – Übertragungsprotokoll für das europäische dienste-integrierende digitale Fernmeldenetz [European Integrated Service Digital Network (Euro ISDN)]

DST (digital satellite television) [engl.] – digitales Satellitenfernsehen

DTE – siehe: Datenendeinrichtung

DTH – siehe: Satelliten-Direktempfang

DTMF – siehe: Mehrfrequenzwahlverfahren

DTT (digital terrestrial television) [engl.] – terrestrisches digitales Fernsehen

DTVB – siehe: digital television broadcasting

Dualzahl(en) – Zahl(en) mit maximal zwei Werten (0 oder 1) pro Stelle. Die Stellen dieser Binärziffern weisen festgelegte Wertigkeiten mit der Basis 2 auf. Im einfachsten Fall nimmt die Wertigkeit von rechts nach links mit steigenden Exponenten (2^0, 2^1, 2^2, 2^3, ...) zu.

Beispiel: Für Dezimalzahl 43 gilt als Dualzahl:

$$43_{10} = 101011_2$$

Das Ergebnis ist bedingt durch die aufsteigende Wertigkeit bei den Stellen:

$$1 \cdot 2^5 + 0 \cdot 2^4 + 1 \cdot 2^3 + 0 \cdot 2^2 + 1 \cdot 2^1 + 1 \cdot 2^0$$

DÜ – siehe: Datenübertragung

DÜE – siehe: Datenübertragungseinrichtung

Durchsagekennung – siehe: ARI

DUSt – siehe: Datenumsetzerstelle

DVB – siehe: digital video broadcasting

DVB-C – siehe: C-DVB

DVB-S – siehe: S-DVB

DVB-T – siehe: T-DVB

DVD – siehe: digital video disc

DVE – siehe: digitaler Videoeffekt

DVSt – siehe: Datenvermittlungsstelle

DVTR – siehe: digital video tape recoder

dynamisches Bitratenmanagement – siehe: Bitratenmanagement

E

E^2PROM – siehe: EEPROM

E/A – siehe: Eingabe/Ausgabe

EACEM (European Association of Consumer Electronics Manufacturers) [engl.] – Vereinigung der europäischen Hersteller von Unterhaltungselektronik.

EARN (European Academic and Research Network) [engl.] – Europäisches Wissenschaftsnetz. Rechner- und Datennetz wissenschaftlicher Einrichtungen in Europa.

EAV (end of active video) [engl.] – Kennung für das Ende des aktiven Bildanteils am Ende einer Zeile im standardisierten digitalen Videosignal.

EAZ – siehe: Endgeräte-Auswahlziffer

EB – siehe: elektronische Berichterstattung

EBCDIC (extended binary coded decimal interchange code) [engl.] – Achtstelliger alphanumerischer Binärcode, der neben alphanumerischen Zahlen auch grafische Symbole und Steuerzeichen umfaßt. Bedingt durch die Stellenzahl sind 256 Zeichen möglich.

EBU – siehe: European Broadcasting Union

EC – siehe: electronic cash

echo cancellation [engl.] – siehe: Echokompensation

Echokompensation – echo cancellation [engl.] Verfahren zur Unterdrückung reflektierter Signalanteile (Echos) in Übertragungssystemen

ECM (entitlement control message) [engl.] – Es handelt sich um ein Steuersignal, welches von der Sendeseite mit den Programmsignalen verschlüsselt übertragen wird und die Zugriffsbedingungen auf ein verschlüsseltes Programmsignal oder ein vollständiges Bouquet beinhaltet. Dadurch erfolgt in Verbindung mit der Entitlement Management Message (EMM) und der intelligenten Chipkarte [smart card] die Steuerung des Descramblers.

ECM (error correction mode) [engl.] – Fehlerkorrektur-Modus. Protokoll für die fehlertolerante Übertragung zwischen Endgeräten im Telefax-Dienst.

ECMA (European Computer Manufacturers Association) [engl.] – Europäische Vereinigung der Computerindustrie

EDI (electronic data interchange) [engl.] Kommunikationssystem zum Austausch geschäftlicher Daten, die beim Empfänger unmittelbar weiterverarbeitet werden.

EDIFACT (electronic data interchange for administration, commerce and transport) [engl.] Standard für den weltweiten Datenaustausch von Geschäts- und Handelsdaten. Damit stehen optimale Lösungen für die Übertragung von Massendaten z. B. für die Auftragsabwicklung (Bestellung, Lieferschein, Rechnung) zur Verfügung.

editieren Zerstörungsfreies Bearbeiten von Texten und/oder Bildern mit Hilfe eines Editor-Programms, auch als elektronisches „Schneiden“ bezeichnet.

Editor Hilfsprogramm für die Bearbeitung von Texten und/oder Bildern, im Regelfall unterstützt durch grafische Bedienoberfläche.

EDTV [extended definition television) [engl.] – Fernsehen mit verbesserter Auflösung. Standard für digitales Fernsehen mit höherer Bild- und Tonqualität (PALplus-Qualität). Die Bitrate beträgt 6...8 Mbit/s.

EEPROM (electrically erasable programmable read-only memory) [engl.] – Es ist auch die Bezeichnung E^2PROM üblich. Elektrisch löschbarer und reprogrammierbarer (d. h. wieder programmierbarer) Nur-Lese-Speicher.

EFER (European Federation of Electronic Retailers) [engl.] Vereinigung des europäischen Einzelhandels für Unterhaltungselektronik.

EGA – siehe: Eingabegerät für Alphanumerik

EGN – siehe: Eingabegerät für Numerik

EIA (Electronic Industries Association) [engl.] Vereinigung der Elektrotechnik- und Elektronik-Industrie in den Vereinigten Staaten von Amerika (USA).

EIB (Europäischer Installationsbus) – Standardisiertes Bussystem für die Gebäude-Systemtechnik.

EIBA (European Installation Bus Association) [engl.] Vereinigung von Unternehmen in Europa, die den Europäischen Installations-Bus [European Installation Bus (EIB)] als Konzept für die einheitliche Gebäude-Systemtechnik einsetzen und fördern. Der EIB ist ein standardisierter Kommunikations- und Steuerbus in Gebäuden für private und gewerbliche Nutzung.

Einfachstromverfahren Gleichstrom-Übertragungsverfahren für zweiwertige (binäre) Digitalsignale. Dabei wird ein Wert durch eine positive oder negative Spannung dargestellt, während der andere Wert bei Null liegt. Die Entscheidungsschwelle befindet sich deshalb bei der halben Spannungsamplitude. Das Gegenstück zum Einfachstromverfahren ist das Doppelstromverfahren.

Eingabe/Ausgabe (E/A) – input/output (I/O) [engl.] Schnittstelle bei Geräten, Anlagen und Systemen für zugeführte bzw. verarbeitete Signale.

Eingabegerät für Alphanumerik (EGA) Technische Funktionseinheit für das Absenden eines alphanumerischen Funkrufs über das Telefon.

Eingabegerät für Numerik (EGN) Technische Funktionseinheit für das Absenden eines numerischen Funkrufs über das Telefon.

Eingangsfrequenz – input frequency [engl.] Frequenz des Signals am Eingang einer Schaltung, einer Baugruppe oder eines Gerätes.

Eingangsimpedanz – input impedance [engl.] Am Eingang eines beliebigen Vierpols (Zweitors) oder Zweipols (Eintors) feststellbare Impedanz. Die Eingangsimpedanz ist grundsätzlich eine komplexe Größe. Häufig reicht jedoch die Betrachtung des Betrages aus, weshalb auch die Bezeichnung Eingangswiderstand üblich ist. Die Eingangsimpedanz ist maßgebend für die erforderliche Anpassung an den vorhergehenden Vierpol (Zweitor) oder Zweipol (Eintor).

Eingangssignal – input signal [engl.] Signal am Eingang einer Schaltung, einer Baugruppe oder eines Gerätes. Das Eingangssignal läßt sich als Zeitfunktion (z. B. mit einem Oszilloskop) und/oder als Frequenzfunktion (z. B. mit einem Spektrumanalysator) meßtechnisch erfassen.

Eingangswiderstand – siehe: Eingangsimpedanz

Einkanalübertragung pro Träger – siehe: SCPC

einloggen – siehe: login

Einmodenfaser – siehe: Monomodefaser

Einträgerverfahren – single carrier system [engl.] Übertragungsverfahren, bei dem nur ein Trägersignal verwendet wird.

Einzelprotokoll-Router – single protocol router (SPR) [engl.] Router, der nur ein Protokoll (z. B. TCP/IP oder IPX) unterstützt.

Einzelverbindungsnachweis (EVN) Detallierte Auflistung der einzelnen Verbindungen im öffentlichen Telekommunikations-Wählnetz für einen festgelegten Zeitraum, als optionales Leistungsmerkmal der Inrechungstellung.

EIR (equipment identitiy register) [engl.] – Geräteidentifikations-Register. Verzeichnis in Mobilfunksystemen zur Identifikation der Endgeräte.

EIRP (equivalent isotropically radiated power) [engl.] – Auf den isotropen Strahler (Kugelstrahler) bezogene äquivalente Strahlungsleistung einer Funksendeanlage.

EISA (European Image and Sound Association) [engl.] – Europäische Vereinigung von Publikationen aus den Bereichen Audio, Video und Photo.

EL-Display – Elektrolumineszenz-Display. Anzeigetechnik, die den Elektrolumineszenz-Effekt nutzt. Dabei handelt es sich um die nicht-thermische Umwandlung elektrischer Energie in Licht.

electromagnetic compatibility [engl.] – siehe: elektromagnetische Verträglichkeit

electronic cash (EC) [engl.] – Elektronisches Bezahlen. Verfahren des bargeldlosen Zahlungsverkehrs im Online-Betrieb. An der Kasse [point of sale (POS)] benötigt der Kunde dabei lediglich eine entsprechend autorisierte Chipkarte, die Abbuchung des Betrages erfolgt unmittelbar von seinem Konto.

electronic data interchange [engl.] – siehe: EDI

Electronic Industries Association [engl.] – siehe: EIA

electronic mail [engl.] – siehe: elektronische Post

electronic mailbox [engl.] – siehe: elektronischer Briefkasten

electronic message handling system [engl.] – siehe: elektronisches Mitteilungssystem

electronic news gathering [engl.] – siehe: elektronische Berichterstattung

electronic programme guide [engl.] – siehe: EPG

electronic publishing [engl.] – siehe: elektronisches Publizieren

Elektrolumineszenz-Display – siehe: EL-Display

elektromagnetische Verträglichkeit (EMV) – electromagnetic compatibility (EMC) [engl.] Beschreibung der frequenzabhängigen Wirkungen elektrischer, magnetischer und elektromagnetischer Felder auf Lebewesen, Natur und technische Systeme. Durch zahlreiche nationale und internationale Standards ist festgelegt, unter welchen Randbedingungen welche Feldstärken als verträglich gelten, also akzeptiert werden können. Bei technischen Systemen wird die elektromagnetische Verträglichkeit stets so gewählt, daß eine Beeinträchtigung der bestimmungsgemäßen Funktion der Geräte und Anlagen nicht erfolgt. Da technische Systeme auch selber Störfeldstärken bewirken können, muß stets zwischen elektromagnetischer Beeinflussung (EMB) als Störfestigkeit und elektromagnetischer Aussendung (EMA) als Störemission unterschieden werden.

elektronische Berichterstattung (EB) – electronic news gathering (ENG) [engl.] Erfassen und Verarbeiten von Nachrichten durch portable elektronische Bild- und Tonaufzeichnungsgeräte und kleine Schnittplätze.

elektronische Fahrplan- und Verkehrsauskunft (EVA)
Elektronisches Auskunftssystem der Deutschen Bahn AG über Fahrplandaten im Online-Verfahren.

elektronische Fernmelderechnung (ELFE) Verfahren der automatisierten Abrechnung von Kommunikationsleistungen.

elektronische Post – electronic mail (E-mail) [engl.] Personenbezogener Kommunikationsdienst für den Austausch von Informationen mit Rechnern. Dabei kann es sich um einfache Texte bis hin zu multimedialen Dokumenten handeln. Die Kommunikation basiert auf speicherorientierter Übertragung von Box zu Box, wobei die Speicherbereiche paßwortgeschützt adressierbar sind.

elektronischer Briefkasten – electronic mailbox [engl.] Es wird häufig auch nur die Bezeichnung „mailbox" verwendet. Teilnehmerspezifischer Speicherbereich in Kommunikationssystemen (z. B. Mobilfunk), der es ermöglicht, durch mittelbare Kommunikation dem Teilnehmer Informationen zu übermitteln. Der Zugang zum elektronischen Briefkasten ist stets durch geeignete Maßnahmen (z. B. Paßwort) geschützt. Wenn sich eine Nachricht im elektronischen Briefkasten befindet, kann dies dem Gerät des Teilnehmers signalisiert werden.

elektronischer Programmführer – siehe: EPG

elektronisches Mitteilungssystem (EMS) – (electronic) message handling system (MHS) [engl.] System für die Übertragung von Mitteilungen

elektronisches Publizieren – electronic publishing [engl.] Erstellung und Verbreitung von bisher üblichen Druckerzeugnissen mit Hilfe elektronischer Verfahren, im wesentlichen durch Nutzung der Datentechnik. Neben Text, Grafiken, Bildern und Fotos ist auch die Einbindung von Audio und Video möglich.

Elektrosmog Nicht eindeutig definierter Sammelbegriff für die Beeinflussung durch elektromagnetische Strahlung. Meistens wird dabei nur der Einfluß auf den Menschen gemeint.

Elementarentscheidung – siehe: Bit

Elevationsdiagramm – Es gelten auch die Bezeichnungen Vertikaldiagramm und vertikale Strahlungscharakteristik. Feldstärkeverteilung einer Antenne senkrecht zur Strahlungsrichtung. Das Elevationsdiagramm ergibt sich durch die Linien gleicher Feldstärke, ermittelt in allen Richtungen auf der Elevationsebene um die Antenne. Das Gegenteil des Elevationsdiagramms (Vertikaldiagramms) ist das Azimutdiagramm (Horizontaldiagramm).

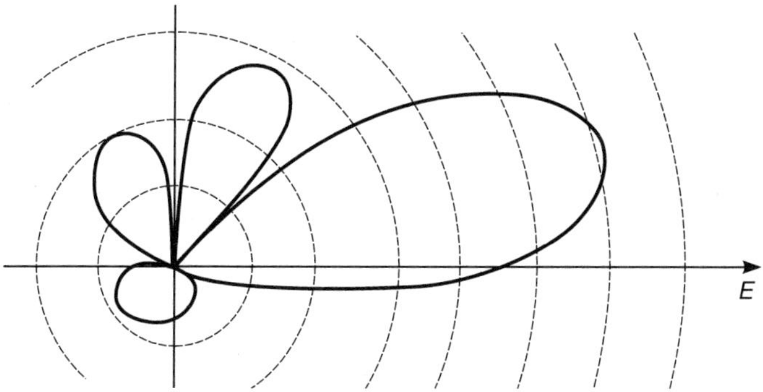

Elevationswinkel – Es gilt auch die Bezeichnung Erhebungswinkel. Winkel im Elevationsdiagramm, der die Abweichung der Hauptstrahlrichtung von der waagerechten Null-Linie angibt. Der Elevationswinkel kann somit positive oder negative Werte aufweisen.

ELFE – siehe: elektronische Fernmelderechnung

E-mail [engl.] – siehe: elektronische Post

EMC – siehe: elektromagnetische Verträglichkeit

emergency position indicating radio beacon [engl.] – siehe: EPIRB

EMM (entitlement management message) [engl.] – Steuersignal, welches von der Sendeseite mit den Programmsignalen verschlüsselt übertragen wird und das Empfangsgerät autorisiert, einen verschlüsselten Dienst störungsfrei zu empfangen. Dieses Steuersignal wird teilnehmerspezifisch und zeitspezifisch übertragen, in der jeweiligen Set-Top-Box (STB) erfolgt die Speicherung. Für die einwandfreie Funktion ist jedoch die richtige intelligente Chipkarte [smart card] erforderlich.

Empfangsantenne – receiving antenna [engl.] Technische Funktionseinheit, die den Übergang von nicht geführten auf geführte elektromagentische Wellen bewirkt. Empfangsantennen nehmen somit elektromagnetische Energie aus dem Raum auf. Das Gegenteil der Empfangsantenne [receiving antenna] ist die Sendeantenne [transmitting antenna].

Empfangs- und Verteilanlage (EVA) – Sammelbegriff für alle Anlagen, mit denen Hörfunk- und Fernsehprogramme terrestrisch und/oder via Satellit empfangen und dann per Leitungsnetz die Verteilung zu den Teilnehmern erfolgt.

EMS – siehe: elektronisches Mitteilungssystem

Emulation – Änderungen der Eigenschaften einer Hardware oder Software, um die scheinbare Darstellung von Eigenschaften einer anderen Hardware oder Software zu ermöglichen.

EMV – siehe: elektromagnetische Verträglichkeit

EN – siehe: Europäische Norm

Encoder – siehe: Coder

encrypter [engl.] – siehe: Verschlüsseler

encryption [engl.] – siehe: Verschlüsselung

Endgeräte-Auswahlziffer (EAZ) Ziffer zur Adressierung eines Endgerätes bei einem Mehrgeräteanschluß im dienste-integrierenden digitalen Fernmeldenetz [integrated services digital network (ISDN)]. Das auf eine EAZ eingestellte Endgerät wird durch Anhängen dieser Ziffer an die Teilnehmernummer direkt angesprochen.

end of message [engl.] – siehe: EDM

end of text [engl.] – siehe: ETX

end of transmission [engl.] – siehe: EDT

end of transmission block [engl.] – siehe: ETB

Endvermittlungsstelle (EVSt) Zentraler Vermittlungsknoten eines Ortsnetzes mit eigener Vorwahl im Telekommunikationssnetz der Deutschen Telekom AG.

ENG – siehe: elektronische Berichterstattung

ENQ (enquiry) [engl.] – Anforderung. Steuerzeichen in zeichenorientierten Kommunikationsprotokollen, mit dem ein Teilnehmergerät zum Senden oder Empfangen von Daten aufgefordert wird.

Ensemble – Zusammenstellung, Ansammlung, Folge

Beispiel:Beim digitalen Fernsehen werden mehrere Programme in einem Fernsehkanal zusammengefaßt übertragen. Es handelt sich dabei um ein Programm-Ensemble.

entitlement control message [engl.] – siehe: ECM

entitlement management message [engl.] – siehe: EMM

Entschlüsseler – decrypter [engl.] Technische Funktionseinheit, die eine Verschlüsselung rückgängig macht, also ein verschlüsseltes Signal in ein unverschlüsseltes Signal wandelt. Die einwandfreie Funktion eines Decrypters ist stets davon abhängig, daß der richtige Schlüssel zur Verfügung steht, weil sonst eine Entschlüsselung nicht erfolgen kann. Das Gegenteil zum Entschlüsseler [decrypter] ist der Verschlüsseler [encrypter].

Entschlüsselung – decryption [engl.] Decodierung verschlüsselt übertragener Daten mit Hilfe eines speziellen Schlüsselcodes. Das Gegenstück zur Entschlüsselung [decryption] ist die Verschlüsselung [encryption].

Entwürfeler – siehe: descrambler [engl.]

Entwürfelung – siehe: descrambling [engl.]

Entzerrer – equalizer [engl.] Technische Funktionseinheit, die den durch eine nachrichtentechnische Systemkomponente bewirkten Amplituden-Frequenzgang wieder ausgleicht, oder gezielt einen gewünschten Amplituden-Frequenzgang bewirkt.

Beispiel:Die frequenzabhängige Dämpfung eines Kabels bewirkt am Ende des Kabels mit zunehmender Frequenz immer kleinere Amplituden. Durch einen Entzerrer kann dies wieder rückgängig gemacht werden, so daß alle Frequenzen gleiche Amplitudenwerte aufweisen.

Beispiel:Der Amplituden-Frequenzgang eines Audiosignals kann durch einen Entzerrer aus geschmacklichen oder technischen Gründen beliebig „verfälscht" werden.

Entzerrung – equalisation [engl.] Maßnahmen in Übertragungssystemen, um Frequenzgänge oder Taktraster wieder in die ursprüngliche Form zu bringen.

envelope [engl.] – siehe: Hüllkurve

EOM (end of message) [engl.] – Ende der Nachricht. Steuerzeichen in zeichenorientierten Kommunikationsprotokollen, mit dem das Ende einer Nachricht deklariert wird.

EOT (end of transmission) – Ende der Übertragung. Steuerzeichen in zeichenorientierten Kommunikationsprotokollen, mit dem das Ende der Übertragung deklariert wird.

EPG (electronic programme guide) [engl.] – elektronischer Programmführer. Interaktives Verfahren zur Anzeige von Detailinformationen über Programme oder Dienste, im Rahmen einer auf die Betriebssoftware der Set-Top-Box (STB) basierenden Anwendungssoftware beim digitalen Fernsehen. Der Zugang zum EPG erfolgt im Regelfall über den Navigator. In der Praxis wird nicht immer eindeutig zwischen EPG und Navigator unterschieden.

EPIRB (emergency position indicating radio beacon) [engl.] Seenot-Funkbake mit Positionsangabe. Funkbake, die bei Seenot neben dem Notruf automatisch auch ihre Position zu einem Satelliten überträgt. Die Position der Bake wird mit dem satellitengestützten Navigationssystem GPS [global positioning system] ermittelt.

EPROM (erasable programmable read-only memory) [engl.] Löschbarer und reprogrammierbarer (d. h. wieder programmierbarer) Nur-Lese-Speicher. Für die Löschung ist im Regelfall UV (Ultraviolett)-Licht erforderlich.

equalisation [engl.] – siehe: Entzerrung

equalizer [engl.] – siehe: Entzerrer

equivalent istropically radiated power [engl.] – siehe: EIRP

ER – siehe: externer Rechner

Erhebungswinkel – siehe: Elevationswinkel

Erlang – Nachrichtentechnische Einheit für den Verkehrsfluß bzw. die Belastung leitungsvermittelter Wählnetze.

ERMES (European Radio Message System) [engl.] – Europäischer Funkrufdienst. Europäisch standardisiertes Funkrufsystem im Bereich 169 MHz. Es arbeitet mit 16 Kanälen, mit jeweils 25 kHz Bandbreite. Folgende Rufklassen sind festgelegt:

- Nur-Ton (max. 8 verschiedene Töne)
- Numerik (max. 20 Ziffern)
- Alphanumerik (max. 400 Zeichen)

error concealment [engl.] – siehe: Fehlerverdeckung

error correction [engl.] – siehe: Fehlerkorrektur

error correction mode [engl.] – siehe: ECM

error detection [engl.] – siehe: Fehlererkennung

error protection [engl.] – siehe: Fehlerschutz

error recognition [engl.] – siehe: Fehlererkennung

ESA (European Space Agency) [engl.] – Europäische Raumfahrt-Organisation

Auch in Zukunft

wollen wir den Inhalt unserer Fachbücher genau auf die Bedürfnisse des Anwenders zuschneiden. Dazu sind Ihre Anregungen für uns von größtem Interesse – bitte schreiben Sie uns.

Diese Karte lag in dem Buch: ______________________

1 Hat unser Buch alle Fragen ausreichend behandelt? ja ❑ nein ❑

2 Zu welchen Kapiteln und Themen würden Sie gerne mehr erfahren?

____

3 Was sollten wir bei einer Neuauflage verbessern?

____

4 Welche Schulnoten würden Sie diesem Buch geben:

	1	2	3	4	5	6
Umschlaggestaltung	❑	❑	❑	❑	❑	❑
Praxisnutzen	❑	❑	❑	❑	❑	❑
inhaltliche Qualität	❑	❑	❑	❑	❑	❑
Preis	❑	❑	❑	❑	❑	❑

5 Welche PC- und Elektronik-Fachzeitschriften lesen Sie?

____

6 Wie wurden Sie auf dieses Buch aufmerksam:
❑ durch eine Anzeige ❑ bei meinem Buchhändler ❑ durch Verlagsverzeichnis
❑ durch Empfehlung ❑ durch eine Zeitschriftenbesprechung

7 Unabhängig vom vorliegenden Buch, zu welchem Thema wünschen Sie sich neue Bücher?

____

Absender

Name, Vorname

Straße

PLZ/Ort

Beruf Alter

Telefon (tagsüber)

Gerne schicken wir Ihnen weitere Informationen zu Ihren Interessensgebieten:

- ☐ Elektronik
- ☐ Computer
- ☐ Telekommunikation
- ☐ Schaltungstechnik
- ☐ Datenbanken/Netzwerke Betriebssysteme
- ☐ Online
- ☐ Service- und Werkstattbücher
- ☐ Büro

Bitte freimachen

An
Franzis-Buchverlag
Lektorat
Dornacher Str. 3

85622 Feldkirchen

ETB (end of transmission block) [engl.] – Ende der Übertragung eines Blocks. Steuerzeichen in zeichenorientierten Kommunikationsprotokollen, welches das Ende der Übertragung eines Datenblocks deklariert.

Ethernet – Standardisiertes Konzept für lokales Datennetz [local area network (LAN)], basierend auf dem Bussystem und Basisbandübertragung über Koaxialkabel. Als Zugriffsverfahren wird CSMA/CD [carrier sense multiple access/collission detection] verwendet, also trägersensitiver Vielfachzugriff mit Kollisionserkennung.

ETNO (European Public Telecommunications Network Operators Association) [engl.] Verband der europäischen Betreiber von Telekommunikationsnetzen.

ETS (European Telecommunication Standard) [engl.] Europäische Norm für den Bereich der Telekommunikation.

ETSI (European Telecommunications Standards Institute) [engl.] Europäisches Normungsinstitut für Telekommunikation. Bei ETSI werden europäische Standards für Telekommunikationssysteme entwickelt. Dazu gehören auch die Übertragungsstandards für digitalen Hörfunk [digital audio broadcasting (DAB)] und digitales Fernsehen [digital video broadcasting (DVB)]. Mitglieder bei ETSI sind u. a. europäische Post- und Fernmeldeverwaltungen, Hersteller von Geräten und Anlagen der Kommunikationstechnik, Netzbetreiber, Dienste- und Programmanbieter und Forschungsinstitute.

ETX (end of text) [engl.] – Ende des Textes. Steuerzeichen in zeichenorientierten Kommunikationsprotokollen, welches das Ende einer Nachricht deklariert.

EURESCOM (European Institute for Research and Strategic Studies in Telecommunications) [engl.] Europäisches Institut für Forschung und strategische Studien im Bereich der Telekommunikation.

Euro-ISDN (European Integrated Services Digital Network) [engl.] Europäisches dienste-integrierendes digitales Fernmeldenetz. Dieses Netz arbeitet mit dem Übertragungsprotokoll DSS 1 [digital subscriber signalling], während für ISDN die nationale Technische Richtlinie 1 TR6 gilt. Beide Protokolle sind zueinander nicht kompatibel. Neue Endgeräte beherrschen entweder beide Protokolle, oder nur noch DSS 1.

Euromessage [engl.] – Europäisch standardisiertes Funkrufsystem im Bereich 460 MHz, das für alle Funkrufklassen geeignet ist. Derzeit ist der Funkrufdienst Euromessage in Deutschland, Frankreich, Schweiz, Italien und Großbritannien nutzbar.

Europäische Norm (EN) – Standard, der im Bereich aller Länder der Europäischen Union (EU) gilt.

Europäischer Installationsbus – siehe: EIB

Europäische Rundfunkunion – siehe: European Broadcasting Union

European Academic and Research Network [engl.] – siehe: EARN

European Association of Consumer Electronics Manufacturers [engl.] siehe: EACEM

European Broadcasting Union (EBU) [engl.] – Europäische Rundfunkunion. Europäische Vereinigung öffentlich-rechtlicher Rundfunkanstalten

European Computer Manufacturers Association [engl.] siehe: ECMA

European Installation Bus Association [engl.] – siehe: EIBA

European Radio Message System [engl.] – siehe: ERMES

European Telecommunications Satellite Organization [engl.] – siehe: EUTELSAT

European Telecommunications Standards Institute [engl.] – siehe: ETSI

European Telecommunication Standard [engl.] – siehe: ETS

EUTELSAT (European Telecommunications Satellite Organization) [engl.] Europäische Betreiberorganisation der geostationären Satelliten Eutelsat und Hotbird. Mitglieder sind fast alle europäischen Staaten, im Regelfall über ihre Betreiber von Telekommunikationsnetzen, mit unterschiedlichen Anteilen.

EutelTRACS – Vom Satellitenbetreiber EUTELSAT angebotener landmobiler Kommunikations- und Navigationsdienst im K_u-Band.

EVA – siehe: elektronische Fahrplan- und Verkehrsauskunft

EVA – siehe: Empfangs- und Verteilanlage

even [engl.] – geradzahlig. Es kann sich z. B. um die Felder 2, 4, 6, ... eines Rahmens handeln.

EVN – siehe: Einzelverbindungsnachweis

EVSt – siehe: Endvermittlungsstelle

extended binary coded decimal interchange code [engl.] – siehe: EBCDIC

extension [engl.] – Erweiterung. Vergrößerung bestehender Hardware oder Software durch zusätzliche Komponenten.

Beispiel: Ein gegebener Speicher wird durch zusätzliche Speicherkapazität vergrößert. Es handelt sich dann um eine „extension memory".

externer Rechner (ER) Rechner eines Anbieters in einem Online-System, auf den der Teilnehmer über einen Zugangsrechner des Online-Dienst-Anbieters im unmittelbaren Dialog zugreifen kann.

Beispiel: Der Rechner eines Versandhauses zur Abwicklung von Teleshopping ist ein externer Rechner.

eye pattern [engl.] – siehe: Augendiagramm

F

fade-in [engl.] – einblenden. Kontinuierlicher Übergang von Null auf ein definiertes Audio- oder Videosignal.

fade-out [engl.] – ausblenden. Kontinuierlicher Übergang eines Audio- oder Videosignals nach Null.

fade, to [engl.] – einblenden, ausblenden, überblenden. Kontinuierlicher Wechsel zwischen zwei Zuständen bei Audio- und Videosignalen.

FAE – siehe: Fernmeldeanlagenelektroniker/in

FAG – siehe: Fernmeldeanlagen-Gesetz

Faksimile Verfahren der Übertragung grafischer Vorlagen in unveränderter Form. Es beruht auf punktweiser Abtastung der Vorlage, codierter Übertragung der Abtastwerte und Reproduktion der abgetasteten Punkte auf der Empfangsseite. Faktsimile kann von Schwarzweiß-Vorlagen, aber auch von Farbvorlagen erfolgen. Die Realisierung von Faksimile ist durch den Telefax-Dienst gegeben.

fallback [engl.] – Rückfallposition. Automatische Reaktion in einem Übertragungssystem, bei unzureichender Übertragungsgüte die Parameter so zu verändern, daß noch eine akzeptable Übertragung erfolgt.

fall time [engl.] – siehe: Abfallzeit

Faltung – convolution [engl.] Funktion im Frequenzbereich, die durch Multiplikation zweier Funktionen im Zeitbereich auftritt und umgekehrt. Dadurch ergeben sich Kopien des Basisbandes und seines Spiegelbildes, um alle Vielfachen der Abtastfrequenz auf der Frequenzachse bzw. Abtastperioden auf der Zeitachse infolge einer Abtastung.

Farbdifferenzsignal(e) Teil(e) des Komponenten-Signals für das Farbfernsehen. Es handelt sich um die Differenz zwischen dem Grundfarbensignal (Chrominanz) B (blau) bzw. R (rot) und dem Helligkeitssignal (Luminanz) Y. Dabei gelten folgende Bezeichnungen:

$U = C_B = B\text{-}Y$

$V = C_R = R\text{-}Y$

Das Grundfarbensignal G (grün) läßt sich, wegen der festen Verkopplung zwischen Y, R, B und G, aus U und V mit Hilfe geeigneter Matrixschaltungen gewinnen.

Farbhilfsträger – siehe: Farbträger

Farbsynchronsignal – burst [engl.] Auf der hinteren Schwarzschulter des Horizontal-Synchronisationssignals übertragene zehn Schwingungen des Farbträgersignals, die zur phasenrichtigen Rückgewinnung des Farbträgers im Empfänger dienen.

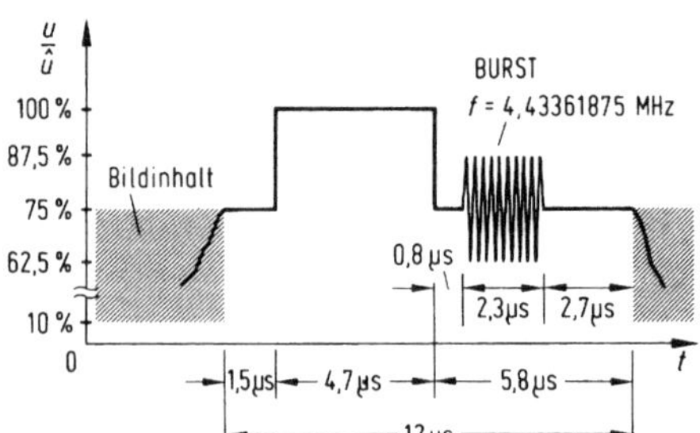

Farbträger – color subcarrier [engl.] Es gilt auch die Bezeichnung Farbhilfsträger. Trägersignal im PAL-Farbfernsehsignal zur Übertragung der Farbdifferenzsignale durch Amplitudenmodulation (AM) mit Trägerunterdrückung. Zur Synchronisation im Fernsehempfänger wird deshalb ein Paket von zehn Schwingungen des Farbträgersignals (Farbsynchronsignal [burst]) auf der hinteren Schwarzschulter des Horizontal-Synchronisiersignals als Referenz übertragen. Die Frequenz des Farbträgers beträgt 4,43361875 MHz.

Farbträgerfrequenz – color subcarrier frequency [engl.] Frequenz des Farbträgersignals im PAL-Standard. Sie beträgt 4,43361875 MHz.

Farbträgerperiode – color subcarrier period [engl.] Periode des Farbträgersignals im PAL-Standard als Kehrwert der Farbträgerfrequenz. Sie beträgt ca. 225 ns.

Faser – fibre [engl.] Es ist auch die Bezeichnung Glasfaser üblich. Lichtwellenleiter (LWL) für die Übertragung optischer Signale.

FAT (file allocation table) [engl.] – Lokalisierungstabelle für Dateien. Tabelle, mit Hilfe derer nicht zusammenhängend abgespeicherte Dateien in ihrer richtigen Verkettung „sicher“ gefunden werden können.

Fax-Karte Steckkarte für den PC [personal computer], mit der die unmittelbare Nutzung des Rechners für Sendung und Empfang von Telefaxen möglich wird, also ein gesondertes Telefax-Gerät nicht mehr erforderlich ist.

Fax-Modem Modem, das neben der transparenten Datenkommunikation im Fernmeldenetz auch die Teilnahme am Telefaxdienst mit Hilfe eines PCs [personal computer] unterstützt.

fax-on-demand (FoD) [engl.] – Mehrwertdienst in Kommunikationsnetzen, durch den der Abruf von Dokumenten mit dem Telefaxgerät ermöglicht wird. Dies kann manuell über ein Telefon oder automatisch als Fax-Polling erfolgen.

Fax-Polling Leistungsmerkmal im Telefaxdienst, welches den selbstgesteuerten automatischen Abruf von Dokumenten als Telefax von einer anderen Telefaxeinrichtung ermöglicht.

FBeitrV (Frequenznutzungs-Beitragsverordnung) Verordnung über Zahlungen von Inhabern von Frequenzzuteilungen gemäß dem Telekommunikationsgesetz (TKG). Durch die Beiträge werden alle auf Bundesebene erforderlichen Aufwendungen für das Frequenzmanagement abgedeckt.

FBAS Bezeichnung für das einkanalige Composite-Signal beim Farbfernsehen. Es besteht als Summensignal aus folgenden Anteilen:

F (Farbsignal)

Wird aus der Resultierenden der Zeiger für die Farbdifferenzsignale U und V gebildet.

B (Bildsignal)

Es handelt sich um das Signal für die Helligkeit (Luminanz).

A (Austastsignale)

Unterdrückung des Bildsignals während des Zeilenrücklaufs und des Bildrücklaufs.

S (Synchronisationssignale)

Während der Austastung hinzugefügte Horizontal-Synchronsignale und Vertikal-Synchronsignale.

FCC – siehe: Federal Communications Commission

FCS (frame checking sequence) [engl.] – Rahmenprüffolge. Prüfzeichen im Rahmen der zyklischen Blockprüfung bitorientierter Übertragungsprotokolle.

FD – siehe: Diskette

FDDI (fibre distributed data interface) [engl.] – Standard für optisches lokales Datennetz in Ringtopologie und bis 100 Mbit/s Übertragungsgeschwindigkeit. Der Zugriff erfolgt mit einem Token-Passing-Verfahren.

FDM – siehe: Frequenzmultiplex

FDMA (frequency division multiple access) [engl.] – Vielfachzugriff im Frequenzmultiplex. Zugriff auf ein Frequenzmultiplex-Signal durch frequenzselektive Schaltungstechnik, mit der lediglich das im entsprechenden Frequenzbereich liegende Signal ausgekoppelt wird. Beim Frequenzmultiplex handelt es sich im Regelfall um ein Mehrträgerverfahren, bei dem für jeden frequenzmäßig gestaffelten Anteil eine Trägerfrequenz verwendet wird. Die Selektion ist dann mit Hilfe der entsprechenden Trägerfrequenz realisierbar.

Featurebox – Spezielle Funktionseinheit in Fernsehgeräten zur Bildbeeinflussung (z. B. Bild in Bild)

FEC (forward error correction) [engl.] – Fehlerschutz im Vorwärtskanal. Fehlerschutzverfahren bei der Übertragung digitaler Signale durch Ergänzung des Nutzsignals mit redundanten Anteilen. Damit ist auf der Empfangsseite Erkennung und Korrektur von Übertragungsfehlern möglich. Bezogen auf konstante

Übertragungskapazität reduziert sich durch Vorwärts-Fehlerkorrektur die Netto-Bitrate.

Federal Communications Commission (FCC) [engl.] – Für die Zulassung von Telekommunikations- und Rundfunkdiensten, sowie dafür relevanter Standards zuständige Bundesbehörde in den Vereinigten Staaten von Amerika (USA).

feedback [engl.] – siehe: Rückkopplung

Fehlererkennung – error dectection [engl.] Es gilt auch die Bezeichnung error recognition [engl.]. Verfahren zur Feststellung, ob und welche Bits empfangener Daten falsch übertragen wurden.

Fehlerkorrektur – error correction [engl.] Verfahren zur Korrektur von Bits bei fehlerhaft empfangenen Daten. Einfache Verfahren der Fehlerkorrektur arbeiten mit Wiederholung der Datenübertragung bei festgestellten Fehlerstellen.

Fehlerschutz – error protection [engl.] Verfahren zur Erkennung und Korrektur fehlerhaft übertragener Daten. Der Fehlerschutz besteht also stets aus Fehlererkennung [error dectection] und Fehlerkorrektur [error concealment]. Bei komplizierten Mehrfachfehlern ist häufig eine Korrektur nicht möglich, sondern lediglich eine Fehlerverdeckung.

fehlertolerant Adjektiv für Geräte, Anlagen und Systeme, die bei der Übertragung digitaler Signale bis zu einem definierten Umfang fehlerhafte Bits oder Zeichen „verkraften" können, ohne die Übertragungsqualität zu reduzieren. In der Praxis wird dies durch entsprechenden Fehlerschutz realisiert.

Fehlerverdeckung – error concealment [engl.] Verfahren, um bei fehlerhaft empfangenen Daten die von der Fehlerkorrektur nicht vollständig behebbaren Bitfehler unbemerkbar zu machen.

FEP [engl.] – siehe: front-end processor

Fernbedienung – siehe: Fernsteuerung

Fernkopieren – siehe: Telefax

Fernkopierer – siehe: Telefaxgerät

Fernmeldeanlagenelektroniker/in (FAE) Handwerklicher Lehrberuf im Bereich der Fernmeldetechnik. Es besteht dabei die Zielsetzung, fernmeldetechnische Geräte, Anlagen und Systeme planen, installieren, inbetriebnehmen und instandhalten (d. h. instandsetzen und warten) zu können.

Fernmeldeanlagen-Gesetz (FAG) Dieses Gesetz regelte bis zum Inkrafttreten des Telekommunikationsgesetes (TKG) am 01.08.96 den Einsatz von Fernmeldeanlagen.

Fernschreibgerät – Es gilt auch die Bezeichnung Telexgerät. Endgerät für die Teilnahme am Fernschreibverkehr (Telexverkehr) in entsprechenden Fernmeldenetzen. Die Geräte arbeiten mit den 5 bit langen Zeichen des international standardisierten Fernschreibalphabets im asynchronen Betrieb.

Fernsehen – television (TV) [engl.] Bewegtbildübertragung in Schwarzweiß oder Farbe (inkl. Tonsignal), mit guter bis sehr guter Qualität über terrestrische Sender, Satellit oder Kabelanlagen.

Fernsehhaushalt – television household (TVHH) [engl.] Haushalt, in dem mindestens ein Fernsehgerät verfügbar ist. Die Zahl der Fernsehhaushalte stellt die Basis für die Ermittlung von Reichweiten für Programme dar.

Fernsehtext – siehe: Videotext

Fernsteuerung – remote control (RC) [engl.] Es gilt auch die Bezeichnung Fernbedienung. Auslösen von Bedienvorgängen an Geräten, Anlagen oder Systemen aus der Entfernung. Die Übertragung der Steuersignale kann über Leitungsverbindungen, Funkverbindungen, Infrarot-Licht oder Ultraschall erfolgen. In verschiedenen Fällen ist auch der Empfang von Durchführungsmeldungen möglich.

Fernwirken Sammelbegriff für alle Verfahren zur Überwachung und Beeinflussung räumlich entfernter Objekte durch zentrale Leitstellen. Die Überwachung umfaßt dabei Fernanzeige und/oder Fernmessung, während die Beeinflussung durch Fernschaltung und/oder Fernsteuerung erfolgt.

Fernzugriff – siehe: remote access

Festplatte – hard disc (HD) [engl.] Plattenspeicher für Rechner, bestehend aus einer stabilen Scheibe mit magnetisierbarer Beschichtung und dem entsprechenden Abtastsystem. Festplatten können entweder fest installiert sein und werden dann oft als Winchesterplatten bezeichnet, oder als sog. Wechselplatten in auswechselbaren Kassetten verfügbar sein. Die Speicherkapazität von Festplatten für Personal Computer (PC) liegt im Regelfall bei mehr als 1 Gbyte.

Festverbindung (FV) – Es ist auch die Bezeichnung Standleitung üblich. Verbindungsorientierter Übertragungsweg zwischen zwei definierten Anschlußpunkten in einem Kommunikationsnetz, der auf Dauer gegen Entgelt vom Netzbetreiber überlassen wird.

Festverbindung über Satellit (FVSat) – „Punkt-zu-Punkt"-Verbindung [„point-to-point"-connection] über Satellit für die Nutzung als transparenter Übertragungsweg mit Bitraten, die n · 64 kbit/s betragen.

Festwertspeicher – siehe: Nur-Lese-Speicher

fibre [engl.] – siehe: Faser

fibre to the curb [engl.] – siehe: FTTC

fibre to the home [engl.] – siehe: FTTH

FIFO (first in, first out) [engl.] – Speicherkonzept für Daten, bei dem zuerst gespeicherte Daten auch wieder zuerst ausgegeben werden. Das Konzept ist in gleicher Weise auch bei der Verarbeitung von Daten verwendbar.

file [engl.] – siehe: Datei

file server [engl.] – siehe: Datei Server

file transfer [engl.] – siehe: Dateitransfer

file transfer protocol [engl.] – siehe: FTP

Filter – filter [engl.] Technische Funktionseinheit, die als Vierpol (Zweitor) eine gezielte Veränderung des Frequenzgangs des zugeführten Signals bewirkt. Filter können analog oder digital arbeiten. Grundsätzlich sind vier Typen unterscheidbar:

- Tiefpaßfilter (low pass filter) [engl.]

  Frequenzen oberhalb der Grenzfrequenz f_g werden gesperrt.
- Hochpaßfilter (high pass filter) [engl.]

  Frequenzen unterhalb der Grenzfrequenz f_g werden gesperrt.

- Bandpaßfilter (pass band filter) [engl.]

  Frequenzen unterhalb der 1. Grenzfrequenz f_{g1} und oberhalb der 2. Grenzfrequenz f_{g2} werden gesperrt.

- Bandsperrfilter (stopp band filter) [engl.]

  Frequenzen zwischen den beiden Grenzfrequenzen f_{g1} und f_{g2}werden gesperrt.

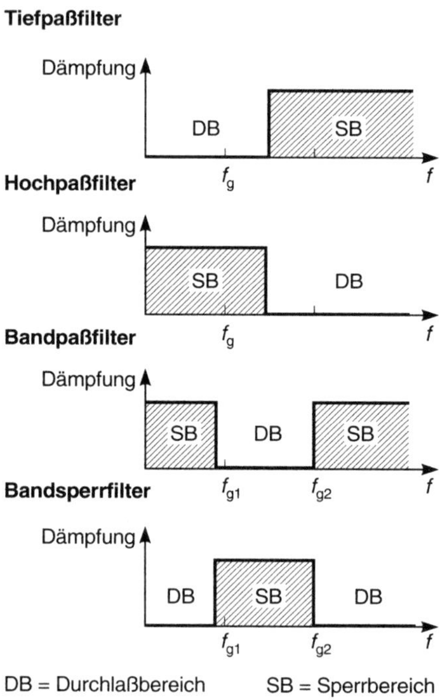

Filterbank Technische Funktionseinheit, die das Frequenzband des zugeführten Signals in aneinandergrenzende Teilbänder aufteilt und dann die Signalbearbeitung in den einzelnen Teilbändern erfolgt.

finite impulse response filter [engl.] – siehe: FIR-filter

FIR (finite impulse response)-filter [engl.] – Filter mit endlicher Impulsantwort. Es handelt sich um nicht-rekursive digitale Filter, die nach dem Ende der Folge von Abtastwerten am Eingang noch solange ein Ausgangssignal aufweisen, bis der letzte Abtastwert alle Verzögerungsglieder durchlaufen hat.

firmware [engl.] – In Hardware fest gespeicherte Software (z. B. in einem Nur-Lese-Speicher (ROM)).

fixed pattern noise (FPN) [engl.] – Bei ladungsgekoppelten Photosensoren durch Unreinheiten im Halbleitermaterial bedingtes Rauschen. Dieser Mangel tritt besonders bei hohen Betriebstemperaturen und geringem Licht auf.

fixed satellite service (FSS) [engl.] – Sammelbegriff für professionelle Dienste, die über Satellit als Punkt-zu-Punkt-Verbindungen, oder Punkt-zu-Multipunkt-Verbindungen abgewickelt werden.

flag [engl.] – Kennung. In der Rahmenstruktur einer digitalen Übertragung an definierter Stelle befindliches Bit, das für die Kennzeichnung eines übertragungsrelevanten Merkmals vorgesehen ist und einen der beiden möglichen Zustände aufweist, abhängig davon, ob das Merkmal gegeben ist oder nicht.

Fließkomma – floating point [engl.] Es ist auch die Bezeichnung Gleitkomma üblich. Verfahren für Rechner zur Verarbeitung von gebrochenen Zahlen, also Zahlen mit Stellen hinter dem Komma. Das Gegenstück zu gebrochenen Zahlen sind ganze Zahlen (integer) [engl.].

floating point [engl.] – siehe: Fließkomma

FM – siehe: Frequenzmodulation

FM-TV (frequency modulation television [engl.] – Analoge Fernsehübertragung unter Verwendung der Frequenzmodulation. Es ist das typische Verfahren für die Fernsehversorgung über Satellit.

FMX – siehe: Frequenzmultiplex

FoD [engl.] – siehe: fax-on-demand

follow me [engl.] – Leistungsmerkmal in einem Fernmeldenetz, mit dem der Nutzer ankommende Rufe zu einem Anschluß seines momentanen Aufenthalts weiterleiten kann.

footprint [engl.] – siehe: Ausleuchtzone

Format – Detallierte Vorschrift für die Aufzeichnung oder Übertragung von Signalen. Diese können analoge oder digitale Struktur aufweisen.

forward error correction [engl.] – siehe: FEC

Fourier-Transformation (FT) – Mathematisches Verfahren für Funktionen zum Übergang vom Zeitbereich in den Frequenzbereich, entwickelt vom französischen Mathematiker Jean Baptiste Joseph Fourier (1768-1830). Die aus der Zeitfunktion berechnete Frequenzfunktion beschreibt dabei denselben Sachverhalt, jedoch aus einer anderen Perspektive. Die Umkehrung der Fourier-Transformation, also der Übergang von der Frequenzfunktion auf die gleichwertige Zeitfunktion, wird als inverse Fourier-Transformation (IFT) bezeichnet.

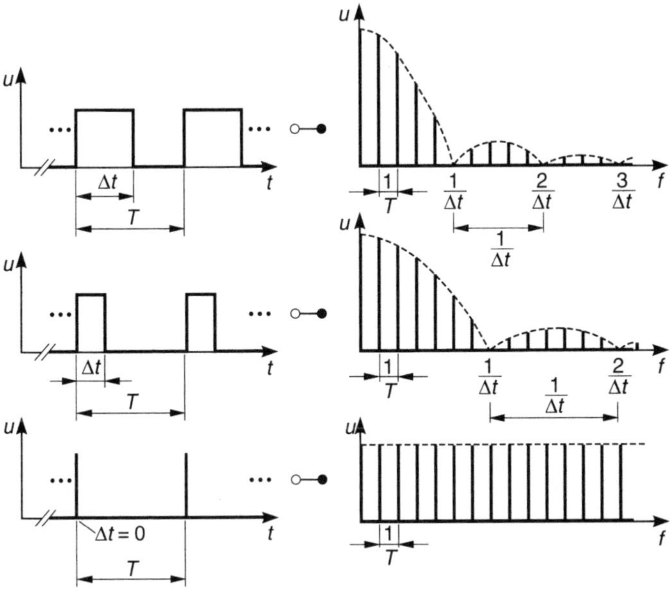

FPH – siehe: freephone

FPN – siehe: fixed pattern noise

frame [engl.] – siehe: Rahmen

frame checking sequence [engl.] – siehe: FCS

frame sync clock (FSC) [engl.] – Taktsignal für Rahmensynchronisierung

freephone (FPH) [engl.] – Kostenloser Anruf. Es gilt auch die Bezeichnung „toll free service“. Übernahme der Entgelte für die Verbindung durch andere als den Anrufenden, als Leistungsmerkmal eines Fernmeldenetzes. Es handelt sich also um einen Sprachmehrwertdienst für gebührenfreien Telefonanruf. Ein Beispiel ist der „Service 0130“ der Deutschen Telekom AG.

free-TV [engl.] – Frei-Fernsehen. Sammelbegriff für solche Fernsehprogramme, die ohne Verschlüsselung übertragen werden und mit jedem handelsüblichen Fernsehgerät/Satellitenempfänger empfangbar sind.

freeware [engl.] – Freie Software. Software, für die weder Kosten noch Registrierungsgebühren entstehen. Es sind jedoch die Urheberrechte zu berücksichtigen. Diese Software darf deshalb von jedermann kopiert, weitergegeben und beliebig genutzt werden, jedoch sind Veränderungen und Eigenvermarktung nicht zulässig.

Frei-Fernsehen – siehe: free-TV

Freisprechen Leistungsmerkmal eines Telefons, bei dem das Gespräch ohne Benutzung des Hörers möglich ist. Die Sprechverbindung erfolgt dabei über ein separates Mikrofon und einen separaten Lautsprecher.

frequency [engl.] – siehe: Frequenz

frequency band [engl.] – siehe: Frequenzband

frequency division multiple access [engl.] – siehe: FDMA

frequency division multiplex [engl.] – siehe: Frequenzmultiplex

frequency interleaving [engl.] – siehe: Frequenzinterleaving

frequency modulation [engl.] – siehe: Frequenzmodulation

frequency shift keying [engl.] – siehe: Frequenzumtastung

Frequenz – frequency [engl.] Anzahl der Schwingungen pro Sekunde. Die Einheit der Frequenz ist Hertz (Hz).

Frequenzband – frequency band [engl.] Es gilt auch die Bezeichnung Frequenzbereich. Definierter Abschnitt auf der Frequenzachse, charakterisiert durch eine untere und obere Grenzfrequenz, wobei die untere Grenzfrequenz auch den Wert Null haben kann.

Beispiel: Für den Satelliten-Direktempfang von Fernsehprogrammen wird das K_u-Band zwischen 10,7 GHz und 12,75 GHz verwendet.

Beispiel: Im UKW-Bereich (87,5...108 MHz) ist der Empfang frequenzmodulierter Hörfunksendungen möglich.

Frequenzbereich – siehe: Frequenzband

Frequenzblock – siehe: Block

Frequenzgang – frequency response [engl.] Darstellung der Abhängigkeit einer Größe (z. B. Amplitude) von der Frequenz. Dabei wird für die Frequenzen die x-Achse des Koordinatensystems verwendet, weshalb dafür auch die Bezeichnung Frequenzachse gilt.

Frequenzhub $\Delta\omega_T$

Durch das Modulationssignal bedingte Abweichung von der Trägerfrequenz ω_T bei der Frequenzmodulation (FM).

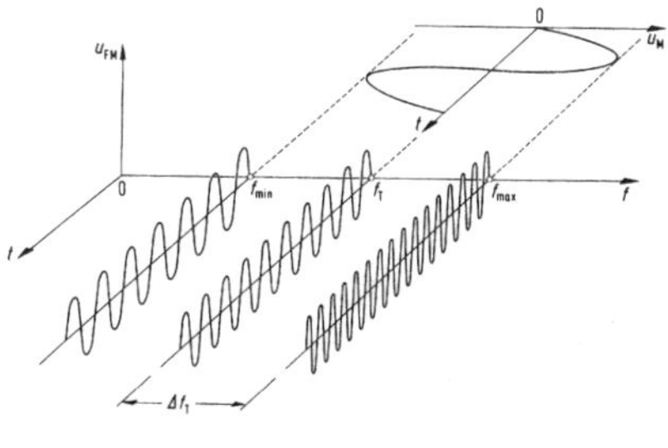

Frequenzinterleaving – frequency interleaving [engl.] Verteilung ursprünglich zusammenhängender Datenblöcke auf unterschiedliche Trägerfrequenzen in codierter Folge im Rahmen der Kanalcodierung bei digitaler Übertragung.

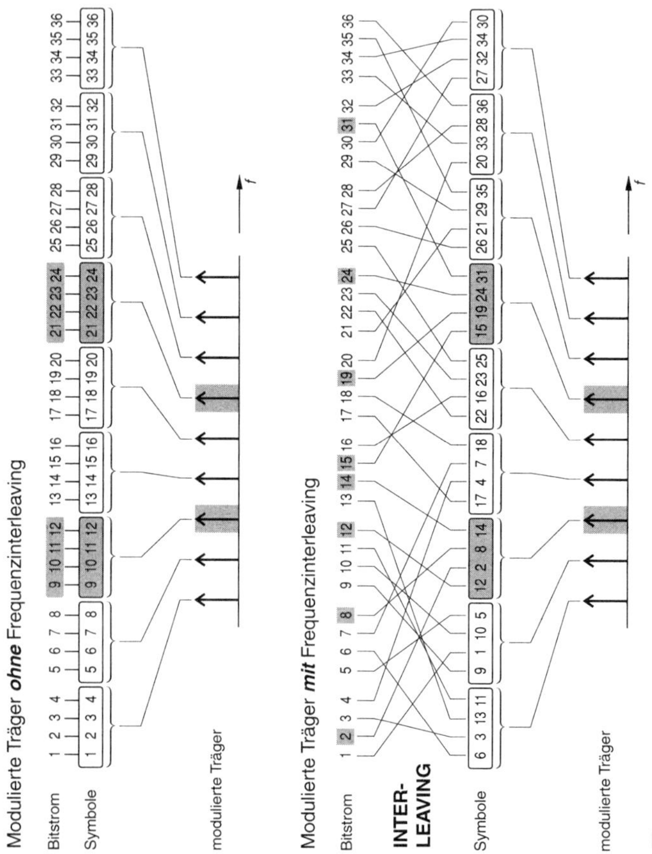

Frequenzmodulation (FM) – frequency modulation (FM) [engl.] Analoges Modulationsverfahren, bei dem die Frequenz als Parameter des Trägersignals im Rhythmus des zu übertragenden Nutzsignals (als Modulationssignal $u_M(t)$ bezeichnet) verändert wird. Für die Abweichung von der Trägerfrequenz gilt die Bezeichnung Frequenzhub $\Delta f\omega_T$. Dieser ist der Amplitude des Modulationssignals u_M (t) proportional.

$\Delta\omega_T = 2 \cdot \pi \cdot \Delta f_T \sim u_M(t)$

Das frequenzmodulierte Signal (FM-Signal) $u_{FM}(t)$ weist um die Trägerfrequenz theoretisch unendlich viele Spektrallinien als Seitenfrequenzen auf, die sich gemäß der Bessel-Funktionen $J_N(M)$ berechnen. Es gilt:

$u_{FM}(t) = \hat{u}_T \cdot \sin((\omega_T + M \cdot \sin \omega_M) \cdot t)$

Der Faktor M wird als Modulationsindex bezeichnet und ist das Verhältnis zwischen dem Frequenzhub $\Delta\omega_T$ und der Modulationsfrequenz ω_M.

$$M = \frac{\Delta\omega_T}{\omega_M} = \frac{\Delta f_T}{f_M}$$

Die Amplituden der Seitenfrequenzen werden mit zunehmendem Abstand von der Trägerfrequenz immer kleiner, so daß sie ab bestimmten Werten vernachlässigbar sind, ohne die Qualität der Übertragung merkbar zu beeinflussen. Die Frequenzmodulation ist eine Form der Winkelmodulation, da sie einen Parameter der Winkelinformation des Sinus (sin) nutzt.

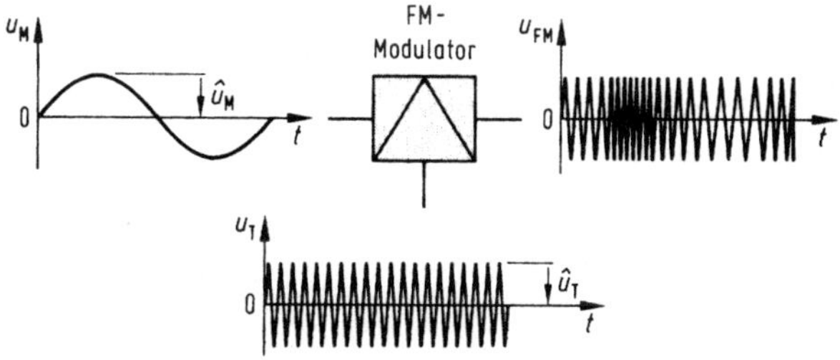

Frequenzmultiplex (FMX) – frequency division multiplex (FDM) [engl.] Verfahren der gleichzeitigen Übertragung unterschiedlicher Signale durch frequenzmäßige Staffelung. In der Praxis wird dies durch Modulation und Verwendung verschiedener Trägerfrequenzen erreicht. Es handelt sich um ein Multiplexverfahren auf der Basis der Aufteilung des Frequenzbereiches der Übertragungskapazität in mehrere Teilbänder für unterschiedliche Nutzsignale.

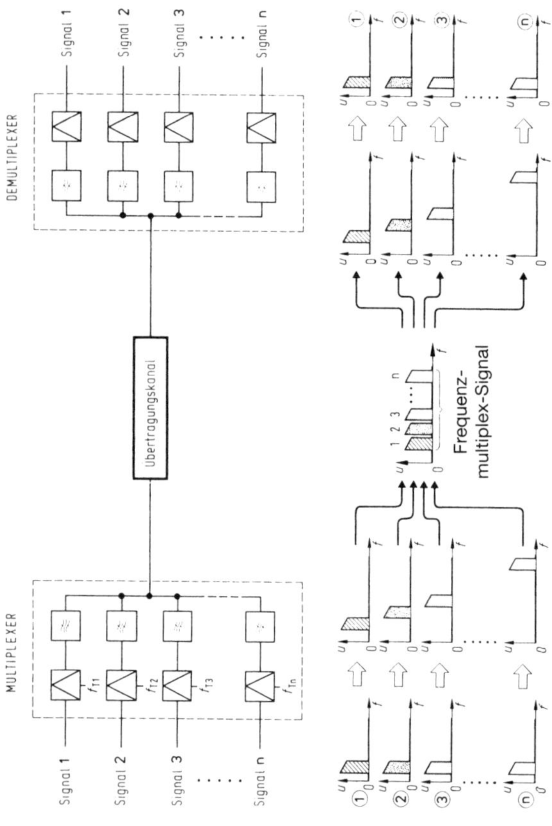

Frequenzspektrum – siehe: Spektrum

Frequenzumtastung – frequency shift keying (FSK) [engl.] Digitales Modulationsverfahren, bei dem die Frequenz des sinusförmigen Trägersignals im Rhythmus des rechteckförmigen Modulationssinglas zwischen (im Regelfall) zwei Werten wechselt.

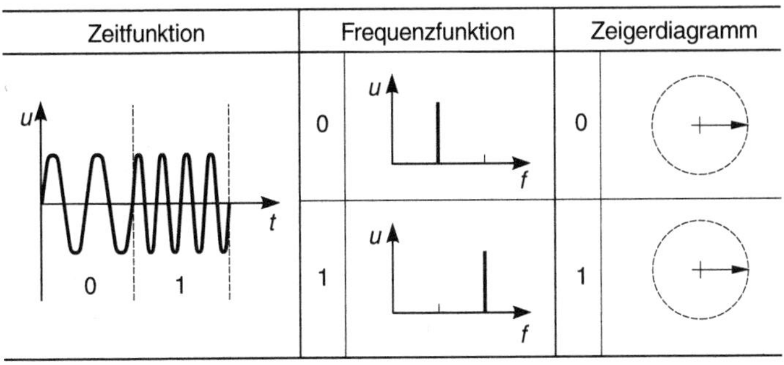

front-end processor (FEP) [engl.] – Eingangsprozessor. In Kommunikationssystemen dem Hauptrechner vorgeschalteter Rechner. Dadurch wird dieser von Aufgaben der Kommunikationsabwicklung mit anderen Teilnehmerstationen entlastet.

FSC – siehe: frame sync clock

FSK – siehe: Frequenzumtastung

FSS – siehe: fixed satellite service

FT – siehe: Fourier-Transformation

FTP (file transfer protocol) [engl.] – Protokoll für die Übertragung von Dateien in Netzen.

FTTC (fibre to the curb) [engl.] – Glasfaser bis zum letzten Verteiler außerhalb des Gebäudes. Verwendung optischer Signale in Kommunikationsnetzen bis zum Verteiler für die Anschlußleitungen zu den Teilnehmern.

FTTH (fibre to the home) [engl.] – Glasfaser bis zur Anschlußdose in der Wohnung oder bis zum Endgerät. Verwendung optischer Signale in Kommunikationsnetzen bis zum Teilnehmeranschluß oder Endgerät.

FTZ (Forschungs- und Technologiezentrum) Organisationseinheit bei der Deutschen Telekom AG, die grundsätzliche Belange in der Telekommunikation abklärt.

Füllsender – siehe: repeater

FÜV (Fernmeldeverkehr-Überwachungsverordnung) Verordnung über die zur Überwachung des Fernmeldeverkehrs vorgesehenen Maßnahmen

Funkfernsteuerung – radio control (RC) [engl.] Durchführung von Einstellungen bei technischen Funktionseinheiten über eine Funkverbindung.

Funkruf(dienst) – paging [engl.] Sammelbegriff für alle Telekommunikationsdienste, bei denen durch Funkübertragung im Simplex-Betrieb kurze Informationen den Teilnehmern individuell zum Funkrufempfänger [pager] übertragen werden. Neben diesem Einzelruf ist aber auch Gruppenruf und Sammelruf möglich. Beim Funkruf sind folgende Rufklassen realisierbar:

- Tonloser Ruf: Durch einen kurzen Sendeimpuls wird eine Anzeige aktiviert, daß ein Ruf erfolgt ist.

- Nur-Ton: Die Information besteht aus einem Tonsignal oder einer Kombination aus Tonsignalen. Damit sind mehrere unterscheidbare Informationen möglich.
- Numerik: Auf der Anzeige des Funkrufempfängers werden dabei Ziffern dargestellt. Es ist eine maximale Zahl von Ziffern je Ruf übertragbar. Dabei kann es sich z. B. um die anzurufende Telefonnummer handeln. Die Bedeutung der Ziffernfolge muß zwischen Sende- und Empfangsseite vorher abgeklärt sein.
- Alphanumerik: Auf der Anzeige des Funkrufemfängers erscheint ein Text, der aus Buchstaben, Ziffern und Zeichen bestehen kann.
- Transparente Daten: Dabei können dem Funkrufempfänger einfache Grafiken und Texte übertragen werden und dort zur Anzeige gelangen.

Für jede Funkrufklasse muß der Funkrufempfänger spezifisch geeignet sein.

Funkrufempfänger – pager [engl.] Empfangsgerät für die Teilnahme am Funkrufdienst. Diese Geräte sind klein, leicht und einfach zu bedienen. Für die Funkrufklassen Numerik, Alphanumerik und transparente Daten weisen sie eine Flüssigkristall-Anzeige [liquid crystal display (LCD)] auf. Bei einzelnen Typen von Funkrufempfängern ist auch die Signalisierung eines Funkrufs durch Vibration als sog. „stiller Alarm“ möglich.

Funktelefon Mobiltelefon für den Einsatz in Funknetzen als nichtleitungsgebundenes Endgerät. Es können folgende grundsätzliche Bauformen unterschieden werden:

- Handgeräte [handheld]

  Es hat sich dafür die Bezeichnung „Handy“ durchgesetzt.
- Portables Gerät [portable]

  Es handelt sich um ein tragbares Gerät mittlerer Größe.
- Autotelefon

  Diese Geräte sind fest im Auto installiert.

FV – siehe: Festverbindung

FVSat – siehe: Festverbindung über Satellit

G

gain [engl.] – siehe: Verstärkung

GAN (global area network) [engl.] – Weltumspannendes Datennetz. Kommunikationssystem, das unter Einbeziehung von Satelliten keinen räumlichen Beschränkungen unterliegt. Bei einem GAN erfolgt im Regelfall die Kooperation mit Weitbereichs-Datennetzen [wide area networks (WAN)], städtischen/regionalen Datennetzen [metropolitan area networks (MAN)] und lokalen Datennetzen [local area networks (LAN)].

gap filler [engl.] – siehe: Lückenfüllsender

gate array (GA) [engl.] – Gatter-Anordnung. Anordnung mehrerer Gatter-Schaltungen in integrierter Technik auf einem Chip. Die anwendungsspezifische bzw. anwenderspezifische Funktion wird durch individuelle Verbindungen („Verdrahtung“) zwischen den Gattern erreicht.

gateway [engl.] – Übergang. Technische Funktionseinheit (Hardware und Software) zur gegenseitigen Anpassung in kompatiblen Netzen oder Übertragungsprotokollen.

GBG – siehe: geschlossene Benutzergruppe

GEDAN (Gerät zur zentralen Anrufweiterschaltung) Leistungsmerkmal und technische Funktionseinheit in Netzen der Deutschen Telekom AG zur ständigen oder fallweisen Weiterschaltung von Anrufen zu vorgegebenen anderen Anschlüssen, die im

Wählbetrieb erreichbar sind. Dabei kann es sich auch um Mobiltelefonanschlüsse handeln.

Gegenbetrieb – siehe: Vollduplex-Betrieb

Gegenkopplung – negative feedback [engl.] Gegenphasige Rückführung eines Teils des Ausgangssignals zum Eingangssignal einer Schaltung.

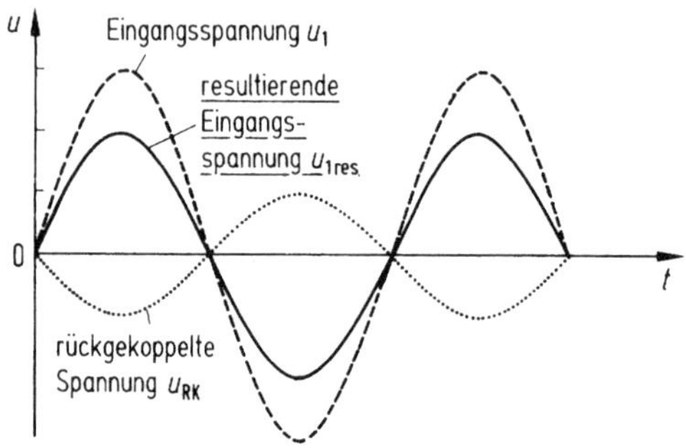

Generator – generator [engl.] Technische Funktionseinheit, die als aktiver Zweipol (also aktives Eintor) periodische Signale mit beliebigem Verlauf (z. B. Rechteck, Sägezahn, ...) erzeugt. Bei sinusförmigen Verläufen gilt im Regelfall die Bezeichnung Oszillator.

genlock [engl.] – (in Langform: general lock) Allgemeine Verkopplung von Taktsignalen. Schaltung, die auf geeignete Art und Weise (z. B. mit Hilfe eines Phasenregelkreises) Signalquellen auf einen zentralen Takt synchronisiert.

geostationärer Satellit – Es gilt auch die Bezeichnung geosynchroner Satellit. Eigenschaft eines oberhalb des Äquators positionierten Satelliten, sich synchron mit der Erde zu bewegen, also die gleiche Winkelgeschwindigkeit wie diese aufzuweisen. Von der

Erde aus betrachtet wirkt der Satellit deshalb stationär. Das Gegenteil von „geostationären Satelliten“ sind „umlaufende Satelliten“.

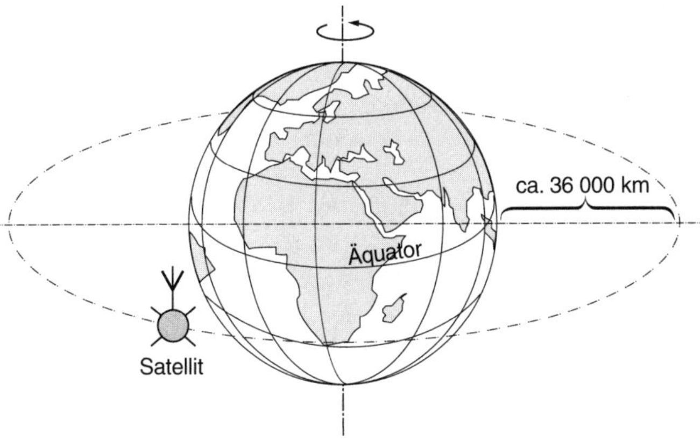

geosynchroner Satellit – siehe: geostationärer Satellit

Gerätetreiber – siehe: Treiber

Gerät zur dezentralen Anrufweiterschaltung – siehe: GEDAN

geschlossene Benutzergruppe (GBG) – closed user group (CUG) [engl.] Festgelegte Gruppe von Nutzern eines leitungsgebundenen Netzes oder Funknetzes mit eingeschränkten Kommunikationsmöglichkeiten. Im Regelfall ist nur die Kommunikation innerhalb der Gruppe möglich. Auf die Gruppe bezogene ankommende oder abgehende Verbindungen sind ebenfalls möglich, bedürfen jedoch entsprechender Festlegungen.

Glasfaser – siehe: Faser

Gleichanteil – Signalwert einer Frequenzfunktion bei der Frequenz Null. Ist die abhängige Variable die Spannung u, dann handelt es sich um den Gleichspannungsaneil U_0.

Gleichfrequenznetz – siehe: Gleichwellennetz

Gleichkanalfunk – Betriebsart in Funknetzen, bei der alle Verbindungen auf dem gleichen Funkkanal abgewickelt werden.

Gleichlaufverfahren Methode bei der digitalen Übertragung in Funknetzen, den auf das Bit bezogenen Gleichlauf zwischen Sender und Empfänger herzustellen.

Gleichwellennetz – single frequency network (SFN) [engl.] Es wird auch die Bezeichnung Gleichfrequenznetz verwendet. Terrestrische Sendernetze, deren Sender alle auf derselben Frequenz arbeiten. Dieses Konzept wird im wesentlichen beim terrestrischen digitalen Hörfunk und beim terrestrischen digitalen Fernsehen eingesetzt. Bei bitsynchroner Abstrahlung der Sender treten beim Empfang keine Störeffekte auf.

Gleitkomma – siehe: Fließkomma

global area network [engl.] – siehe: GAN

global maritime distress and safety system [engl.] – siehe: GMDSS

global positioning system (GPS) [engl.] – Weltweites Ortungs- und Navigationssystem. Satellitengestütztes System für präzise Ortung und Navigation. Es wird mit 21 umlaufenden Betriebssatelliten gearbeitet, die sich auf 6 Bahnen in ca. 20.000 km Höhe bewegen. Der genutzte Frequenzbereich liegt bei 1,5...1,6 GHz. Für die einwandfreie Funktion muß ein GPS-Empfänger mindestens vier Satelliten gleichzeitig „sehen“ können.

global system for mobile communication [engl.] – siehe: GSM

GMDSS (global maritime distress and safety system) [engl.] – Weltweites Seenot- und Sicherheitsfunksystem für die Schiffahrt. Das System basiert auf der Einbeziehung von Satellitenkommunikation und Seenot-Funkbaken.

gopher [engl.] – Protokoll für menügesteuerte Informationsrecherche und das Herunterladen [downloading] von Dokumenten im Internet. Der Begriff steht für „go for it" und bedeutet eine Suchbaumstruktur. Nach Themen geordnet verzweigt das Menü solange zu Unterthemen, bis schließlich der entsprechende Internet-Rechner die zuständige Datenbank oder die gewünschte Datei gefunden hat.

GPS – siehe: global positioning system

Gradientenfaser Lichtwellenleiter (LWL) mit definiertem radialen Brechzahlverlauf (Brechzahlprofil), um die Dispersion klein zu halten.

Grenzfrequenz Frequenz, bei der ein Signal aufhört. Sind zwei Grenzfrequenzen gegeben (z. B. bei einem Bandpaß-Filter), dann wird die kleinere Frequenz als untere Grenzfrequenz bezeichnet, während für die größere Frequenz die Bezeichnung obere Grenzfrequenz gilt.

Grundfrequenz In einem Signal auftretende kleinste Frequenz, beschrieben durch das entsprechende Glied der Fourier-Reihe.

Grundmodus Betriebsart einer Lichtwellenleiter (LWL) mit Monomodefaser, bei der nur ein ausbreitungsfähiger Lichtpfad möglich ist.

GSM (global system for mobile communication) [engl.] – Von der „Groupe Speciale Mobile" der Konferenz der Europäischen Post- und Fernmeldeverwaltungen (CEPT) erarbeiteter Standard für ein pan-europäisches Mobilfunksystem. Es basiert auf digitaler Übertragung im Zeitmultiplex mit 8 Kanälen je Träger und einer Übertragungsgeschwindigkeit von 200 kbit/s. Durch entsprechende Datenreduktion ergibt sich für das Sprachsignal 13 kbit/s. Der Standard ist inzwischen weltweit akzeptiert. In Deutschland basieren die D-Netze (Frequenzbereich 900 MHz) und die E-Netze (Frequenzbereich 1800 MHz) auf dem GSM-Standard.

guard band [engl.] – Schutzband. Bei digitaler Signalübertragung nicht genutzte Frequenzbereiche, um gegenseitige Störungen der Übertragungskanäle zu vermeiden.

H

Halbbild Struktur der Bildwiedergabe bei der nach dem Zeilensprungverfahren realisierten Fernsehübertragung, wobei die ungeraden Zeilen das erste Halbbild ergeben, während die geraden Zeilen zum zweiten Halbbild führen.

Halbbildrate – Frequenz, mit der Halbbilder übertragen werden

Halbbildwechselfrequenz – siehe: Bildwechselfrequenz

Halbduplex-Betrieb Es gelten auch die Bezeichnungen Semiduplex-Betrieb und Wechselbetrieb. Übertragung analoger oder digitaler Signale zwischen zwei Stellen in einem Telekommunikationssystem, zeitlich wechselnd in beiden Richtungen. Der Wechsel der Übertragungsrichtung erfordert dabei stets einen Umschaltvorgang. Es liegt also wechselnder Ein-Richtungs-Betrieb vor.

Q = Quelle Sd = Sender K = Übertragungskanal
S = Senke Em = Empfänger

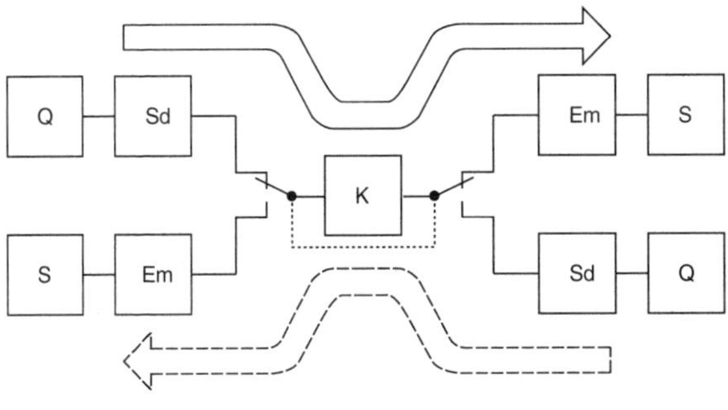

handover [engl.] – Übergabe. Automatische unterbrechungsfreie Übergabe von einer Funkzelle zur nächsten Funkzelle bei bestehender Verbindung zwischen zwei Teilnehmeranschlüssen als Leistungsmerkmal in zellularen Mobilfunknetzen. Erfolgt die Übergabe ohne bestehende Verbindung, dann liegt „changeover" vor.

handshake [engl.] – Handschlag. Prozedur für den Verbindungsaufbau in Kommunikationsnetzen. Dabei kündigt die sendende Seite die Übertragung an und gleicht mit der empfangenden Seite die Übertragungsparameter ab. Die empfangende Seite meldet dann die Empfangsbereitschaft. Das Ende der Übertragung wird von der sendenden Seite signalisiert, was zu einer Empfangsquittung von der empfangenden Seite führt.

handy [engl.] – Kunstwort als Bezeichnung für Funktelefone im Kleinformat, so daß für diese eine besondere Handlichkeit gegeben ist.

hard disc [engl.] – siehe: Festplatte

hardware [engl.] – Funktionselemente, Funktionseinheiten. Physische Ausstattung eines Rechners oder Rechnersystems.

Harmonische – siehe: Oberwelle

Hauptanschluß für Direktruf (HfD) – siehe: Datendirektverbindung

Hausübergabepunkt (HÜP) Schnittstelle bei Kabelanlagen zur Hausverteilanlage (HVtA). Hier steht das gesamte Programmangebot mit definiertem Pegel zur Verfügung.

Hauptvermittlungsstelle (HVSt) Vermittlungskonten im analogen öffentlichen Telefonnetz. Diese wurden beim Übergang auf das digitale Netz durch die digitalen Vermittlungsstellen für den Fernverkehr (DIVF) ersetzt.

Hausverteilanlage (HVtA) In Gebäuden installierter Teil einer Kabelanlage. Er beginnt am Hausübergabepunkt (HÜP) und endet entweder an den Wohnungsübergabepunkten (WÜP), oder an den Anschlußdosen der Kabelteilnehmer in den Wohnungen. Dieses Netz weist entweder Baumstruktur oder Sternstruktur auf.

Hayes Standard In den Vereinigten Staaten von Amerika (USA) entwickelter und inzwischen weltweit eingeführter Industrie-Standard für Steuerung von Modems durch Datenendeinrichtungen (DEE). Es ist auch die Bezeichnung AT-Standard üblich, weil fast alle Kommandos im Hayes Standard mit AT (für „attention“) beginnen.

HD – siehe: Festplatte

HDB3 (high density bipolar of order 3) [engl.] Pseudoternärer, gleichstromfreier Code für digitale Signale, bei dem die logische Eins abwechselnd durch beitragsgleiche positive und negative Spannungswerte dargestellt wird, während für die logische Null der Spannungswert Null gilt. Längere Null-Folgen werden bei diesem Code unterdrückt, um die Takteigenschaften zu verbessern.

HDCL (high level data link control) [engl.] – Standardisiertes, bitorientiertes Übertragungsprotokoll für synchrone Datenübertragung im Vollduplex-Betrieb. Es arbeitet mit der Rückwärts-Fehlerkorrektur ARQ [automatic repeat request] und kann für „Punkt-zu-Punkt“-Verbindungen und „Punkt-zu-Multipunkt“-Verbindungen verwendet werden.

HDSL (high bit rate digital subscriber line) [engl.] – Digitale Teilnehmerleitung für große Bitraten. Übertragungssystem zur Verwendung der von einer Vermittlungsstelle zum Teilnehmeranschluß installierten Kupfer-Doppeladern im Fernmeldenetz für große Bitraten bis ca. 20 Mbit/s.

HDTV – siehe: hochauflösendes Fernsehen

HE (Höheneinheit) – Standardisiertes Einheitsmaß für die Höhe von Einschüben in Gestellen und Gestellschränken. Es gilt: 1 HE = 44,45 mm.

Beispiel: Die Kopfstation einer Empfangs- und Verteilanlage für Rundfunkprogramme (EVA) ist in einem Gestell untergebracht und weist eine bestimmte Anzahl von Höheneinheiten als Kapazität aus. Da die Höhe eines jeden Einschubs (z. B. Umsetzer) ein ganzzahlig Vielfaches einer Höheneinheit ist, können die Bestückungen einfach kalkuliert und Freiräume durch Blindplatten abgedeckt werden.

header [engl.] – Kopf. Es wird auch die Bezeichnung „Kopfteil" verwendet. Definierte Anzahl von Bit zu Beginn jedes Rahmens bei der synchronen Übertragung digitaler Signale, reserviert für administrative Angaben (Zieladresse, Priorität, Nachrichtentyp, ...).

helical scan(ing) [engl.] – siehe: Schrägspuraufzeichnung

Hexadezimalzahl Zahl, deren Stellenwertigkeit auf Potenzen zur Basis 16 beruht und die von rechts nach links ansteigt. Für jede Stelle sind die Ziffern 0...9 und die Buchstaben A (für 10)...E (für 15) möglich.

Beispiel: Die Dezimalzahl 67 soll als Hexadezimalzahl angegeben werden.

$$67_{10} = 4 \cdot 16^1 + 3 \cdot 16^0$$

$$67_{10} = 43_{16}$$

Das Ergebnis lautet „vier drei" (nicht dreiundvierzig)

HF – siehe: Hochfrequenz

HFC (hybrid fibre/coax) [engl.] – Hybrides Glasfaser/Koaxialkabel-Netz. Übertragungsnetz, bei dem Koaxialkabel und Glasfaserleitungen gemischt eingesetzt sind. Dies kann für die einzelnen Verbindungen unterschiedlich sein, aber auch überlappend erfolgen. Wird ein bestehendes Netz (z. B. mit Koaxkabel) durch ein weiteres Netz (z. B. mit Glasfaser) überlagert, dann gilt die Bezeichnung Overlay-Netz.

HfD – siehe: Datendirektverbindung

HFW (hybrid fibre/wireless) [engl.] – Übertragungsnetze, bei denen zuerst Glasfaserleitungen und dann Funkverbindungen verwendet werden.

high bit rate digital subscriber line [engl.] – siehe: HDSL

high definition television (HDTV) [engl.] – siehe: hochauflösendes Fernsehen

high level data link control [engl.] – siehe: HDCL

highpass [engl.] – siehe: Hochpaß

highpass-filter [engl.] – siehe: Hochpaß

Hilfsprogramm – utility programme [engl.] Programm zur Erfüllung spezifischer Detailaufgaben.

Hilfsträger – siehe: Unterträger

Hinkanal – siehe: Vorwärtskanal

HLR – siehe: home location register

hochauflösendes Fernsehen – high definition television (HDTV) [engl.] Sammelbegriff für Fernsehübertragung mit höchster Bild- und Tonqualität (Kinofilm-Qualität). Gegenüber dem PAL-Standard ist dies durch größere Zeilenzahl (im Regelfall 1250 Zeilen), doppelte Bildfrequenz, Bildformat 16:9 (statt 4:3) sowie hochwertigen Mehrkanalton erreichbar. Bei analoger Übertragung erfordert hochauflösendes Fernsehen Bandbreiten über 30 MHz. Im Falle der digitalen Übertragung würde sich eine Bitrate von ca. 1 Gbit/s ergeben, was den Einsatz von Datenreduktionsverfahren erforderlich macht, um eine wirtschaftliche Übertragung zu ermöglichen. Dies ist im Rahmen des digitalen Fernsehens (DVB) mit der Quellencodierung nach dem MPEG-2-Standard vorgesehen. Die Bitrate beträgt dann nur noch 20...30 Mbit/s.

Hochfrequenz (HF) – radio frequency (RF) [engl.] Sammelbegriff für solche Frequenzen, die für die Aussendung modulierter Funkwellen genutzt werden. Es kann sich dabei um alle Frequenzen zwischen dem Längstwellenbereich (kHz-Bereich) und dem Höchstfrequenzbereich (GHz-Bereich) handeln.

Hochpaß (HP) – highpass (HP) [engl.] Es gilt auch die Bezeichnung Hochpaß-Filter (HPF) bzw. highpass-filter (HPF) [engl.]. Als Vierpol (Zweitor) arbeitende Funktionseinheit, die nur das oberhalb einer Grenzfrequenz liegende Spektrum durchläßt. Als Grenzfrequenz gilt im Regelfall die Frequenz, bei der das Signal gegenüber dem maximalen Signal im Durchlaßbereich oder bei einer Referenzfrequenz um 3 dB abgenommen hat. Dafür ist die Steilheit der Kurve im Übergang zwischen Durchlaß und Spannung maßgebend.

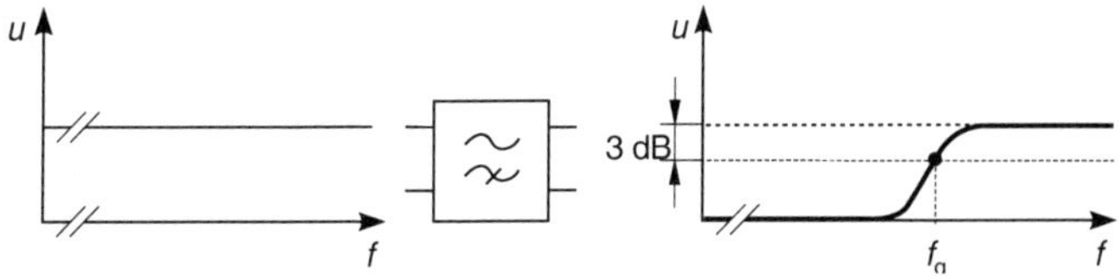

Hochpaß-Filter – siehe: Hochpaß

höchstwertiges Bit – siehe: MSB

Höheneinheit – siehe: HE

Hörschwelle Schalldruckpegel/Frequenz-Funktion (p = f(f)) für die Grenzwerte der Schalldruckpegel, unterhalb derer beim menschlichen Gehör keine Wahrnehmung mehr erfolgt. Die Empfindlichkeit ist bei mittleren Frequenzen höher als bei kleinen und großen Frequenzen, weshalb sich ein wannenförmiger Kurvenverlauf ergibt.

homebanking [engl.] – Sammelbezeichnung für alle Methoden, die es einem Privatkunden ermöglichen, Bankdienstleistungen auf elektronischem Wege mit Hilfe eines PCs [personal computer] von seiner Wohnung aus abzurufen. Typische Beispiele sind Überweisungen und Kontoführung. Homebanking ist ein interaktives Verfahren.

home location register (HLR) [engl.] – Heimatdatei im Mobilfunksystem.

homepage [engl.] – Leitseite (Hauptseite) im Navigatorsystem World Wide Web (WWW) des Internet, als Grundlage für die Präsentation eines Unternehmens, einer Organisation oder einer Person.

Horizontaldiagramm – siehe: Azimutdiagramm

horizontale Austastlücke – siehe: Austastlücke

horizontale Strahlungscharakteristik – siehe: Azimutdiagramm

Horizontalfrequenz – siehe: Zeilenwechselfrequenz

host [engl.] – Gastgeber, Hausherr. Technische Funktionseinheit (z. B. Rechner), die in einem System die steuernde und/oder überwachende Funktion über die anderen Einheiten und Komponenten wahrnimmt. Der Host nimmt dadurch eine Vorrangstellung ein.

HP – siehe: Hochpaß

HPF – siehe: Hochpaß

HTML (hypertext markup language) [engl.] – Im World Wide Web (WWW) des Internet verwendete Dokumentenbeschreibungssprache, durch welche auch Verbindungen [links] zu anderen Dokumenten möglich werden.

HTTP – Bezeichnung einer Diensteart im Internet, in der die Seiten eingebettet sind.

Hüllkurve – envelope [engl.] Verbindungslinie zwischen diskreten Signalwerten oder Signalamplituden, so daß ein kontinuierlicher Kurvenverlauf entsteht.

HÜP – siehe: Hausübergabepunkt

Huffman-Code – Nach dem Entwickler benannter Code, mit dem Datenworte variabler Länge gewonnen werden können.

Huffman-Codierung Nach seinem Entwickler bezeichnetes Verfahren der zeichenorientierten Datenreduktion, bei der ein Zeichen fester Länge durch ein Codewort variabler Länge ersetzt wird. Für häufig auftretende Zeichen sind dabei kurze Datenworte vorgesehen, während für seltener auftretende Zeichen längere Datenworte gelten. Die Abhängigkeit der Häufigkeit des Auftretens eines Zeichens von der Länge des Codewortes führt zu angestrebter Datenreduktion.

HVSt – siehe: Hauptvermittlungsstelle

HVtA – siehe: Hausverteilanlage

hybrid – Kombinierte Anwendung unterschiedlicher Technologien, Methoden, Techniken oder Verfahren.

hybrid fibre/coax [engl.] – siehe: HFC

hybrid fibre/wireless [engl.] – siehe: HFW

Hyperband Frequenzbereich (302...446 MHz) in Kabelanlagen, der ursprünglich mit einem 12-MHz-Raster für die Verteilung von Fernsehprogrammen im D2-MAC-Standard vorgesehen war und jetzt mit einem 8-MHz-Raster für die Verteilung des digitalen Fernsehens vorgesehen ist. Das Hyperband umfaßt die Sonderkanäle S 21 bis S 38, wobei die Sonderkanäle S 21 bis S 23 derzeit für analoges Fernsehen genutzt werden.

hypertext [engl.] – Flexibles Nutzungsmodell für Dokumente im World Wide Web (WWW), dem Navigationssystem im Internet. Es sieht Verkettungen und Querverweise von Dokumenten vor. Durch Anwahl einer Verkettung oder eines Verweises wird das korrespondierende Dokument automatisch aufgerufen. Der „hypertext“ unterstützt auch die Integration von Video- und Audiosignalen.

hypertext markup language [engl.] – siehe: HTML

I

IAE – siehe: ISDN-Anschlußeinheit

I-Bild – Intraframe codiertes Bild. Ohne Bezug auf frühere oder spätere Bilder bei der Bildcodierung im digitalen Fernsehen entstandenes Bild.

IC – siehe: Integrierte Schaltung

ICAN (individual customer access network) [engl.] – teilnehmerspezifisches Zugangsnetz. Konzept für den Aufbau von Kommunikationsnetzen auf der Basis der Netztechnologie für vermittelte Breitbanddienste, bei denen die spezifischen Vorgaben der Nutzer berücksichtigt werden können.

ICCS (integrated communications cabling system) [engl.] – Gebäude-Verkabelungssystem, das dienste-integrierende Kommunikationsnetze bis zu großen Übertragungsraten zuläßt.

icon [engl.] – Platzhalter. Grafisches Symbol auf dem Bildschirm, das z. B. mit Hilfe der Maus aktiviert werden kann und dann das Programm startet, für das der Platzhalter als Markierung verwendet wurde.

ICUG (international closed user group) [engl.] – Leistungsmerkmal öffentlicher Telekommunikationsnetze für die Einrichtung geschlossener Benutzergruppen, die auch international zusammengesetzt sein kann.

identification [engl.] – siehe: Identifikation

Identifikation – identification [engl.] Sammelbegriff für alle Methoden zur Feststellung der Identität von Teilnehmern oder Einrichtungen (z. B. Endgeräten) in Telekommunikationsnetzen.

IDFT – siehe: inverse diskrete Fourier-Transformation

IDN – siehe: Integriertes Text- und Datennetz

IEC – siehe: Internationale Elektrotechnische Kommission

IEC – siehe: ISDN echo canceller

IEEE (Institute of Electrical and Electronics Engineers) [engl.] – Verband der Ingenieure für Elektrotechnik und Elektronik in den Vereinigten Staaten von Amerika (USA). Das Gremium befaßt sich u. a. auch mit der Normung auf dem Gebiet der Elektrotechnik und Elektronik. Die vom Technischen Komitee erarbeiteten Standards tragen die Bezeichnung IEEE mit einer Folgenummer.

IEEE 802 Durch das „Institute of Electrical and Electronics Engineers" (IEEE) standardisierte Spezifikationen für lokale Datennetze [local area network (LAN)] und städtische/regionale Datennetze [metropolitan area network (MAN)].

IFT – siehe: inverse Fourier-Transformation

IHDN – siehe: inhome digital network

IKZ – siehe: Impulskennzeichen

IMEI (international mobile equipment identy) [engl.] – Elektronische Kennung des Mobilteils in Mobilfunknetzen nach dem GSM [global standard for mobil communication]-Standard. Diese ermöglicht die Lokalisierung und im Bedarfsfall auch die Sperrung dieser Teile.

IML – siehe: Internationale Mietleitung

IML, analog – siehe: aIML

IML, digital – siehe: dIML

IML Voice Link – Internationale Mietleitung für die Übertragung von Sprachsignalen.

implementieren – Einsatz von Software und/oder Hardware bei einem Rechner oder Rechnersystem, um vorgegebene Aufgaben durchführen zu können.

Impuls – Steilflankiges Einzelsignal kurzer Dauer.

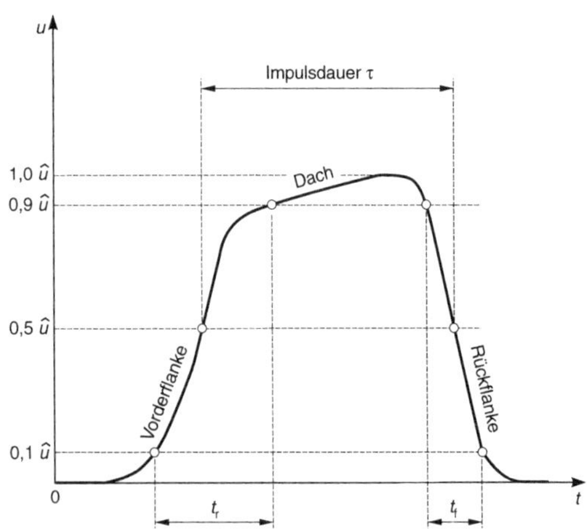

Impulsantwort – pulse response [engl.] Reaktion am Ausgang eines nachrichtentechnischen Übertragungssystems auf einen Impuls als Eingangssignal.

Impulskennzeichen (IKZ) Gleichstrom-Schaltkennzeichen zur Steuerung von Schalteinrichtungen in mechanischen Wählsystemen und entsprechenden Nebenstellen-Anlagen (Telekommunikations-Anlagen (TK-Anlagen)).

Impulswahlverfahren (IWV) Signalisierungsverfahren in Fernmeldenetzen, bei dem die Wählziffern als Steuerzeichen durch eine definierte Anzahl von Gleichstromimpulsen innerhalb eines festgelegten Zeitrasters dargestellt werden.

IN – siehe: Intelligente Netze

In-Channel-Belegung Übertragungsverfahren für Fernsehsignale, bei dem ein Fernsehkanal mit 8 MHz Breite neben dem üblichen analogen Fernsehsignal zusätzlich auch noch ein digitales Fernsehsignal überträgt. Dadurch wird die Übertragungskapazität besser ausgenutzt.

individual customer access network [engl.] – siehe: ICAN

Individualverbindung – siehe: Punkt-zu-Punkt-Verbindung

indoor unit [engl.] – siehe: Inneneinheit

Information – information [engl.] Um die Redundanz und Irrelevanz reduzierte und als Signal übertragene Nachricht.

information highway [engl.] – siehe: Datenautobahn

Informationsdienst – Kommunikationsdienst zur Übertragung auf Abfrage bereitgestellter Informationen.

inhome digital network (IHDN) [engl.] – Digitales Wohnungsnetz. In Wohnungen installiertes digitales Netzwerk für universelle Anwendungen. Dabei sind auch Bitraten im Mbit/s-Bereich möglich.

INKA – siehe: Internationales Kartentelefon

Inkompatibilität – Unverträglichkeit von Systemen und/oder Verfahren der Übertragungstechnik.

Beispiel:Das analoge Fernsehen nach dem PAL-Standard und das digitale Fernsehen (DVB) sind zueinander nicht verträglich (also inkompatibel), für jedes Übertragungsverfahren werden deshalb unterschiedliche Empfänger benötigt.

INMARSAT (International Maritime Satellite Organization) [engl.] Internationale Seefunk-Satellitenorganisation. Internationale Betreibergesellschaft eines weltweit verfügbaren Satellitensystems für Sprech- und Datenfunk zu Wasser, zu Lande und in der Luft. An der Organisation sind derzeit 80 Staaten beteiligt, dazu gehört auch Deutschland.

Inneneinheit – indoor unit [engl.] Teil einer Satellitenanlage, die sich innerhalb des Gebäudes befindet.

Beispiel:Der Satellitenempfänger [satellite receiver] ist die Inneneinheit einer Satellitenempfangsanlage.

input frequency [engl.] – siehe: Eingangsfrequenz

input impedance [engl.] – siehe: Eingangsimpedanz

input/output [engl.] – siehe: Eingabe/Ausgabe

input signal [engl.] – siehe: Eingangssignal

insert(ion) [engl.] – Einfügung. Ergänzung eines Signals durch weitere Anteile. Dabei werden diese entweder nur hinzugefügt, oder sie ersetzen die vorhandenen Anteile, was überschreiben bedeutet.

Installation (eines Programms) – installation [engl.] Die Installation umfaßt das Kopieren aller erforderlichen Dateien von den Original-Disketten oder der Original CD-ROM auf die Festplatte des Rechners. Außerdem werden noch Einstellungen und sonstige Daten abgefragt. Die Installation wird meistens durch die Programme „install.exe“ oder „setup.exe“ automatisch erledigt.

Institute of Electrical and Electronics Engineers [engl.] – siehe: IEEE

instruction [engl.] – siehe: Befehl

integer [engl.] – Ganze Zahlen. Verfahren für Rechner zur Verarbeitung ganzer Zahlen. Dabei sind keine Stellen hinter dem Komma gegeben. Das Gegenstück zu ganzen Zahlen sind gebrochene Zahlen, also Verfahren für Fließkomma (floating point) [engl.].

integrated circuit [engl.] – siehe: Integrierte Schaltung

integrated communications cabling system [engl.] – siehe: ICCS

integrated digital network [engl.] – siehe: Integriertes Text- und Datennetz

integrated receiver/decoder [engl.] – siehe: IRD

integrated services [engl.] – siehe: dienste-integrierend

integrated services digital network [engl.] – siehe: diensteintegrierendes digitales Fernmeldenetz

integrated services private brauch exchange [engl.] – siehe: ISPBX

integrierter Empfänger/Decoder – siehe: IRD

Integrierte Schaltung (IS) – integrated circuit (IC) [engl.] – In Halbleitertechnologie auf einem Chip aus Halbleitermaterial (z. B. Silizium) „eingeprägte" Schaltung, bestehend aus mikroskopisch kleinen Bauelementen als integrierte Bestandteile. Mit Integrierten Schaltungen können analoge Funktionen ebenso realisiert werden wie digitale Funktionen. Die Leistungsfähigkeit einer Integrierten Schaltung wird im Regelfall als Zahl der integrierten Transistorfunktionen angegeben und durch einen Integrationsgrad gekennzeichnet.

Integriertes Text- und Datennetz (IDN) – integrated digital network (IDN) [engl.] Weitverkehrsnetz der Deutschen Telekom AG für festgeschaltete und vermittelte digitale Übertragungswege, vornehmlich für geschäftliche Nutzer.

intelligente Chipkarte – siehe: smart card

Intelligente Netze (IN) Konzept für Kommunikationsnetze, bei denen eine Trennung von Verbindungssteuerung und Diensteabwickung vorgesehen ist. Wesentliche Komponenten der Intelligenten Netze sind die diensteneutralen Vermittlungsknoten [service switching points (SSP)] und die zentralen Steuerungsknoten für die Dienste [service control points (SCP)].

INTELSAT (International Telecommunication Satellite Organization) [engl.] Internationale Betreibergesellschaft für ein weltweit verfügbares System von Kommunikations-Satelliten.

interaction [engl.] – siehe: Interaktion

Interaktion – interaction [engl.] Aufeinanderbezogenes Handeln zwischen verschiedenen Personen bzw. Personen und technischen Systemen. Die von einer Seite ausgelöste Aktion führt dabei zu einer entsprechenden Reaktion der anderen Seite.

interaktiv Betriebsweise in Rechner- und Kommunikationssystemen, die durch den Dialog zwischen Nutzer und System gekennzeichnet ist. Aktionen (d. h. Eingaben) des Nutzers führen dabei zu Reaktionen des betroffenen Systems.

interaktiver Betrieb – siehe: Dialogbetrieb

interface [engl.] – siehe: Schnittstelle

interface multiplier [engl.] – siehe: Schnittstellenvervielfacher

interleaving [engl.] – Verschachtelung. Systematische Veränderung der zeitlichen oder frequenzmäßigen Staffelung einer Folge von Bit oder Byte, weshalb zwischen Zeitinterleaving und Frequenzinterleaving zu unterscheiden ist. Die in beiden Fällen gegebene Umsortierung der Bit bzw. Byte stellt eine Maßnahme des Fehlerschutzes dar. Beim Zeitinterleaving wird die ursprüngliche zeitliche Abfolge der Bit oder Byte so verändert, daß zusammenhängende Informationen nicht mehr auf nebeneinanderliegende Bit bzw. Byte übertragen werden. Beim Frequenzinterleaving gilt dies vergleichbar für die digital modulierten Trägersignale bei Mehrträgerverfahren. Zusammenhängende Informationen werden dann nicht mehr auf nebeneinanderliegende Trägern übertragen.

international closed user group [engl.] – siehe: ICUG

Internationale Elektrotechnische Kommission – International Electrotechnical Commission (IEC) [engl.] Internationale

Organisation für die Normung auf dem Gebiet der Elektrotechnik und Elektronik. Das Ergebnis sind IEC-Standards, die von den Mitgliedsstaaten in das nationale Normenwerk übernommen werden. Deutschland wird in der Internationalen Elektrotechnischen Kommission durch die Deutsche Kommission für Elektrotechnik (DKE) vertreten.

Internationale Fernmeldeunion – International Telecommunication Union (ITU) [engl.] Union International des Telecommunication (UIT) [franz.] Als Teil der Vereinten Nationen weltweit tätige Organisation, die den Aufbau und Betrieb von Telekommunikationsnetzen und -diensten durch Erarbeitung von Empfehlungen koordiniert und das internationale Frequenzmanagement durchführt. Empfehlungen für den Bereich des Fernmeldewesens erscheinen unter der Bezeichnung ITU-T (früher CCITT), wobei T für „telecommunication" steht, während Empfehlungen für den Bereich des Funkwesens die Bezeichnung ITU-R (früher CCIR) tragen, wobei R für „radiocommunication" steht. In der Internationalen Fernmeldeunion sind praktisch alle Staaten mit ihren Fernmeldeverwaltungen vertreten.

International Electrotechnical Commission [engl.] – siehe: Internationale Elektrotechnische Kommission

Internationale Mietleitung (IML) – Standleitung für internationale Kommunikation

Internationales Kartentelefon (INKA) – Telefon für die Nutzung mit internationalen Kreditkarten und üblichen Telefonkarten.

International Maritime Satellite Organization [engl.] – siehe: INMARSAT

international mobile equipment identy [engl.] – siehe: IMEI

International Standard Organization (ISO) [engl.] – Internationale Organisation für Standardisierung. In dieser Organisation sind die meisten Staaten der Erde Mitglied und durch ihre nationalen Normungsgremien vertreten. Es werden weltweit gültige ISO-Standards erarbeitet, die sich auf alle Fachgebiete beziehen.

International Telecommunications Satellite Organization [engl.] – siehe: INTELSAT

International Telecommunication Union [engl.] – siehe: Internationale Fernmeldeunion

international virtual private network [engl.] – siehe: IVPN

Internet Globales Verbundnetz von Rechnern ohne Betreibergesellschaft und ohne ausgeprägtes Netzwerkmanagement. Es wird das TCP / IP [transmission control protocol / internet protocol] als einheitliches Kommunikationsprotokoll verwendet, durch das jeder angeschlossene Rechner eine entsprechende Adresse erhält. Wesentliche Anwendungen im Internet sind:

- elektronische Post [E-mail]
- Zugriff auf Datenbanken
- Informationsaustausch in spezifischer Form
- Übertragung von Dateien

internet protocol [engl.] – siehe: IP

Interpolation – Bildung eines Mittelwerts aus einer Zahl vorgegebener Werte.

interpreter [engl.] – Übersetzer. Programm zur Übersetzung der Befehlszeilen eines anderen Programms in Maschinencode.

interrupt [engl.] – Unterbrechung. Bei der Abarbeitung eines Programms durch dieses oder durch externe Vorgabe bedingte

Unterbrechung des weiteren Ablaufes, bis bestimmte Vorgaben (z. B. Einlesen von Daten aus einem Speicher oder Eingabe einer Information über die Tastatur) erfüllt sind.

interspeeder [engl.] – Leistungsmerkmal eines Modems, unabhängig von der leitungsseitigen Bitrate eine konstante Übertragungsgeschwindigkeit an der Datenschnittstelle zu gewährleisten.

interworking port unit [engl.] – siehe: IPU

intra – Innerhalb eines vorgegebenen Rahmens oder während eines Vorgangs.

intraframe codiertes Bild – siehe: I-Bild

Intranet Lokale Datennetze [local area networks (LAN)], städtische/regionale Datennetze [metropolitan area networks (MAN)] und Weitbereichs-Datennetze [wide area networks (WAN)], die auf Verfahren und Technologie des Internets basieren, durch Sicherheits-Übergänge [gateways] jedoch gegen das Internet kontrolliert abgeschirmt sind.

invers – In umgekehrter Richtung ablaufender Vorgang. Damit kann ein ursprünglicher Vorgang wieder hergestellt werden.

Beispiel: Die Fourier-Transformation (FT) beschreibt den Übergang vom Zeitbereich in den Frequenzbereich. Mit Hilfe der inversen Fourier-Transformation (IFT) erfolgt die Umkehrung dieses Vorgangs, also der Übergang vom Frequenzbereich in den Zeitbereich.

inverse diskrete Fourier-Transformation (IDFT) – Aufbau des zeitbegrenzten Signals aus den bekannten Abtastwerten im Frequenzbereich (Spektralanteile) als Umkehrung der diskreten Fourier-Transformation.

inverse Fourier-Transformation (IFT) – Mathematisches Verfahren für Funktionen zum Übergang vom Frequenzbereich in den Zeitbereich, entwickelt vom französischen Mathematiker Jean Baptiste Joseph Fourier (1768-1830). Die aus der Frequenzfunktion berechnete Zeitfunktion beschreibt dabei denselben Sachverhalt, jedoch aus einer anderen Perspektive. Die Umkehrung der inversen Fourier-Transformation, also Übergang der Zeitfunktion auf die gleichwertige Frequenzfunktion, wird als Fourier-Transformation (FT) bezeichnet.

invertieren – Ein vorgegebenes Signal umkehren, was einer Drehung von 180° entspricht. Dadurch werden positive Verläufe negativ und umgekehrt.

I/O – siehe: Eingabe/Ausgabe

IOM – siehe: ISDN oriented modulator

IOR (indean ocean region) [engl.] – Bezeichnung für die Orbitposition und die Ausleuchtzone geostationärer Satelliten in der Region Indischer Ozean.

IP (internet protocol) [engl.] – Herstellerneutrales Transportprotokoll für netzüberschreitende Kommunikation mit der Funktion zur Leitweg- und Datenflußsteuerung

IPU (interworking port unit) [engl.] – Konverter für den Übergang zwischen dem dienste-integrierenden digitalen Fernmeldenetz [integrated services digital network (ISDN)] und dem paketvermittelten Datennetz DATEX-P sowie umgekehrt.

IPX (internetwork packet exchange) [engl.] – Kommunikationsprotokoll für den Datenaustausch zwischen PCs [personal computer] in lokalen Datennetzen [local area network (LAN)].

IRD (integrated receiver/decoder) [engl.] – Technische Funktionseinheit, die digitale Signale empfangen und durch Decodierung für die analoge Wiedergabe aufbereiten kann. Dies gilt auch, wenn optional die digitalen Signale verschlüsselt sind. Dafür muß jedoch zusätzlich die Funktion der Entschlüsselung im Gerät zur Verfügung stehen. In der Praxis gibt es zwischen den Bezeichnungen IRD und Set-Top-Box (STB) keine eindeutige Unterscheidung. Im Regelfall ist jedoch eine STB als Gesamtgerät zu verstehen, welches unterschiedliche Schnittstellen (besonders für interaktive Anwendungen) besitzt, während beim IRD nur die Funktion Empfang und Decodierung sowie im Bedarfsfall Entschlüsselung codierter Signale gegeben ist.

IRIDIUM – Projekt eines weltweiten Kommunikationssystems mit umlaufenden Satelliten in geringer Höhe [low earth orbit satellites (LEOS)]. Es sind über 60 Satelliten konzipiert, die sich bezogen auf ihr Einsatzgebiet in ca. 800 km Höhe über der Erde bewegen. Durch die umlaufenden Satelliten in geringer Höhe sind kompakte und leichte Mobilgeräte (Handies) möglich. Außerdem kann eine vom Aufenthaltssort des Nutzers unabhängige persönliche Rufnummer für den Nutzer realisiert werden. Dies ist eine Vorstufe zum globalen personenbezogenen Kommunikationsnetz [personal communication network (PCN)].

irrelevant – Anteile bei übertragenen Signalen, die für den Empfänger (oder die Nachrichtensenke (z. B. Auge oder Ohr)) keine Bedeutung haben, also nicht relevant und daher verzichtbar sind.

Irrelevanzreduktion – Datenreduktion, bei der die für eine subjektive Wahrnehmung mit Auge und/oder Ohr unerheblichen Anteile des digitalen Signals für die Übertragung weggelassen werden und dadurch nur noch eine kleinere Bitrate für die Übertragung benötigt wird. Irrelevanzreduktion ist möglich, weil das menschliche Auge bzw. Ohr nur eine begrenzte Auflösung verarbeiten kann, weshalb nicht sämtliche „Feinheiten“ des Originalsignals übertragen werden müssen.

irreversibel Vorgang, der nicht oder nicht vollständig umkehrbar ist oder nur mit Verlusten umkehrbar ist. Das Gegenstück von irreversibel ist reversibel.

Beispiel:Bei Batterien wird chemische Energie in elektrische Energie umgesetzt. Im Gegensatz zu Akkumulatoren (Akkus) ist dies jedoch nur in dieser Richtung möglich und nicht umkehrbar.

IS – siehe: Integrierte Schaltung

ISDN (integrated services digital network) [engl.] – Dienste-integrierendes digitales Fernmeldenetz. Europaweiter Standard für das digitale Telekommunikationsnetz, als Ablösung für das bisherige analoge Fernmeldenetz (Telefonnetz).

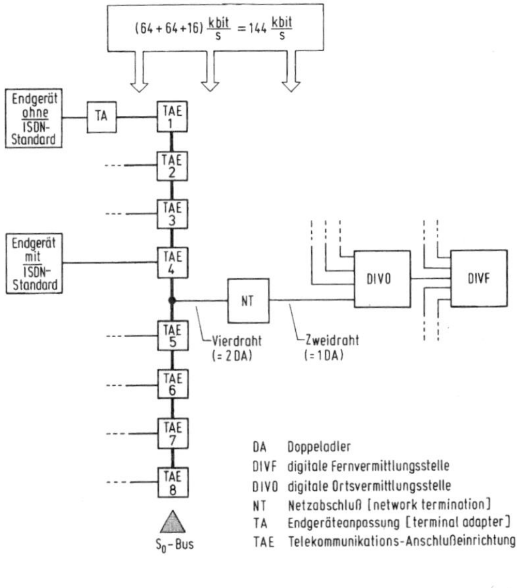

Beim Teilnehmer können dabei bis zu acht Teilnehmergeräte (Telefon, Telefax, Modems, PC, ...) an einen Bus angeschlossen werden, der mit dem ISDN-Netzabschluß verbunden ist. Für die Übertragung zwischen ISDN-Netzabschluß und ISDN-Vermittlungsstelle stehen zwei Basiskanäle (B) mit einer Bitrate von je 64 kbit/s und ein Steuerkanal (D) mit einer Bitrate von 16 kbit/s zur Verfügung. Es ist also eine Gesamtbitrate von 144 kbit/s zu übertragen. Im ISDN können pro Teilnehmeranschluß zwei Dienste gleichzeitig abgewickelt werden.

ISDN-Anschlußeinheit (IAE) Technische Funktionseinheit für den Anschluß von Endgeräten im dienste-integrierenden Fernmeldenetz [integrated services digital network (ISDN)].

ISDN controller [engl.] – siehe: ISDN-Karte

ISDN [integrated services digital network]-Karte – integrated services digital network (ISDN) controller [engl.] Steckkarte für den Rechner, die den Zugang eines PCs [personal computer] an einen Basisanschluß des dienste-integrierenden digitalen Fernmeldenetzes [integrated services digital network (ISDN)] ermöglicht.

ISDN (integrated services network) echo canceller (IEC) [engl.] – ISDN-Schnittstellenschaltung U_{k0} mit Echokompensation. Technische Funktionseinheit zur Trennung der Sende- und Empfangssignale der über die Teilnehmeranschlußleitung übertragenen Kanäle (2 x B à 64 kbit/s, 1 x D à 16 kbit/s) im dienste-integrierenden digitalen Fernmeldenetz durch Gabelschaltung und Echokompensation.

ISDN (integrated services digital network) oriented modulator (IOM) [engl.] – Schnittstelle für ISDN-spezifische Baugruppen.

ISDN-PC-Karte Steckkarte für den PC [personal computer], die den Anschluß dieses Rechners an das dienste-integrierende digitale Fernmeldenetz [integrated services digital network (ISDN)] ermöglicht.

ISDN-TK-Anlage Telekommunikations-Anlage mit netzseitigem Anschluß für das dienste-integrierende digitale Fernmeldenetz [integrated services digital network (ISDN)].

ISDN user part [engl.] – siehe: ISUP

ISO (International Standards Organisation) [engl.] – siehe: International Standard Organization

ISPBX (integrated services private branch exchange) [engl.] – Digitale Telekommunikationsanlage (TK-Anlage), häufig auch noch als Nebenstellen-Anlage bezeichnet, nach dem ISDN [integrated services digital network]-Standard.

ISUP (integrated services digital network (ISDN) user part [engl.] – International standardisierte Schnittstelle für die Zusammenschaltung der verschiedenen nationalen dienste-integrierenden digitalen Fernmeldenetze [integrated services digital networks (ISDN)].

iterativ Schrittweise Näherung der Lösung gestellter Aufgabe durch fortgesetzte Anwendung von Zwischenlösungen.

ITU [engl.] – siehe: Internationale Fernmeldeunion

ITU-R (International Telecommunication Union – Radiocommunication) [engl.] Bereich in der Internationalen Fernmeldeunion, der für die Erarbeitung von Empfehlungen [recommendations] zu technischen und betrieblichen Fragen des Funkwesens zuständig ist.

ITU-T (International Telecommunication Union – Telecommunications) [engl.] Bereich in der Internationalen Fernmeldeunion, der für die Erarbeitung von Empfehlungen [recommendations] zu technischen und betrieblichen Fragen des Fernmeldewesens zuständig ist.

IVPN (international virtual private network) [engl.] – Internationale unternehmensspezifische Kommunikationsnetze mit Wählbetrieb. Es handelt sich um Netze mit eigenem Rufnummernplan, die auf der Basis paketvermittelter virtueller Verbindungen arbeiten.

IWV – siehe: Impulswahlverfahren

J

jitter [engl.] – Zufallsbedingte Schwankungen der zeitlichen Lage der Flanken eines digitalen Signals. Diese Schwankungen können folgende Ursache haben:

- Nicht ausreichend stabile Taktquellen
- Einwirkungen von Störsignalen bei der Übertragung
- Einschwingvorgänge
- Schaltungen zur Rückgewinnung des Taktes
- Schaltungen zur Anpassung des Taktes

Jitter führt zu Verzerrungen des Empfangssignals, außerdem bewirkt er einen zusätzlichen Rauschanteil. Als Maß für den Jitter gilt die Breite des Augendiagramms [eye pattern]. Je breiter die Augenöffnung, umso kleiner ist der Jitter und umgekehrt.

joystick [engl.] – Elektronischer Steuerstift. Senkrecht angeordneter Stift mit Grifffläche, der in alle Winkelrichtungen bewegbar ist und auf diese Weise auf einem Bildschirm dargestellte Zeichen beliebig verschieben kann.

JPEG (Joint Picture Expert Group) [engl.] – Gemischte Expertengruppe für Standbildübertragung. Internationales Gremium, welches den auch als JPEG bezeichneten Standard für das Datenreduktionsverfahren zur Übertragung von Standbildern [still pictures] erarbeitet hat.

K

Kabelfernsehen – siehe: CATV

Kabeltuner Empfangsteil im Fernsehempfänger, welcher auch für die in Kabelanlagen genutzten Sonderkanäle ausgelegt ist.

Kammfilter – Filter zur Trennung miteinander verschachtelter, jedoch eng beieinander liegender Frequenz-Komponenten. Die Filterung kann in Analogtechnik oder in Digitaltechnik erfolgen.

Beispiel: Beim PAL-Farbfernsehsignal sind die Spektrallinien des Helligkeitssignals (Y) und der Farbdifferenzsignale (U, V) bekanntlich miteinander verschachtelt. Durch das Kammfilter sollen Luminanz und Chrominanz voneinander getrennt werden. Dies erfolgt im Regelfall durch zeilenweise Verzögerung des Signals und anschließende Zusammenfassung mit dem unverzögerten Signal durch Addition bzw. Subtraktion. Dadurch heben sich jeweils unerwünschte Signale auf. An einem Ausgang ergeben sich dann die Y-Spektrallinien, am anderen dagegen die U- und V-Spektrallinien.

Kanal – channel [engl.] Sammelbegriff für einen gerichteten Übertragungsweg für Signale bzw. Nachrichten.

Bei jedem Kanal sind folgende Spezifizierungen möglich:

- Verwendung (z. B. Datenkanal, Fernsehkanal)
- Übertragungsmedium (z. B. Funkkanal, Leitung)
- Übertragungsart (z. B. analog)

- Übertragungskapazität (z. B. Bandbreite (bei analogen Kanälen), Bitrate (bei digitalen Kanälen))

Kanalbündelung – channel bundling [engl.] Zusammenfassung von logischen oder physikalischen Kanälen durch Verwendung eines Multiplexverfahrens.

Kanalkapazität – channel capacity [engl.] Größte mögliche Geschwindigkeit, mit der digitale Signale über einen vorgegebenen Übertragungskanal transportiert werden können. Die Angabe erfolgt in Bit/s, kbit/s, Mbit/s oder Gbit/s.

Kanalteiler (KT) Bündelung/Trennung synchroner Einzelkanäle in der Datennetzabschlußeinrichtung (DNAE), wenn diese Kanäle über eine eigene Datenschnittstelle verfügen.

Kanalteiler/Schnittstellenvervielfacher – siehe: KSV

Kartentelefon – Endgerät im Fernmeldenetz, das für bargeldloses Telefonieren mit entsprechenden Chipkarten (z. B. Telefonkarten) geeignet ist.

Kathodenstrahlröhre – cathode ray tube (CRT) [engl.] Vakuumröhre, bei der von einer Kathode Elektronen emittiert werden, die nach Bündelung (Fokussierung) und Beschleunigung auf einen mit Leuchtstoffen beschichteten Bildschirm treffen und dort die Aussendung von Licht anregen. Das Prinzip der Wandlung elektrischer Energie in Lichtenergie wird als Kathodenlumineszenz bezeichnet.

Beispiel:Jede Fernsehbildröhre ist eine Kathoden-Strahlröhre.

KB (Kilobyte) – Einheit für Angaben der Speicherkapazität. Es gilt: 1 KB = 2^{10} byte = 1048 byte

kbit/s – Einheit für die Bitrate als Übertragungsgeschwindigkeit. Es gilt: 1 kbit/s = 1000 Bit/s

kbps (kilobits per second) [engl.] – Englische und amerikanische Schreibweise der Angabe „kbit/s".

Kell-Faktor Der nach seinem Entwickler benannte Faktor gibt das Verhältnis der Zahl von horizontalen Linien zur Zahl der für ausreichende Auflösung benötigten Zeilen eines Fernsehbildes an. Der Kell-Faktor ist abhängig vom Übertragungssystem und liegt im Bereich 0,6...0,8.

Beispiel: Mit den 576 aktiven Zeilen des 625-Zeilen-Fernsehsystems lassen sich maximal 368 unterscheidbare horizontale Linien darstellen. Der Kell-Faktor beträgt somit 368/576 = 0,64.

KERMIT – Übertragungsprotokoll für die fehlergeschützte asynchrone Übertragung von Daten mit variabler Blocklänge (16...4000 byte) bei vermittelten „Punkt-zu-Punkt"-Verbindungen.

Kernsoftware für intelligente Terminals – siehe: KIT

Kilobyte – siehe: KB

KIT (Kernsoftware für intelligente Terminals) Software für die Gestaltung der Bedienoberfläche, mit der die Nutzung eines PCs [personal computer] beim Online-Dienst „T-Online" der Deutschen Telekom AG realisierbar ist. Die Software ist mausgesteuert und ermöglicht die Integration von Texten, Grafiken, Bildern, Audiosignalen und Videosequenzen. Dabei spielt es keine Rolle, ob diese Informationen online übertragen wurden oder von einem Offline-Medium (z. B. Festplatte, CD-ROM) stammen.

Knoten – nod [engl.] Verzweigungspunkt in einem Kommunikationsnetz, mit dem entweder Teilnehmeranschlüsse unterstützt werden (Anschlußknoten), oder gewählte Verbindungen bereitgestellt werden (Vermittlungsknoten).

Knotenrechner – Programmierbarer Vermittlungsrechner in Kommunikationsnetzen

Knotenvermittlungsstelle (KVSt) – Vermittlungsstelle im analogen Fernmeldenetz.

Koaxialkabel – Es gilt auch die Bezeichnung Koaxialleitung. Konzentrische Anordnung eines metallischen Außenleiters um einen metallischen Innenleiter. Zwischen beiden Leitern ist dabei ein definierter Abstand gegeben. Dieser Bereich ist durch ein Dielektrikum gefüllt, gekennzeichnet durch die Dielektrizitätszahl ε_r.

Der Wellenwiderstand eines Koaxialkabels ist abhängig vom Durchmesser des Außenleiters D, vom Durchmesser des Innenleiters d und von der Dielektrizitätszahl ε_r. Es gilt:

$Z_0 = 60/\sqrt{\varepsilon_r} \cdot \ln(D/d)\ \Omega$

Koaxialkabel sind gegenüber normalen Zweidrahtleitungen relativ breitbandig, können verlustarm aufgebaut werden und weisen konstruktionsbedingt eine große aktive und passive Störfestigkeit auf.

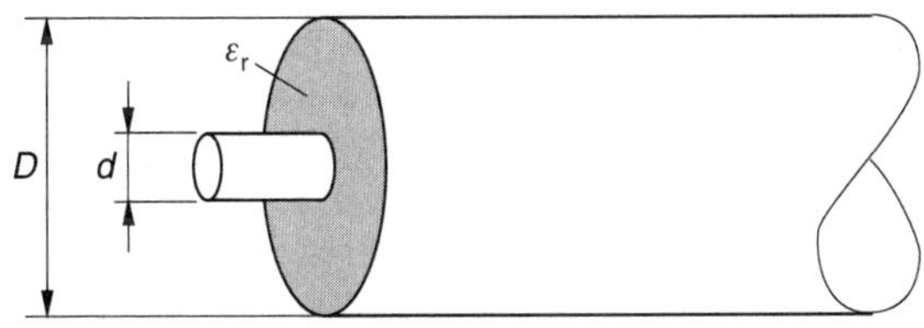

Koaxialleitung – siehe: Koaxialkabel

Koeffizient Faktor, der die Gewichtung eines Signalanteils bezogen auf einen Referenzwert angibt. Ist der Koeffizient Eins, dann hat der Signalanteil dieselbe Amplitude wie der Referenzwert.

Kommunikation – communications [engl.] Austausch oder Verteilung von Informationen. Die Nutzung der Elektronik ermöglicht dabei einen hohen Wirkungsgrad.

Kommunikationsprotokoll – siehe: Protokoll

Kommunikations-Server – Technische Funktionseinheit (Hardware und Software) in einem Kommunikationsnetz, mit dessen Hilfe mehrere Teilnehmer auf Dienste zugreifen können.

Kompander – Technische Funktionseinheit, mit der die Kompression und/oder Expansion von Signalen hinsichtlich Amplitude und Frequenz durchführbar ist.

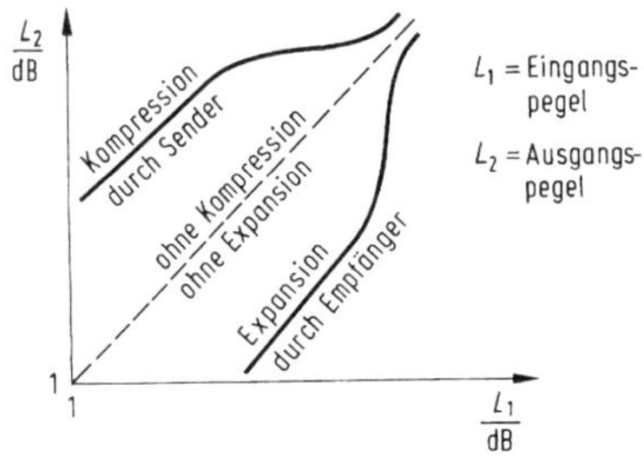

Kompandierung – Verfahren der Signalübertragung, bei dem das Signal vor der Übertragung hinsichtlich Amplitude oder Frequenz komprimiert wird, wobei nach der Übertragung wieder die Expansion erfolgt. Dadurch wird der Verkleinerung des Störabstandes oder Rauschabstandes entgegengewirkt, weil die Störeinflüsse auf dem Übertragungskanal das komprimierte Signal weniger verändern, als ohne Kompandierung.

Kompatibilität – compatibility [engl.] Verträglichkeit von Hardware und Software. Dies bedeutet, daß zueinander kompatible Verfahren und/oder Systeme bezüglich Hardware oder Software gemeinsame Funktionen, Protokolle, Formate und Schnittstellen aufweisen. Dies schließt jedoch weitergehende Unterschiede nicht aus.

Beispiel:Die Übertragung von Farbfernsehen und Schwarzweiß-Fernsehen ist zueinander kompatibel (also miteinander verträglich), weil bei Farbfernseh-Übertragungen auch Schwarzweiß-Fernsehempfänger einwandfrei arbeiten und dies ebenso beim Schwarzweiß-Fernsehen für Farbfernseh-Empfänger gilt.

Komponente – Anteil an einem Gesamtsignal. Komponenten sind also stets Bestandteile einer Gesamtheit.

Komponenten-Signale Aus dem Luminanzsignal Y und den Farbdifferenzsignalen C_R und C_B bestehende Anteile eines Fernsehsignals.

Konkurrenzbetrieb – contention mode [engl.] Asynchrones Zugriffsverfahren in lokalen Datennetzen [local area network (LAN)], bei dem die angeschlossenen Geräte um das zeitlich begrenzte Übertragungsrecht über den Bus konkurieren. Dabei sind Kollisionen durch gleichzeitig zugreifende Geräte nicht völlig auszuschließen, weshalb dies durch entsprechende Kollisionserkennung zu berücksichtigen ist.

kontinuierlich Verlauf einer Größe ohne Unterbrechnung, also in einer zusammenhängenden Form. Das Gegenstück zu kontinuierlich ist diskret.

Konversion – Umsetzung eines Datenformats in ein anderes, oder eine physikalische Größe in eine andere.

Konverter – converter [engl.] Technische Funktionseinheit, die eine dem Eingang zugeführte Größe (z. B. analoges Signal) in eine andere Form (z. B. digitales Signal) umsetzt.

Konzentrator Technische Funktionseinheit in Kommunikationsnetzen, die physikalische oder logische Übertragungskanäle mehrerer Teilnehmer auf eine kleinere Anzahl von Übertragungskanälen zusammenfaßt (d. h. konzentriert). Dies steht im Gegensatz zum Multiplexer, bei dem für jeden Teilnehmer zeitgleich eine Verbindung zur Verfügung steht.

Kopernikus – siehe: DFS

Kopf(teil) – siehe: header [engl.]

Koppler – coupler [engl.] Technische Funktionseinheit, die zwei (oder mehr) elektrische oder optische Signale unter definierten Verhältnissen zusammenfaßt. Die Kopplung kann auch von der Frequenz bzw. Wellenlänge abhängig sein.

Korrelation Innerer Zusammenhang zwischen Signalen oder Signalkomponenten, sowie deren Abhängigkeit voneinander. Die Korrelation ist groß, wenn eine sehr enge Beziehung oder gegenseitige Abhängigkeit vorliegt. Gibt es fast keine Beziehung zueinander, dann geht die Korrelation gegen Null.

KPN (Koninklijke PTT [poste, telegraphe and telephone] Nederland) [niederl.] In den Niederlanden für Post und Telekommunikation zuständiges Unternehmen. Es ist seit 1994 an der Börse plaziert.

KSV (Kanalteiler/Schnittstellenvervielfacher) Technische Funktionseinheit in der Datenabschlußeinrichtung (DNAE), mit der wahlweise Kanalteilung oder Schnittstellenvervielfachung möglich ist.

KT – siehe: Kanalteiler

Kurznachrichtendienst – short message service [engl.] Übertragung kurzer alphanumerischer Nachrichten zum Teilnehmer, auch wenn dieser sein Gerät nicht in Betrieb hat, als Leistungsmerkmal mobiler Kommunikationsdienste. Die Nachricht wird in einer Zentrale zwischengespeichert und dem Teilnehmer das Vorliegen der Nachricht signalisiert, spätestens wenn er sich im Netz angemeldet (eingeloggt) hat. Er kann die Nachricht dann abrufen.

Kurzrufnummer Zuordnung einer ein- oder zweistelligen Zahl für eine vollständige Rufnummer eines Teilnehmeranschlusses

Kurzwahl Wahl gespeicherter Rufnummern (Langrufnummern) durch Übermittlung einer ein- oder zweistelligen Zahl (Kurzrufnummer) als Leistungsmerkmal eines Telefons.

KVSt – siehe: Knotenvermittlungsstelle

L

Länderkenner – siehe: Landeskennzahl

Längsparitätsprüfung – siehe: LRC

LAN (local area network) [engl.] – siehe: lokales Datennetz

Land-Erdfunkstelle (LES) – Bodenstation für den Satellitenfunk, die sich auf dem Festland befindet.

Landeskennzahl (LKZ) – Es ist auch die Bezeichnung „Länderkenner" üblich. Teil der internationalen Rufnummer eines Teilnehmer-Anschlusses, der im Rahmen der weltweiten Kommunikation das zuständige Landesnetz identifiziert. Für Deutschland gilt im internationalen Telefonverkehr die Zahl „49" als Landeskennzahl.

layer [engl.] – Schicht. Darstellungsebene und/oder Bearbeitungsebene für Signale im Rahmen nachrichtentechnischer Übertragungssysteme. Jede Schicht ist dabei für eine (meist) standardisierte Funktion zuständig.

LDTV (limited definition television) [engl.] – Fernsehen mit begrenzter Auflösung. Standard für digitales Fernsehen mit einfacher Bild- und Tonqualität (VHS-Qualität). Die Bitrate beträgt 1,5...3 Mbit/s.

leased line [engl.] – siehe: Standleitung

least significant bit [engl.] – siehe: LSB

Leistungsdichtespektrum – power spectral density (PSD) [engl.] Funktion der Leistungsdichte (Einheit dBm/Hz) in Abhängigkeit von der Frequenz.

Leitstelle – Zentralstation für das Management eines Kommunikationsnetzes.

Leitungsdurchschaltung – Betriebsart der Leitungsvermittlung mit galvanischer Kopplung der physikalischen Verbindungsabschnitte (Netzteilstrecken).

Leitungsvermittlung – circuit switching [engl.] Vermittlungsverfahren, bei dem die physikalische Durchschaltung der Ende-zu-Ende-Verbindung erfolgt. Für jede Verbindung ist damit ein separater Leitungsweg gegeben. Es handelt sich also um ein verbindungsorientiertes Vermittlungsverfahren [connection oriented mode], bei dem die Kopplung aller Verbindungsabschnitte im Rahmen der Durchschaltung zwischen beiden Teilnehmer-Endgeräten erfolgt.

Leitweg – route [engl.] Ausgewählte Verbindung zwischen zwei Stationen in einem Telekommunikationsnetz.

LEO (low earth orbit) [engl.] – Position in geringer Höhe (700...1000 km) auf kreisförmiger oder elliptischer Bahn umlaufender (d. h. nicht-geostationärer) Satelliten.

LEOS (low earth orbit satellite) [engl.] – Typ von umlaufenden Satelliten, deren Umlaufbahn im Bereich 700...1000 km über der Erde liegt.

LES – siehe: Land-Erdfunkstelle

level [engl.] – siehe: Pegel

Lichtventil – Komponente der Anzeigetechnik, mit dem der Lichtstrom durchgeschaltet oder unterbrochen werden kann. Diese Steuerung erfolgt dabei für jedes Bildelement.

Lichtwellen – Elektromagnetische Wellen, die im optischen Bereich liegen. Bei den aus Quarzglas gefertigten Lichtwellenleitern (LWL) sind folgende Wellenlängen als sog. Fenster von besonderer Bedeutung, weil hier Minima der Dämpfung auftreten:

- 850 nm
- 1300 nm
- 1550 nm

Lichtwellenleiterprofil Funktion der Brechzahl des optischen Materials vom Durchmesser. Es werden folgende Arten unterschieden:

- Monomodeprofil (Singlemodeprofil)
- Multimodeprofil
- Gradientenprofil

linear – linear [engl.] Konstanter Zusammenhang zwischen der Ausgangs- und Eingangsgröße einer technischen Funktionseinheit oder eines Übertragungssystems. Für die Beziehung zwischen der Ausgangsspannung u_2 und der Eingangsspannung u_1 gilt dabei:

$u_2 = k \cdot u_1$ (mit k = Konstante)

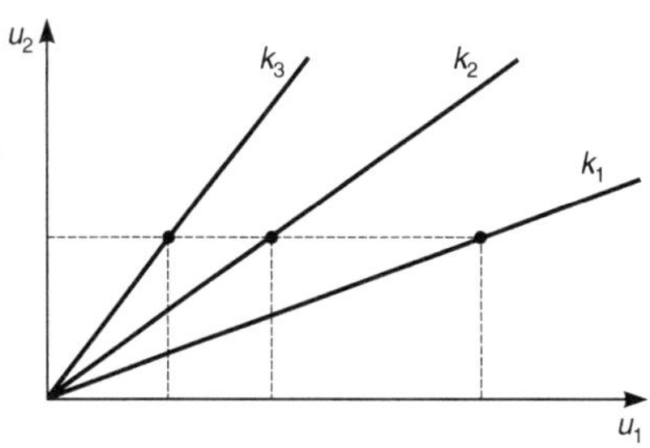

Als Kennlinie ergibt sich dabei eine Gerade mit einer von der Konstante k abhängigen Steigung. Das Gegenstück zu linear ist nichtlinear.

line impedance [engl.] – siehe: Wellenwiderstand

line of sight [engl.] – siehe: Sichtverbindung

link [engl.] – Verbindung. Eindeutig definierte Verbindung zwischen zwei räumlich entfernten Stellen in einem Telekommunikationssystem.

LKZ – siehe: Landeskennzahl

LMDS – siehe: multipoint multichannel distribution system

local area network [engl.] – siehe: lokales Datennetz

local multipoint distribution service [engl.] – siehe: multipoint multichannel distribution system

local network [engl.] – siehe: lokales Netz

Logarithmus – Umkehrung der Exponentialrechnung, um den Exponenten bestimmen zu können. Es gilt allgemein:

$a = x^b \quad \Rightarrow \quad b = \log(a)$

Abhängig von der gewählten Basis ergibt sich:

- Dekadischer Logarithmus (Zehnerlogarithmus)

  $a = 10^b \quad \Rightarrow \quad b = \log_{10}(a) = \lg(a)$
- Natürlicher Logarithmus

  $a = e^b \quad \Rightarrow \quad b = \log_e(a) = \ln(a)$
- Binärer Logarithmus (Zweierlogarithmus)

  $a = 2^b \quad \Rightarrow \quad b = \log_2(a) = \mathrm{lb}(a)$

Die in der Nachrichtentechnik üblichen Angaben von regelverhältnissen in Dezibel (dB) basieren auf dem dekadischen Logarithmus.

login [engl.] – Einloggen. Kommunikationsphase, während der ein Teilnehmer durch Paßwort, persönliche Identifikationsnummer [personal identifikation number (PIN)] oder auf andere Weise die Zugangsberechtigung zu einem Kommunikationssystem nachweist.

logout [engl.] – Ausloggen. Kommunikationsphase, während der sich ein Teilnehmer durch eine festgelegte Prozedur als aktiver Nutzer in einem Kommunikationssystem abmeldet.

lokales Datennetz – local area network (LAN) [engl.] Klasse von Datennetzen mit überwiegend dezentraler Kommunikationssteuerung, die es einer Anzahl gleichberechtigter Nutzer ermöglicht, im Bereich eines Gebäudes bzw. Grundstücks oder im Nahbereich mit Bitraten bis 100 Mbit/s zu arbeiten.

Die Basistechnologien für lokale Datennetze sind:

- Ethernet
- Token Ring
- FDDI [fibre distributed data interface]

Als Klassifikationsmerkmale für lokale Datennetze gelten:

- Zugriffsverfahren
- Bitrate
- Übertragungsmedium
- Dienste-Integration

lokales Netz – local network [engl.] Im Regelfall auf Gebäude oder Grundstück begrenztes Kommunikationsnetz, das keiner Benutzung durch andere unterliegt.

longitudinal redundancy check [engl.] – siehe: LRC

low earth orbit [engl.] – siehe: LEO

low earth orbit satellite [engl.] – siehe: LEOS

lowpass [engl.] – siehe: Tiefpaß

lowpass-filter [engl.] – siehe: Tiefpaß

LPF – siehe: Tiefpaß

LRC (longitudinal redundancy check) [engl.] – Längsparitätsprüfung. Zeilenweise Prüfung der Parität der Bitfolge oder Zeichenfolge in einem Datenblock. Das Gegenstück von „LRC“ (longitudinal redundancy check) ist „VRC“ (vertical redundancy check).

LSB (least significant bit) [engl.] – Niedrigwertigstes Bit. Bit in einem Datenwort mit der geringsten Wichtigkeit. Eine Änderung dieses Bit verursacht beim Datenwort die geringste Veränderung des Gesamtwertes. Das Gegenteil zum niedrigstwertigen Bit [least significant bit (LSB)] ist das höchstwertige Bit [most significant bit (MSB)].

Lückenfüllsender – gap filler [engl.] Sendeanlage, mit der in einem vorgegebenen Versorgungsbereich bestehende kleine Versorgungslücken geschlossen werden. Lückenfüllsender sind meistens als „repeater“ ausgeführt.

Luftschnittstelle – common air interface (CAI) [engl.] Gesamtheit der Festlegungen für die Kommunikation in funktechnischen Systemen. Dazu zählen insbesonders das Modulationsverfahren, das Zugriffsverfahren, die Übertragungsfrequenz, die Übertragungsbandbreite, das Kanalraster und das Übertragungsprotokoll (inkl. Fehlerschutz). Nur wenn Sender und Empfänger die Vorgaben der Luftschnittstelle erfüllen, ist eine einwandfreie Kommunikation möglich.

Luminanz Y – Schwarzweißanteil (Helligkeitsanteil) eines Fernsehbildes

M

MAC (multiplexed analog components) – Übertragungsverfahren für analoge Fernsehsignale im Zeitmultiplex. Dies bedeutet eine zeitlich gestaffelte Übertragung von Luminanz-, Chrominanz- und Tonsignal in einer festen Rahmenstruktur. Dadurch ist eine gegenseitige Beeinflussung der Signale nicht mehr möglich.

MADI (multichannel audio digital interface) [engl.] – Mehrkanalige Schnittstelle für digitale Audiosignale. Serielle Schnittstelle für maximal 56 Audiokanäle zur Übertragung auf Koaxialkabeln mit 75 Ohm Wellenwiderstand, oder auf Lichtwellenleitern. Es wird pro Kanal mit einer Abtastfrequenz von 48 kHz und einer Auflösung von 24 Bit gearbeitet, so daß die Gesamtbitrate bis zu 100 Mbit/s betragen kann.

mailbox [engl.] – siehe: elektronischer Briefkasten

main switch controller (MSC) [engl.] – Zentrale Funktionseinheit mit Vermittlungsfunktionen zur Steuerung eines regionalen Netzes im öffentlichen Bündelfunksystem.

Makeln Leistungsmerkmal' von Telefon-Kommunikationsdiensten, das die zeitweise Unterbrechung einer bestehenden Verbindung für den zwischenzeitlichen Kontakt mit einem anderen Teilnehmer (z. B. für eine Nachfrage) ermöglicht.

MAN (metropolitan area network) [engl.] – Städtisches /regionales Datennetz. Großräumiges Kommunikationsnetz, das für Bitraten bis 140 Mbit/s geeignet ist und im Regelfall als Netzstruktur Ring- oder Busstruktur aufweist.

Manchster Code Binärer, selbsttaktender Code für Datenübertragung, bei dem die Information durch Zustandswechsel in Mitte der Bit dargestellt wird.

manufacturing automation protocol [engl.] – siehe: MAP

MAP (manufacturing automation protocol) [engl.] – Standard für eine einheitliche Kommunikationsarchitektur im Bereich der rechnergestützten Fertigung [computer integrated manufacturing (CIM)]

Maskierung – Verdeckung eines Tonsignals durch ein frequenzmäßig benachbartes Tonsignal, wenn dieses einen entsprechend großen Pegel aufweist.

Maskierungseffekt – siehe: Verdeckungseffekt

Maskierungsschwelle – siehe: Simultanverdeckung

master [engl.] – Meister, Herr. Zentralgerät in einem System, welches für die Überwachung und Steuerung der angeschlossenen Geräte zuständig ist, oder sonstige zentrale Aufgaben wahrnimmt. Das Gegenstück von „master" ist „slave".

Beispiel:In einem digitalen Übertragungssystem wird in einem Gerät zentral das Taktsignal erzeugt. Es handelt sich um den Mutter-Taktgeber [master clock generator].

matching [engl.] – siehe: Anpassung

MAZ – siehe: video tape recorder

MB (Megabyte) – Einheit für Angaben der Speicherkapazität. Es gilt:

1 MB = 2^{20} byte = 1.048.576 byte

MCM (multichip module) [engl.] – Aus mehreren Chip bestehendes Modul einer elektronischen Schaltung.

MDB – siehe: Modembaugruppe

MDG – siehe: Modemgerät

MDM – siehe: Modemmodul

medium earth orbit [engl.] – siehe: MEO

medium earth orbit satellite [engl.] – siehe: MEOS

Megabyte – siehe: MB

Mehrbenutzersystem – siehe: multi user system

Mehrfachrufnummer – multiple subscriber number (MSN) [engl.] Leistungsmerkmal des europäischen dienste-integrierenden digitalen Fernmeldenetzes [Euro Integrated Services Digital Network (Euro-ISDN)]

Mehrfrequenzwahlverfahren (MFV) – multi frequency code (MFC) [engl.] Es gelten auch die Bezeichnungen Tonwahlverfahren und „dial tone multi frequency" (DTMF). Signalisierungsverfahren in Fernmeldenetzen, bei denen die Wählziffern durch festgelegte Tonfrequenzpaare dargestellt werden. Das Gegenstück vom „Mehrfrequenzwahlverfahren" ist das „Impulswahlverfahren".

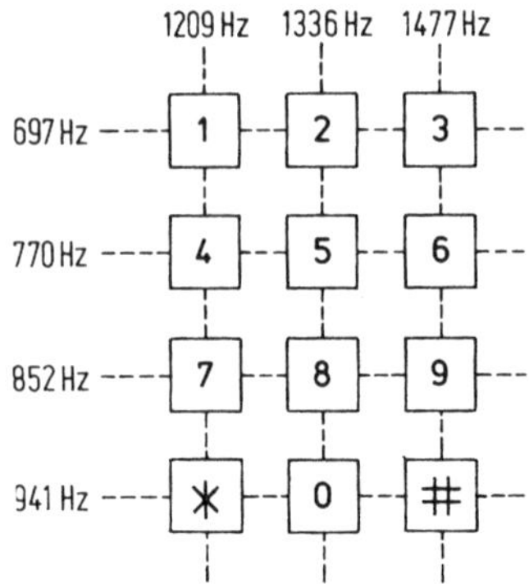

Mehrprotokoll-Router – multi protocol router (MPR) [engl.] Es gilt auch die Bezeichnung Multiprotokoll-Router. Router, der mehrere Protokolle unterstützt.

Mehrprozessorsystem – siehe: multi processing system [engl.]

Mehrträgerverfahren – multi carrier system [engl.] Es gilt auch die Bezeichnung Multiträgerverfahren. Übertragungsverfahren, bei dem gleichzeitig mehrere Trägersignale für die Übertragung des Nutzsignals verwendet werden.

MEO (medium earth orbit) [engl.] – Position in mittlerer Höhe (ca. 10000 km) auf kreisförmiger oder elliptischer Bahn umlaufender (d. h. nicht-stationärer) Satelliten.

MEOS (medium earth orbit satellite) [engl.] – Typ von umlaufenden Satelliten, deren Umlaufbahn ca. 10.000 km über der Erde liegt.

message handling system [engl.] – siehe: MHS

message store (MS) [engl.] – Mitteilungsspeicher. Betriebliche Komponente in einem Mitteilungs-Übermittlungssystem [message handling system (MHS)] zur Speicherung von Mitteilungen und deren Ausgabe auf Anforderung.

message transfer agent (MTA) [engl.] – Mitteilungs-Übertragungskomponente. Betriebliche Komponente in einem Mitteilungs-Übermittlungssystem [message handling system (MHS)], die als Übertragungsprogramm den speicherorientierten Versand von Mitteilungen an die Empfänger unterstützt.

message transfer system (MTS) [engl.] – Mitteilungs-Übertragungssystem. Zentrale Komponente in einem Mitteilungs-Übermittlungssystem [message handling system (MHS)], welches die zu übermittelnden Mitteilungen entgegennimmt, auf die nachgeschalteten Komponenten zur weiteren Bearbeitung verteilt und Benachrichtigungen an die Absender bereitstellt.

METRAN (Managed European Transmission Network) [engl.] – Konzipiertes europäisches Datennetz, das mit Bitraten von 2 Mbit/s bis 155 Mbit/s arbeitet und sich auf die nationalen SDH (synchrone digitale Hierarchie)-Netze abstützt.

metropolitan area network [engl.] – siehe: MAN

MFC – siehe: Mehrfrequenzwahlverfahren

MFLOPS (millions of floating point operations per second) [engl.] – Millionen Fließkomma-Rechenoperationen pro Sekunde. Maß für die Leistungsfähigkeit von Prozessoren.

MFV – siehe: Mehrfrequenzwahlverfahren

MHC (Modified Huffman Code) [engl.] – Modifizierter Huffman-Code. Codierungsverfahren für die Telefax-Übertragung, durch das von der zeilenweise abgetasteten Vorlage nur die informationsrelevanten Schwarzweiß-Wechsel codiert werden.

MHS (message handling system) [engl.] – Mitteilungs-Übermittlungs-System. Es gilt auch die Bezeichnung CBMS [computer-based message system]. Standardisiertes digitales Kommunikationssystem, welches den Nutzern den Austausch von Mitteilungen auf der Basis von Zwischenspeicherung [store and forward concept] ermöglicht.

microwave multipoint distribution system [engl.] – siehe: MMDS

microwave video distribution system [engl.] – siehe: MMDS

MIDI (musical instrument digital interface) [engl.] – Serielle Standard-Schnittstelle für Steuerung sternförmig verbundener Geräte zur Klangsynthese und -verarbeitung, also elektronischer Musikinstrumente (z. B. Syntheziser).

Mietleitung – siehe: Standleitung

mini disc (MD) [engl.] – Mini-Disk (MD). Optisches Speichersystem in Plattenform von 6,3 cm Durchmesser für Audiosignale oder Daten. Es wird dabei das Datenreduktionsverfahren ATRAC und konstante Lineargeschwindigkeit verwendet.

Miniruf – In Deutschland von einem nicht zur Telekom gehörenden Unternehmen angebotener Funkrufdienst.

MIPS (millions of instructions per second) [engl.] – Millionen Befehle (Instruktionen) pro Sekunde. Maß für die Leistungsfähigkeit von Prozessoren

Mithörschwelle – siehe: Simultanverdeckung

Mitkopplung – positive feedback [engl.] Gleichphasige Rückführung eines Teils des Ausgangssignals zum Eingangssignal einer Schaltung.

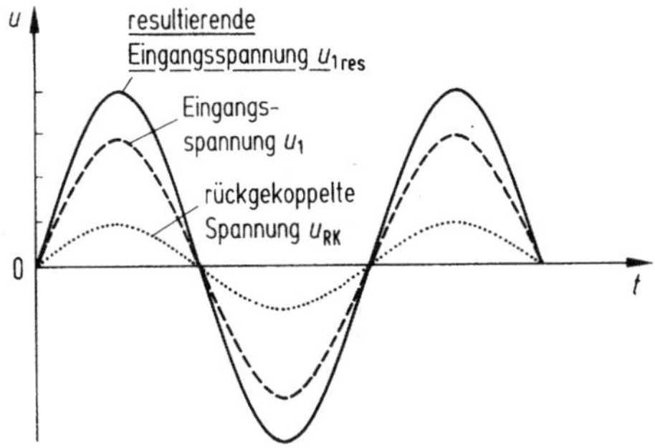

Mitteilungs-Übermittlungs-System – siehe: MHS

MMDS – siehe: multipoint multichannel distribution system

MMVDS – siehe: multipoint multichannel distribution system

MMX (multimedia extension) [engl.] – Prozessortyp der Firma Intel, der durch seinen speziellen Befehlssatz die verschiedenen Multimedia-Anwendungen [multimedia applications] spürbar beschleunigt. Er weist gegenüber dem Prozessortyp Pentium eine erhöhte Leistungsfähigkeit auf.

Mnemonic – Sinnfällige Kurzbezeichnung für Anweisungen, Maßnahmen oder sonstige Vorgänge. Die hauptsächliche Anwendung ist in der Datentechnik gegeben (z. B. DISKCOPY für das Duplizieren einer Diskette).

MNP (Microcom Networking Protocol) [engl.] – Protokoll für die gesicherte Übertragung asynchroner Daten, entwickelt von der Firma Microcom in den Vereinigten Staaten von Amerika (USA). Es ist weltweit als Quasi-Standard akzeptiert und hat den Vorteil, von den in Modems benutzten Übertragungsverfahren unabhängig zu sein.

mobile data communications [engl.] – siehe: MODACOM

mobile radio modem (MRM) [engl.] – Datenübertragungseinrichtung für Mobilstationen in Datenfunksystemen.

mobile Satelliten-Kommunikationsanlage (MobSatAnl) Mobile Endeinrichtung in satellitengestützten Kommunikationssystemen mit direktem Zugriff auf den/die Satelliten.

mobile satellite service [engl.] – siehe: MSS

mobiles Video- und Audioterminal – siehe: MVAT

mobile switching center (MSC) [engl.] – Mobilfunk-Vermittlungsstelle. Netzknoten im paneuropäischen Mobilfunksystem, der Vermittlungsfunktionen hat, die Basisstationen [base stations (BS)] steuert und die Übergänge zum Festnetz sicherstellt.

Mobilfax – Bezeichnung für die Telefax-Übertragung in mobilen Kommunikationsnetzen.

MobSatAnl – siehe: mobile Satelliten-Kommunikationsanlage

MOD (magneto-optical disc) [engl.] – magneto-optische Platte. Vom Nutzer beschreibbarer Massenspeicher für digitale Signale. Das Beschreiben der MOD erfolgt nach dem magnetischen Verfahren, wobei die Nullen und Einsen unterschiedliche Magnetisierungsrichtungen auf der Platte bewirken. Das Lesen der MOD erfolgt nach dem optischen Verfahren, wobei sich die unterschiedlichen Magnetisierungsrichtungen als unterschiedliche Licht-Polarisationen bemerkbar machen.

MODACOM (mobile data communications) [engl.] – Mobiles Datenfunknetz der Deutschen Telekom AG in Zellularstruktur für eine Bitrate von 9,6 kbit/s und Übertragung im Paketmodus. Die mobilen Datenstationen werden unterbrechungsfrei von einer zur anderen Funkzelle übergeben. Die Hauptkomponenten des Netzes sind:

- Basisstationen [base stations (BS)]
- Vermittlungsrechner [area communication controller (ACC)]
- Netzwerkmanagementzentrum [network management center (NMC)]

Typische Nutzungen bzw. Nutzer von MODACOM sind Fahrzeugflottensteuerung, Außendienste, technischer Service, Verkauf und Telemetrie.

mode [engl.] – Modus. Definierte Betriebsart in Übertragungssystemen. Sie ist jeweils durch Parameter der Funktionseinheiten, Einstellungen im System, Struktur der Datenrahmen oder Eigenschaften von Komponenten beschreibbar.

Modem (Modulator/Demodulator) Kurzbezeichnung für technische Funktionseinheit in einem Übertragungssystem, die einen Modulator und einen Demodulator enthält. Dadurch ist sie für Sendung und Empfang geeignet, wobei auch Duplexbetrieb (also gleichzeitig Senden und Empfangen) möglich ist. In der Praxis dienen MODEMs für den Übergang zwischen analogen und digitalen Systemen, oder den Übergang zwischen unterschiedlichen digitalen Systemen.

Modembaugruppe (MDB) Technische Funktionseinheit, die ein MODEM (Modulator/Demodulator) enthält und für den Einsatz in Gestellen vorgesehen ist.

Modemgerät (MDG) Technische Funktionseinheit, die ein MODEM (Modulator/Demodulator) enthält und als Einzelgerät [stand-alone unit] mit interner oder externer Stromversorgung vorgesehen ist.

Modemmodul (MDM) Technische Funktionseinheit, die ein MODEM (Modulator/Demodulator) enthält und als Steckkarte für die Verwendung in einer Datenendeinrichtung (DEE) vorgesehen ist.

Modified Huffman Code [engl.] – siehe: MHC

modified read code [engl.] – siehe: MRC

Modulationsgrad m Verhältnis der Amplitude des Modulationssignals zur Amplitude des Trägersignals bei der Amplitudenmodulation (AM).

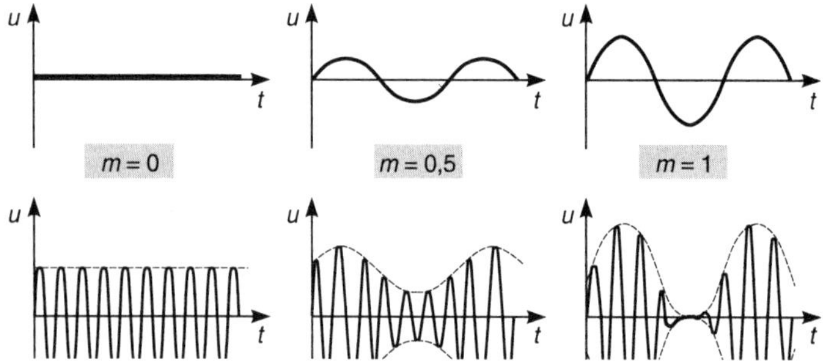

Modulationsindex M – Verhältnis des Frequenzhubs $\Delta\omega_T$ zur Modulationsfrequenz ω_M bei der Frequenzmodulation (FM).

Modus – siehe: mode

Momentanwert – siehe: Augenblickswert

monochrom – einfarbig. Das Gegenstück von „monochrom" ist „farbig", „mehrfarbig" oder „vielfarbig".

Monomodefaser – single mode fibre [engl.] Es wird auch die Bezeichnung Einmodenfaser verwendet. Glasfasern mit Kernradien, die gegenüber der Lichtwellenlänge klein sind. In diesen kann sich nur ein ausbreitungsfähiger Lichtpfad als Grundmodus ausbilden. Monomodefasern ermöglichen große Übertragungsgeschwindigkeiten (Bitraten) über größere Distanzen.

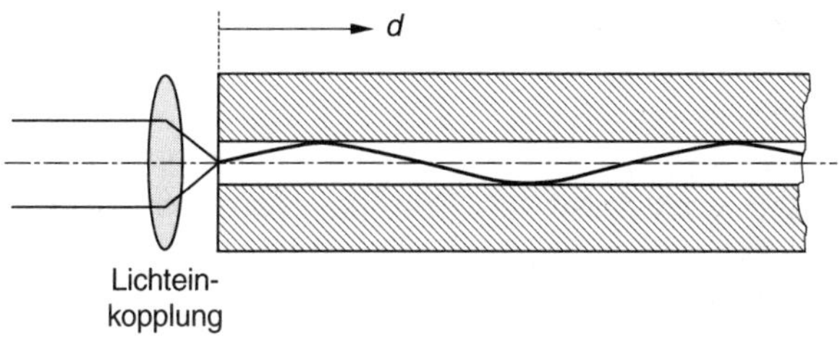

Mosaic Bedienoberfläche für das Navigationssystem World Wide Webb (WWW) im Internet. Durch Mosaic wird auch die Nutzung vieler Internet-Dienste unmittelbar unterstützt.

most significant bit [engl.] – siehe: MSB

motherbord [engl.] – Mutterplatine. Hauptplatine eines Rechners mit einer entsprechenden Zahl von Steckplätzen für Karten, zur Realisierung verschiedener Anwendungen.

motion vector [engl.] – siehe: Bewegungsvektor

MPEG (Motion Pictures Experts Group) [engl.] – Expertengruppe für Bewegtbildübertragung. Internationales Gremium, welches verschiedene als MPEG bezeichnete Standards für das Datenreduktionsverfahren zur Übertragung von Bewegtbildern [moving pictures] erarbeitet hat.

Bisher gibt es folgende MPEG-Standards:

- MPEG-1: Bitrate bis 1,5 Mbit/s
- MPEG-2: Bitrate bis 40 Mbit/s (VHS-Qualität bis HDTV-Qualität)
- MPEG-4: Bitrate bis 1 Mbit/s (Multimedia-Anwendungen)

MRC (modified read code) [engl.] – Datenreduktionsverfahren zur Verkürzung der Übertragungszeit von Telefaxen.

MRM – siehe: mobile radio modem

MS – siehe: message store

MSB (most significant bit) [engl.] – Höchstwertiges Bit. Bit in einem Datenwort mit der höchsten Wichtigkeit. Eine Änderung dieses Bit verursacht beim Datenwort die größte Veränderung des Gesamtwertes. Das Gegenteil zum höchstwertigen Bit [most significant bit (MSB)] ist das niedrigstwertige Bit [least significant bit (LSB)].

MSC – siehe: main switch controller

MSC – siehe: mobile switching center

MSN – siehe: multiple subscriber number

MSS (mobile satellite service) [engl.] – Mobiler Satellitenfunkdienst. Mobilfunkdienst, der über Satellit(en) abgewickelt wird.

MTA – siehe: message transfer agent

MTS – siehe: message transfer system

MULDEX (multiplexer/demultiplexer) [engl.] – Technische Funktionseinheit, welche die Funktion eines Multiplexers und eines Demultiplexers wahrnimmt.

multi carrier system [engl.] – siehe: Mehrträgerverfahren

multichannel microwave distribution system [engl.] – siehe: multipoint multichannel distribution system

multichip module [engl.] – siehe: MCM

Multicrypt Es handelt sich um ein System für die Übertragung von Programmen oder Diensten, bei denen für die Verschlüsselung unterschiedliche CA [conditional access]-Verfahren verwendet werden. Für jedes Zugriffsverfahren ist dabei jedoch eine andere Smart Card erforderlich. Es ist jeweils das Umstecken der Karten erforderlich, soweit nicht mehrere Steckpositionen bei der Set-Top-Box (STB) vorhanden sind.

multi frequency code [engl.] – siehe: Mehrfrequenzwahlverfahren

multimedia extension – siehe: MMX

Multimodefaser – multi mode fibre [engl.] Glasfasern mit Kernradien, die gegenüber der Lichtwellenlänge groß sind. In diesen können sich mehrere bis viele unterschiedlich verlaufende Lichtpfade als Modem ausbilden.

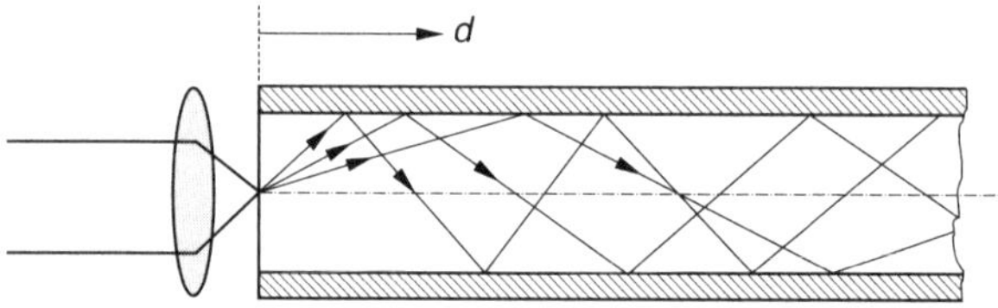

multi mode fibre [engl.] – siehe: Multimodefaser

multiple subscriber number (MSN) [engl.] – Mehrfach-Teilnehmernummer. Für den Basisanschluß im europäischen diensteintegrierenden digitalen Fernmeldenetz [European Integrated Services Digital Network (Euro-ISDN)] können bis zu 10 Teilnehmernummern eingerichtet werden, mit denen die Endgeräte unmittelbar erreichbar sind.

Multiplex Verfahren der gleichzeitigen Nutzung eines Übertragungskanals für die Übertragung mehrerer unterschiedlicher Signale ohne gegenseitige Beeinflussung. Es handelt sich dabei um die Staffelung der Signale nach Zeit, Frequenz oder Raum. Dieses Splitting wird durch folgende Bezeichnung beschrieben:

- Zeitmultiplex [time multiplex]
- Frequenzmultiplex [frequency multiplex]
- Raummultiplex [space multiplex]

Beim Zeitmultiplex ist nur eine quasi-gleichzeitige Nutzung des Übertragungskanals gegeben, weil bedingt durch die zeitliche Staffelung jedes Signal nur für definierte Zeiten den Übertragungskanal nutzt. Auf der Empfangsseite wird durch einen entsprechenden

Zugriff [access] das jeweils gewünschte Signal aus dem Multiplexer wiedergewonnen.

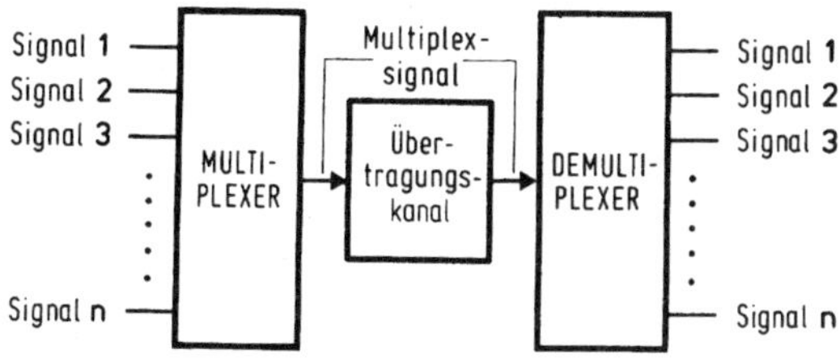

multiplexed analog components – siehe: MAC

Multiplexer (MUX) Technische Funktionseinheit, durch die ein Übertragungskanal gleichzeitig für mehrere Verbindungen nutzbar wird. Dies kann durch zeitliche, frequenzmäßige oder räumliche Staffelung der Signale erfolgen. Das Gegenteil vom Multiplexer ist der Demultiplexer.

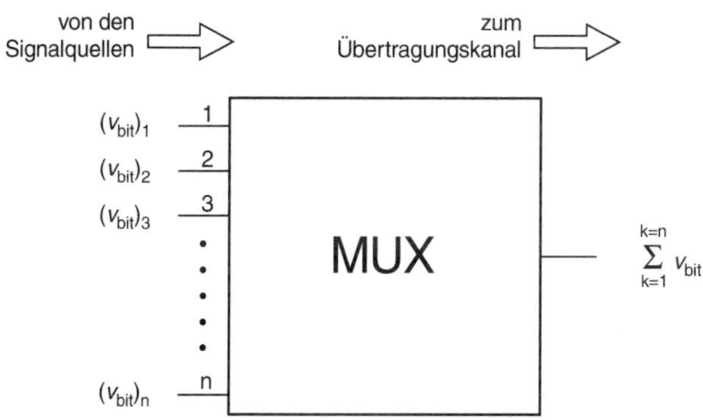

multipoint multichannel distribution system (MMDS) [engl.] – Breitbandiger Punkt-zu-Multipunkt-Verteildienst. Es gelten auch die Bezeichnungen „microwave multipoint distribution system" (MMDS), „multipoint multichannel video distribution system" (MMVDS), „multichannel video distribution system" (MVDS) und „local multipoint distribution system" (LMDS). Unidirektionales oder bidirektionales Übertragungssystem im Bereich 2,5 GHz oder 40 GHz, bei dem viele Teilnehmer innerhalb einer begrenzten Reichweite von einer zentralen Station [hub] breitbandig erreichbar sind. Es kann als „drahtlose Kabelanlage" ohne bzw. mit Rückkanal verstanden werden. Die Übertragung kann beim MMDS analog oder digital erfolgen. Wegen der größeren Effektivität wird im Regelfall digitale Übertragung konzipiert.

multi processing system [engl.] – Mehrprozessorsystem. Rechnersystem, bei dem die zu bearbeitende Aufgabe auf mehrere Prozessoren aufgeteilt wird und dadurch Zwischenergebnisse und das Endergebnis schneller erreicht werden. Diese Art der parallelen Bearbeitung von Teilaufgaben erfordert allerdings ein entsprechendes Betriebssystem.

Multiprotokoll-Router – siehe: Mehrprotokoll-Router

multitasking [engl.] – Quasi-gleichzeitige Bearbeitung mehrerer Prozesse mit einem Rechner. Durch ein geeignetes Betriebssystem gesteuertes Verfahren, die Bearbeitung von Prozessen in einem Rechner zeitlich so zu verschachteln bzw. verzahnen, daß die Bearbeitung quasi-gleichzeitig erfolgt.

Multiträgerverfahren – siehe: Mehrträgerverfahren

multi user system [engl.] – Mehrbenutzersystem

Rechnersystem, bei dem an mehreren angeschlossenen Terminals gleichzeitig unterschiedliche Aufgaben bearbeitet werden können.

Es ist dafür ein entsprechendes Betriebssystem erforderlich, da die Zugangsberechtigung der einzelnen Teilnehmer geprüft, der Datentransfer zwischen der Zentraleinheit und den Terminals organisiert und die Zuteilung von Rechner- und Speicherkapazität geregelt werden müssen.

mute [engl.] – Stummschaltung. Es gilt auch die Bezeichnung „muting“. Unterbrechung des Audiosignalweges während des Abstimmungsvorgangs bei Empfängern oder Einstellvorgängen bei audiotechnischen Anlagen.

muting [engl.] – siehe: mute

MUX – siehe: Multiplexer

MVAT (mobiles Video- und Audioterminal) – Mobilgerät für die interaktive Übertragung von Bild, Ton und Text.

MVDS – siehe: multipoint multichannel distribution system

N

N – siehe: Numerik

Nachrichtenfernschaltgerät (NFGT) Datennetzabschlußeinrichtung (DNAE) für Anschlußsystem im integrierten Text- und Datennetz [integrated digital network (IDN)] mit 64 kbit/s.

Nachverdeckung Nach einem Tonsignal mit großem Pegel bewirktes Nachklingen der durch dieses hervorgerufenen Verdeckung benachbarter Tonsignale.

NAK (negative acknowledgement) [engl.] – Steuerzeichen bei zeichenorientierter Übertragung digitaler Signale, durch das ein fehlerhaft übertragener Datenblock zur wiederholten Übertragung angefordert wird. Nach erfolgreicher (d. h. fehlerfreier) Übertragung wird dies durch das Steuerzeichen ACK (positive acknowledgement) bestätigt.

NAT – siehe: network access terminal

National Television Systems Committee [engl.] – siehe: NTSC

Navigator Es handelt sich um eine auf die Betriebssoftware der Set-Top-Box (STB) gestützte Anwendungssoftware zur im Regelfall menügesteuerten Anzeige der empfangbaren Programme oder Dienste beim digitalen Fernsehen. Für die Information über Details von Programmen und Diensten werden elektronische Programmführer [electronic programme guide (EPG)] verwendet. Der Navigator stellt also prinzipiell die Information über den Zugang zu Detailinformationen dar, wobei es sich um eine interaktive Anwendung handelt. In der Praxis wird nicht immer eindeutig zwischen Navigator und EPG unterschieden.

NC (network computer) [engl.] – Netz-Rechner. Rechner ohne eigene Festplatte, dem alle gewünschten Anwendungen aus dem Netz übertragen werden und dann lokal ausführbar sind. Dafür sind jedoch Netzanschlüsse mit entsprechend großer Datenrate erforderlich.

NE – siehe: Netzebene

near video-on-demand (NVOD) [engl.] – Bedingter Abruf von Programmbeiträgen. Zeitlich gestaffelte Übertragung derselben Programmbeiträge. Zu einem definierten Zeitraster (z. B. 15 Minuten) wird dabei mit der Übertragung desselben Programmbeitrages begonnen, so daß der Teilnehmer mehrere Möglichkeiten hat, einen Programmbeitrag von Anfang an sehen zu können.

Nebensprechen – siehe: Übersprechen

Nebenstellenanlage mit Wählbetrieb – siehe: private automatic brauch exchange

negative acknowledgement [engl.] – siehe: NAK

negative feedback [engl.] – siehe: Gegenkopplung

Net-PC (personal computer) [engl.] Modifizierte Form eines üblichen Personal Computers (PC), der einerseits für den Netzzugang ausgestattet ist, andererseits mit den normalen Anwendungen autonom betrieben werden kann. Der Net-PC ist somit ohne Probleme in gegebene Netzlösungen integrierbar und kann auch für die vorhandenen Programme weiterhin genutzt werden. Es handelt sich im Prinzip um eine Kombination aus PC und NC.

Netscape Bedienoberfläche für das Navigationssystem World Wide Web (WWW) im Internet. Es handelt sich dabei um eine Weiterentwicklung der Bedienoberfläche Mosaic.

network [engl.] – siehe: Netz

network access terminal (NAT) [engl.] – Beim Teilnehmer installierte Sende-/Empfangsstation, die seine Teilnahme am Satellitendienst DATEX-S ermöglicht.

network adapter [engl.] – siehe: Netzwerkadapter

network address [engl.] – siehe: Netzwerkadresse

network computer [engl.] – siehe: NC

network interface unit (NUI) [engl.] – Schnittstelleneinheit für die Verbindung zu einem Netz

network management [engl.] – siehe: Netzwerkmanagement

network management center (NMC) [engl.] – Zentralstelle des Netzwerkmanagements

network operating system [engl.] – siehe: Netzwerkbetriebssystem

network termination [engl.] – siehe: Netzabschluß

network user address [engl.] – siehe: NUA

network user identifikation (NUI) [engl.] – siehe: Benutzerkennung

Netz – network [engl.] Durch Leitungen und/oder Funkverbindungen gebildetes funktionsfähiges Kommunikationssystem zwischen elektronischen Einrichtungen (z. B. Rechner, Telekommunikationsgeräte, Funkanlagen, ...). Für den Aufbau von Netzen gibt es unterschiedliche Strukturen, die als Netzformen bezeichnet werden.

Netzabschluß – network termination (NT) [engl.] Technische Funktionseinheit, welche die Funktionen der Netzschnittstelle in einem Kommunikationsnetz für den Nutzer bereitstellt.

Netzebene (NE) – network layer [engl.] Funktionstechnische Abschnitte des BK (Breitbandkommunikations)-Anlagensystems der Deutschen Telekom AG. Es gilt:

- Netzebene 1: überregionaler Abschnitt
- Netzebene 2: regionaler Abschnitt
- Netzebene 3: örtlicher Abschnitt (Breitbandverteilnetz)
- Netzebene 4: lokaler Abschnitt (Hausverteilanlage)
- Netzebene 5: teilnehmerbezogener Abschnitt (Anschlußkabel)

Netz-Rechner – siehe: NC

Netzübergang Technische Funktionseinheit, die den Übergang zwischen zwei Netzen mit unterschiedlichen physikalischen Eigenschaften und/oder Übertragungsprotokollen ermöglicht.

Netzwerkadapter – network adapter [engl.] Technische Funktionseinheit, welche die Kommunikation von Rechnern oder Servern über ein Netzwerk ermöglicht.

Netzwerkadresse – network address [engl.] Kennung eines Knotens in einem Netzwerk durch eine spezifische Adresse.

Netzwerkbetriebssystem – network operating system [engl.] Auf die Bereitstellung von Diensten im Netzwerk optimiertes Betriebssystem, welches auf einem gesonderten Rechner abläuft.

Netzwerkmanagement (NM) – network management (NM) [engl.] Sammelbegriff für alle Funktionen und Einrichtungen zum Betrieb, zur Überwachung und zur Konfiguration von Netzwerken.

NF – siehe: Niederfrequenz

NFGT – siehe: Nachrichtenfernschaltgerät

nicht-linear – non-linear [engl.] Durch eine vorgegebene mathematische Funktion bestimmter Zusammenhang zwischen der Ausgangs- und Eingangsgröße einer technischen Funktionseinheit oder eines Übertragungssystems. Für die Bezeichnung zwischen der Ausgangsspannung u_2 und der Eingangsspannung u_1 gilt dabei:

$u_2 = f(u_1) = f(u) \cdot u_1$

Als Kennlinie ergibt sich dabei ein von der Funktion f(u) abhängiger Kurvenverlauf. Das Gegenstück zu nicht-linear ist linear.

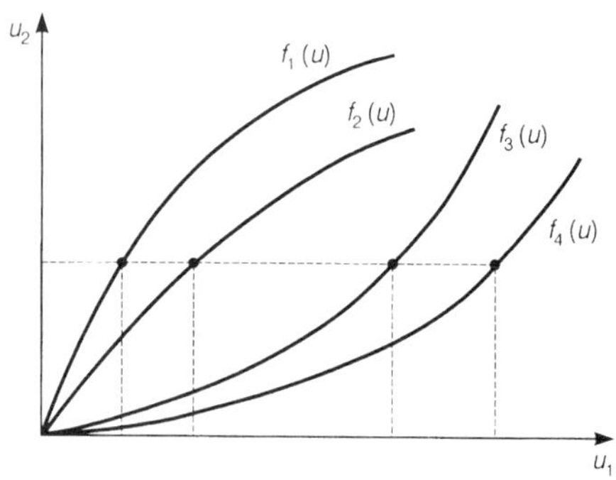

Niederfrequenz (NF) – audio frequency (AF) [engl.] Frequenzbereich des Audiosignals (20 Hz...20 kHz), für den auch die Bezeichnung Basisband gilt.

niedrigstwertiges Bit – siehe: LSB

Nippon Telegraph and Telephon (NTT) [engl.] – Japanischer Konzern im Bereich der Telekommunikation.

NKÜ – Netzknoten in Netzen, die nach dem Konzept der Synchronen Digitalen Hierarchie (SDH) arbeiten.

NM – siehe: Netzwerkmanagement

NMT (Nordic Mobile Telecommunication System) [engl.] – In verschiedenen europäischen Staaten (Skandinavien, Benelux, Schweiz, Österreich) eingeführtes zellulares Mobilfunksystem mit analoger Übertragung. Die erste Version arbeitet im Bereich 450 MHz, während die zweite Version den Bereich 900 MHz nutzt.

nod [engl.] – siehe: Knoten

Nordic Mobile Telecommunication System [engl.] – siehe: NMT

Novell Netware – Netzwerk-Betriebssystem der Firma Novell für lokale Datennetze [local area network (LAN)]

NOZEMA (Nederlandse Omroep Zender Maatschap) [niederl.] Niederländische Betriebsgesellschaft für Rundfunksender.

NRZ-Code (non return-to-zero code) [engl.] – Code für Bitübertragung, bei der die logische Eins den größeren Pegel und die logische Null den kleineren Pegel aufweist.

Das NRZ-Format ist nicht selbsttaktend.

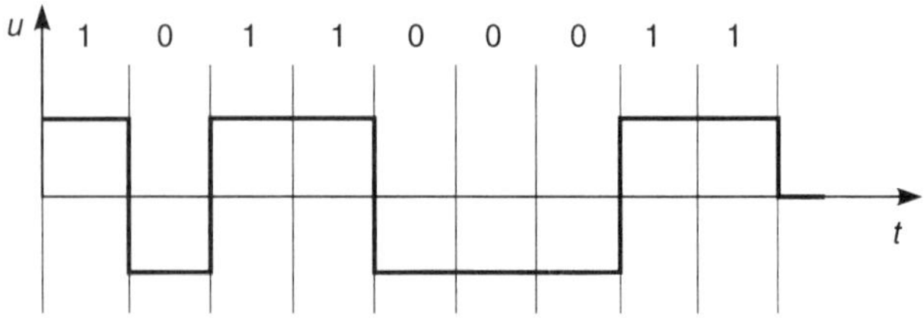

NT – siehe: Netzabschluß, und: Nur Ton

NTBA (network termination for basic access) [engl.] – Netzabschluß für den Basisanschluß im dienste-integrierenden digitalen Fernmeldenetz [integrated services digital network (ISDN)]. Technische Funktionseinheit für den Übergang zwischen der zweidrahtigen Verbindung von der Vermittlungsstelle zur vierdrahtigen Verbindung zum Endgerät.

NTSC (National Television Systems Committee) [engl.] – Ausschuß für die Entwicklung eines nationalen Fernsehübertragungsstandards in den Vereinigten Staaten von Amerika (USA). Der erarbeitete Standard wird im Regelfall als NTSC-Norm bezeichnet. Seine wichtigsten Merkmale sind:

- Zeilen pro Bild: 525
- Bilder pro Sekunde: 30
- Zeilenfrequenz: 15734 kHz
- Bildfrequenz: 60 Hz (d. h. 60 Halbbilder pro Sekunde)
- Zeilensprungverfahren
- Farbträgerfrequenz: 3,58 MHz

Die NTSC-Norm wird auch in anderen Ländern verwendet, bei denen die Frequenz der Stromversorgung 60 Hz beträgt.

NTT – siehe: Nippon Telegraph und Telephon

NUA (network user address) [engl.] – Teilnehmernummer in paketvermittelten Datennetzen.

NUI – siehe: Benutzerkennung

NUI – siehe: network interface unit

Nullmodem Kabel zur Verbindung zweier Datenendeinrichtungen, bei dem die Leitungen für Nutzdaten und Steuerdaten überkreuz geführt werden.

Numerik (N) Rufklasse bei Funkrufdiensten für die Übertragung von Ziffern und Sonderzeichen. Über die Bedeutung der Ziffernfolge bedarf es zwischen Absender und Empfänger der Absprache.

Numerikempfänger – Funkrufempfänger [pager] zum Empfang von Informationen in numerischer Form.

Nur-Lese-Speicher – read-only memory (ROM) [engl.] Es gilt auch die Bezeichnung Festwertspeicher. Nichtflüchtiger Speicher in der Datenverarbeitung, aus dem die Daten nur ausgelesen werden können.

Nur-Ton (NT) – Rufklasse bei Funkrufdiensten für die Übertragung eines Tonsignals

NVOD – siehe: near video-on-demand

Nyquistfrequenz – Kleinstmögliche Abtastfrequenz bei der Digitalisierung von Signalen, durch die das Abtasttheorem noch erfüllt wird.

O

Oberwellen – harmonic [engl.] Es gilt auch die Bezeichnung Harmonische. Ganzzahlige Vielfache einer Grundfrequenz.

OCPS (open content publisher standard) [engl.] – Initiative von Verlegern, Produzenten und Distributoren in den Vereinigten Staaten von Amerika (USA) zur Entwicklung eines Standards für multimediales elektronisches Publizieren [electronic publishing], wobei die Einbindung von Text, Grafiken, Bildern, Fotos, Audio und Video vorgesehen ist.

ODA (office document architecture) [engl.] – Bürodokumente-Architektur. Standard für ein herstellerunabhängiges Format für Text-, Grafik- und Bilddokumente.

odd [engl.] – ungeradzahlig. Es kann sich z. B. um die Felder 1, 3, 5, ... eines Rahmens handeln.

ODIF (office document interchange format) [engl.] – Bürodokumente-Austauschformat. Standard für den Austausch von Bürodokumenten, welche die Bürodokumente-Architektur ODA [office document architecture] aufweisen.

ODIN (open data link interface) [engl.] – Offene Datenübertragungs-Schnittstelle. Treiber, der den Betrieb mehrerer Kommunikationsprotokolle über eine Netzwerkkarte ermöglicht.

öffentliches Datennetz – public data network (PDN) [engl.] Für die allgemeine Nutzung zur Verfügung stehendes spezifisches Datennetz.

öffentliches Datennetz mit Paketvermittlung – packet switched public data network (PSPDN) Für die allgemeine Nutzung zur Verfügung stehendes Datennetz, bei dem Paketvermittlung gegeben ist.

öffentliches Fernmeldenetz – siehe: öffentliches Telekommunikationsnetz

öffentliches Kartentelefon (ÖKartTel) Endgerät im öffentlichen Fernmeldenetz der Deutschen Telekom AG, das für bargeldloses Telefonieren mit entsprechenden Chipkarten (z. B. Telefonkarten) geeignet ist.

öffentliches Telefonnetz – public switched telephone network [engl.] Für die allgemeine Nutzung zur Verfügung stehendes Telefonnetz.

öffentliches Telekommunikationsnetz – siehe: PSTN

OEIC (opto-electronic integrated circuit) [engl.] – Optoelektronische Integrierte Schaltung (OIS) Integrierte Schaltung, die für eine optoelektronische Anwendung verwendbar ist.

Beispiel: Die ladungsgekoppelte Schaltung [change coupled device (CCD)] als elektrooptischer Sensor einer Fernsehkamera ist eine optoelektronische Integrierte Schaltung.

ÖKartTel – siehe: öffentliches Kartentelefon

offener Netzzugang – open network provision (ONP) [engl.] Regelung für den Telekommunikationsbereich, welche Dienstleistungen für alle Teilnehmer angeboten werden müssen. Dazu gehört auch die Vorgabe der Randbedingungen.

office document architecture [engl.] – siehe: ODA

office document interchange format [engl.] – siehe: ODIF

off-line [engl.] – Speicherbetrieb. Es ist auch die Schreibweise „offline“ üblich. Betriebsart für Dienste oder die Abwicklung von Vorgängen, bei der jede Maßnahme nur mittelbare Auswirkungen hat, weil der Zugriff stets über einen Zwischenspeicher erfolgt.

Beispiel:Die CD-ROM ist ein Off-line-Medium, weil hier die Speicherung von Informationen vorliegt.

Das Gegenstück zu „off-line“ ist „on-line“.

offset [engl.] – Versatz. Gegenüber einem Bezugswert (Referenzwert) definiert versetzte Frequenz, wobei die Abweichung im Regelfall klein ist.

OLC (on-lens chip) [engl.] – Optoelektrischer Sensor in CCD [charge coupled device]-Technologie, bei dem über jedem CCD-Element durch Ätzung einer oberhalb angebrachten Glasschicht eine Linse zur Fokussierung des Lichtes angebracht ist.

ONKZ – siehe: Ortsnetzkennzahl

on-lens-chip [engl.] – siehe: OLC

on-line [engl.] – Direktbetrieb. Es ist auch die Schreibweise „online“ üblich. Betriebsart für Dienste oder die Abwicklung von Vorgängen, bei der jede Maßnahme unmittelbare Auswirkungen hat, sich also direkt bemerkbar macht.

Beispiel:Bei jedem On-line-Dienst erfolgt nach einer Abfrage eine unmittelbare Reaktion des Systems als Erledigung des Auftrags.

Das Gegenstück zu „on-line“ ist „off-line“.

ONP – siehe: offener Netzzugang

open content publisher standard [engl.] – siehe: OCPS

open data link interface [engl.] – siehe: ODIN

open network provision [engl.] – siehe: offener Netzzugang

operating mode [engl.] – siehe: Betriebsverfahren

operating point [engl.] – siehe: Arbeitspunkt

operating system [engl.] – siehe: Betriebssystem

optical time domain reflectometer (OTDR) [engl.] – Optisches Reflexionsmeßgerät. Meßgerät zur Ermittlung des Reflexionsverhaltens von Glasfaserleitungen. Dabei wird eine definierte Menge Licht in die Faser eingekoppelt und das von der Faser zum Einkopplungsort reflektierte Licht gemessen. Je kleiner die reflektierte Lichtmenge, desto besser ist die Güte der Glasfaserverbindung.

optische Dämpfung – Verringerung der Lichtleistung in Glasfaserleitungen, verursacht durch Streu- und Dispersionseffekte, bei den optischen Signalen sowie, durch Spleiße und Verbindungselemente.

optischer Multiplexer Es gelten auch die Bezeichnungen Wellenlängenmultiplexer und „wavelength multiplexer“. Technische Funktionseinheit, die als passiver optischer Koppler von der Lichtwellenlänge abhängige Koppelverhältnisse aufweist. Bedingt durch günstiges Dämpfungsverhalten bei mineralischen Lichtwellenleitern (LWL) für den wirtschaftlichen Einsatz geeignete Wellenlängenbereiche, die üblicherweise als Fenster [windows] bezeichnet werden.

- 1. Fenster: 850 nm
- 2. Fenster: 1300 nm
- 3. Fenster: 1550 nm

opto-electronic integrated circuit [engl.] – siehe: OEIC

optoelektronische Integrierte Schaltung – siehe: OEIC

Ordner – Bezeichnung der Verzeichnisse für Programme und Dateien beim Betriebssystem „Windows 95“.

Organisationskanal – siehe: control channel

orthogonal Zeiger von Signalen, die senkrecht zueinander stehen. Dies bedeutet eine Phasenverschiebung von 90 Grad, was z. B. durch einen sinusförmigen und einen cosinusförmigen Verlauf gegeben ist.

Ortsnetzkennzahl (ONKZ) Häufig als Vorwahl bezeichnete Ziffernfolge als Adresse eines Ortsnetzes im öffentlichen Fernmeldenetz. Mit der Ortsnetzkennzahl ist das Ortsnetz von außerhalb anwählbar.

oscilloscope [engl.] – siehe: Oszilloskop

OSD (on-screen display) [engl.] – Bildschirmanzeige. Abfrage für Geräteeinstellungen in Menüform auf einem Bildschirm und Darstellung der über Funktionstasten gewählten Ergebnisse. Durch OSD wird die interaktive Gerätebedienung realisierbar.

Beispiel:Zur Einstellung des Kanals wird auf dem Bildschirm des

Fernsehgerätes „Kanal: _ _ (Bitte Kanalzahl eingeben)“ angezeigt. Mit Hilfe der Fernbedienung kann nun der Nutzer den gewünschten Kanal als zweistellige Zahl (z. B. 12) angeben. Nach dieser Aktivität erscheint auf dem Bildschirm die Anzeige „Kanal 12“, außerdem schaltet der Empfänger direkt (oder nach Betätigung einer OK-Taste) auf den gewählten Kanal, oder speichert ihn auf einer vorher gewählten Programmplatznummer für die Fernbedienung.

OSI (open system interconncetion) [engl.] – Offene Systemstruktur für Kommunikation. Es sind auch die Bezeichnungen OSI-Referenzmodell und OSI-Schichtenmodell üblich. Von der Internationalen Organisation für Standardisierung [International Standardisation Organization (ISO)] entwickeltes theoretisches Übertragungsmodell für den Informationsaustausch. Es ist unabhängig von der verwendeten Technologie und in 7 Schichten [layer] gegliedert. In ihrer Gesamtheit beschreiben die Schichten den Vorgang des Informationsaustausches vollständig, wobei der Übergang zwischen den Schichten durch Schnittstellen gewährleistet ist. Jede Schicht ist unabhängig von der anderen, die Realisierung kann deshalb getrennt konzipiert werden.

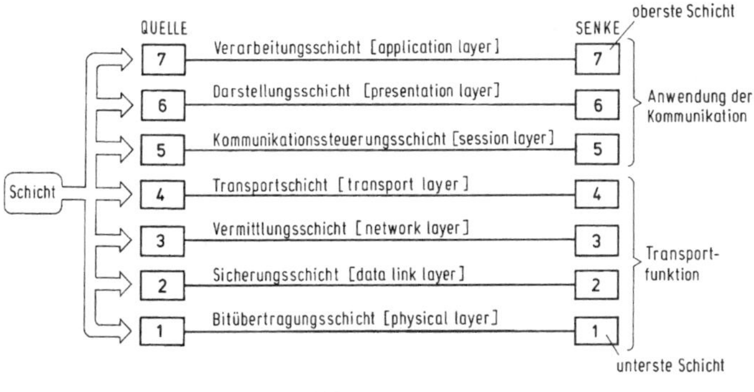

OSI-Schichtenmodell – siehe: OSI

Oszillator – oscillator [engl.] Technische Funktionseinheit, die als aktiver Zweipol (also aktives Eintor) Schwingungen mit definierter Frequenz und Amplitude erzeugt. Diese Werte sind ggf. einstellbar oder änderbar. Bei nicht sinusförmigen Verläufen gilt im Regelfall die Bezeichnung Generator.

Oszilloskop – oscilloscope [engl.] Gerät zur Darstellung der zeitlichen Abhängigkeit von Signalwerten, also der Zeitfunktion. Das Gegenstück zum Oszilloskop ist der Spektrumanalysator, mit dem Frequenzfunktionen darstellbar sind.

OTDR – siehe: optical time domain reflectometer

outdoor unit [engl.] – siehe: Außeneinheit

outer conductor [engl.] – siehe: Außenleiter

output frequency [engl.] – siehe: Ausgangsfrequenz

output impedance [engl.] – siehe: Ausgangsimpedanz

output signal [engl.] – siehe: Ausgangssignal

overlay [engl.] – Überlagerung. Ergänzung eines bestehenden Netzes oder Systems durch ein weiteres davon unabhängiges Netz bzw. System.

overlay network [engl.] – Überlagerungsnetz. Es ist auch die Bezeichnung Overlay-Netz gebräuchlich. Überlagerung einer bestehenden fernmeldetechnischen Infrastruktur durch ein weiteres Netz, das meist in anderer Technologie aufgebaut ist.

Beispiel: Wird ein relativ schmalbandiges Kommunikationsnetz durch ein wegen der anderen Technologie getrenntes breitbandiges

Glasfasernetz (LWL-Netz) ergänzt, dann ist das Glasfasernetz ein Overlay-Netz.

Overlay Netz – siehe: overlay network.

oversampling [engl.] – siehe: Überabtastung

P

PABX – siehe: private automatic branch exchange

packet [engl.] – siehe: Paket

packet assembler/disassembler [engl.] – siehe: PAD

packet switching [engl.] – siehe: Paketvermittlung

packet switched public data network [engl.] – siehe: öffentliches Datennetz mit Paketvermittlung

PAD (packet assembler/disassembler) [engl.] – Paketierer/Depaketierer. Technische Funktionseinheit oder Software zur Anpassung zwischen paketorientierten und nicht-paketorientierten Kommunikationsdiensten. Je nach Betriebsrichtung erfolgt dabei die Paketbildung aus nicht-paketierten Daten, oder es wird durch Depaketierung die Paketbildung wieder aufgelöst.

pager [engl.] – siehe: Funkrufempfänger

paging [engl.] – siehe: Funkruf(dienst)

Paket – packet [engl.] Übertragungsformat auf virtuellen Verbindungen eines entsprechenden Netzes, versehen mit administrativen Informationen wie Adresse, Fehlerprüfdaten, Nummer, logische Kanalbezeichnung, usw. Die Datenpakete können Nutzdaten, aber auch Steuerdaten enthalten.

Paketierer/Depaketierer – siehe: PAD

Paketvermittlung – packet switching [engl.] Vermittlung digitaler Signale in Form von Paketen, also durch Zerlegung des Datenstroms in einzelne Segmente. Die Pakete werden dabei unter entsprechender Zwischenspeicherung von Teilstrecke zu Teilstrecke bis zur gewünschten Teilnehmerstation durchgereicht.

PAL (phase alternating line) [engl.] – zeilenweiser Phasenwechsel. Aus dem Farbfernseh-Übertragungsverfahren NTSC [National Television Systems Committee] weiterentwickeltes System. Bei ihm wird die Phasenlage des Farbdifferenzsignals C_R von Zeile zu Zeile jeweils um 180 Grad umgeschaltet. Auf der Empfangsseite erfolgt dann die Mittelwertbildung aus den Signalen zweier Zeilen. Auf diese Weise werden durch Phasendrehungen bewirkte Übertragungsfehler für die Chrominanz (Farbe) kompensiert.

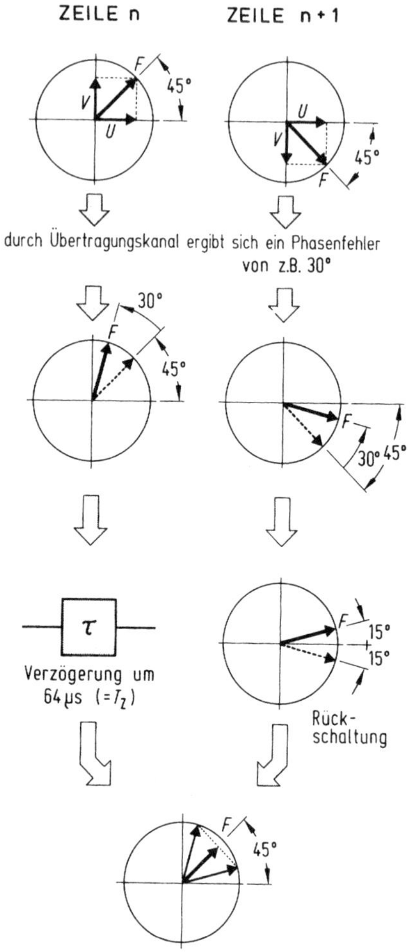
ZEILE n
ZEILE n+1
F
45°
V
U
U
V
45°
F
durch Übertragungskanal ergibt sich ein Phasenfehler
von z.B. 30°
30°
F
45°
F
30°
45°
τ
Verzögerung um
64 µs (= T_Z)
F
15°
15°
Rück-
schaltung
F
45°

zu PAL

PALplus – Weiterentwicklung des Farbfernseh-Übertragungssystems PAL [phase alternating line] hinsichtlich reduzierter Störbeeinflussung durch Cross-Color und Cross-Luminance, sowie Verwendung des Bildformates 16:9 statt 4:3. PAL und PALplus sind zueinander kompatibel. Mit normalen PAL-Empfängern sind PALplus-Übertragungen ohne Probleme empfangbar, wegen des Bildformates 16:9 ergeben sich jedoch bei der Bildwiedergabe auf dem 4:3-Bildschirm oben und unten schwarze Streifen (sog. Letterbox-Verfahren). Dagegen bedingen bei PALplus-Empfängern wegen des 16:9-Bildschirms die PAL-Übertragungen im Bildformat 4:3 rechts und links schwarze Streifen. Durch Zoomen (d. h. maßstabgerechtes Vergrößern oder Verkleinern des Bildes) kann bei vielen Empfängern die Nutzung der gesamten Bildschirmfläche erreicht werden, was jedoch stets zu gewissen Verlusten des Bildinhaltes führt.

PAN – siehe: personal access number

parallel – parallel [engl.] Gleichzeitig erfolgende Übertragung von Signalen. Dafür sind jeweils soviele parallel verlaufende Leitungswege erforderlich, wie Signale übertragen werden sollen.

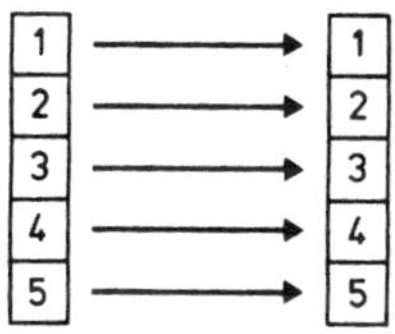

parallele Datenschnittstelle Schnittstelle, bei der gleichzeitig mehrere Bit in einem Schritt übertragen werden. Je Übertragungsrichtung ist dafür eine entsprechende Anzahl von Leitungen erforderlich. Das Gegenteil der parallelen Datenschnittstelle ist die serielle Datenschnittstelle.

Parallelverarbeitung – parallel processing [engl.] Gleichzeitige Ausführung verschiedener Vorgänge in einem technischen System.

Paritätsbit – parity bit [engl.] Bei einem Zeichen ergänztes Prüfbit, das auf der Empfangsseite zur Erkennung von Übertragungsfehlern dient.

Paritätsprüfung – parity check [engl.] Fehlererkennungsverfahren bei zeichenorientierter Datenübertragung durch Auswertung der zeichenindividuellen, redundanten Prüfbit (Paritätsbit), die auf der Sendeseite hinzugefügt worden sind.

parity bit [engl.] – siehe: Paritätsbit

parity check [engl.] – siehe: Paritätsprüfung

partition [engl.] – Zusammenhängend addressierbarer Bereich von Sektoren auf einer Festplatte [hard disc].

pass word [engl.] – siehe: Paßwort

Paßwort – pass word [engl.] Dem Nutzer von elektronischen Systemen (z. B. Rechner) spezifisch zugeordnetes Kennwort, welches er eingeben muß, um für die Nutzung des Systems autorisiert zu werden. Ein vergleichbares Konzept stellt die Verwendung von persönlichen Identifikationsnummern dar, bei denen jedoch nur Zifferneingabe möglich sein muß.

pay-per-channel (PPC) [engl.] – Bezahlfernsehen pro Kanal. Entgeltliches Abonnementfernsehen für den Empfang eines kompletten Programmkanals für 24 Stunden pro Tag. Im Regelfall wird das Entgelt monatlich berechnet.

pay-per-packege (PPP) [engl.] – Bezahlfernsehen pro Programmpaket/Programmbouquet/Programmensemble. Entgeltliches

Abonnementfernsehen für den Empfang eines kompletten Programmpaketes/Programmbouquets/Programmensemble.

pay-per-view (PPV) [engl.] – Bezahlfernsehen pro Programmbeitrag. Entgeltliches Abonnementsfernsehen für den Empfang eines definierten Programmbeitrages.

pay-TV [engl.] – Bezahl-Fernsehen. Es gilt auch die Bezeichnung Abonnement-Fernsehen. Sammelbegriff für solche Fernsehprogramme, die verschlüsselt übertragen werden und für deren Entschlüsselung Entgelt zu zahlen ist. Das Gegenstück zu „pay-TV“ ist „free-TV“.

P-Bild – Prädiktiv codiertes Bild. Durch Bezug auf ein früheres Referenzbild im Rahmen der Bewegungsschätzung bei der Bildcodierung im digitalen Fernsehen entstandenes Bild.

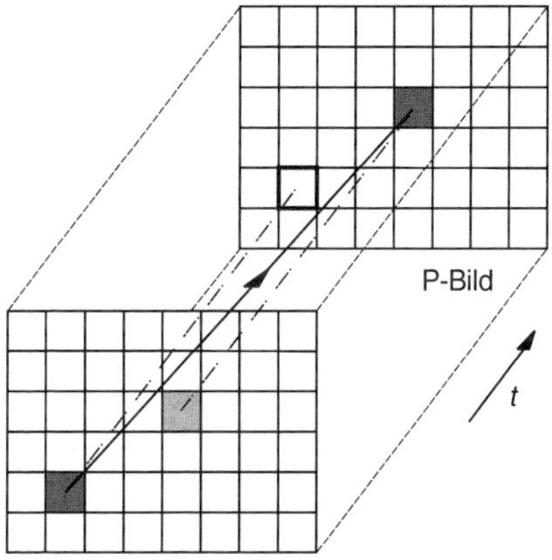

PBX – siehe: private automatic branch exchange

PC (personal computer) [engl.] – Sammelbegriff für individuell dem Nutzer zur Verfügung stehende stationäre oder portable Ein-Platz-Rechner. Dabei sind jedoch unterschiedliche Spezifikationen der Hardware (z. B. Monitor, Arbeitsspeicher, Festplatte, CD-ROM-Laufwerk, Sound-Karte, ...) sowie verschiedene Betriebssysteme [operating systems] möglich.

PC-Card [engl.] – Seit 1995 geltende neue Bezeichnung für die Speicherkarten PCMCIA [Personal Computer Memory Card International Association].

PCM – siehe: Pulscodemodulation

PCMCIA (Personal Computer Memory Card International Association) [engl.] Vereinigung der Herstellen von Speicherkarten für PCs [personal computer]. Diese Vereinigung hat den als PCMCIA bezeichneten Standard für Speicherkarten [memory cards] entwickelt. Dabei sind neben der eigentlichen Speicherung auch die Schnittstellen und Zugriffsverfahren berücksichtigt. PCMCIA-Karten haben wegen ihrer leichten Handhabbarkeit einen großen Einsatzbereich gefunden. Wegen der relativ aufwendigen Abkürzung PCMCIA wurde 1995 als neue Bezeichnung PC-Card festgelegt.

PCN – siehe: personal communications network

PCS – siehe: personal communications services

PDN – siehe: öffentliches Datennetz

Pegel L – level [engl.] Logarithmiertes Verhältnis physikalischer Größen (z. B. Spannung, Leistung). Die Angabe erfolgt in der Pseudoeinheit Dezibel (dB), um die Angabe als Pegel zu kennzeichnen. Das Größenverhältnis selbst ist dimensionslos.

PEL – siehe: Bildelement

Perigäum – Erdnächster Punkt der elliptischen Umlaufbahn eines Satelliten um die Erde.

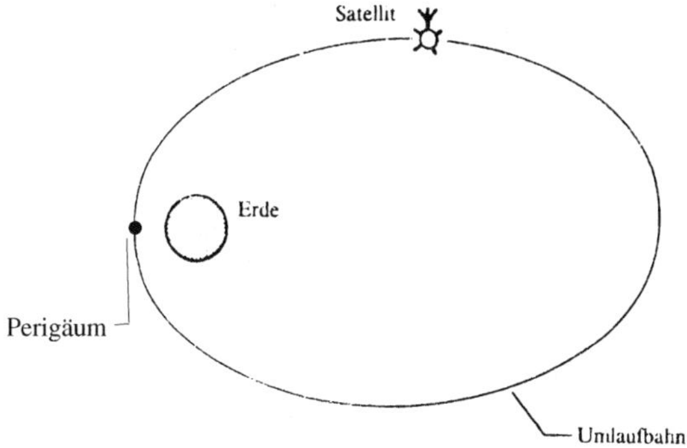

Periodendauer T – period duration [engl.] Es wird auch die Bezeichnung Periode oder Schwingungsdauer verwendet. Dauer für die vollständige Schwingung eines Signals. Vorher und nachher ist derselbe Kurvenverlauf gegeben.

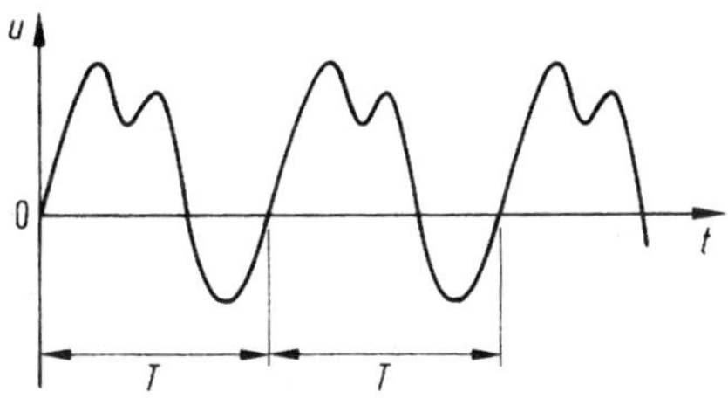

periodisch – Vorgang, der sich in konstanten Zeitabständen wiederholt.

period duration [engl.] – siehe: Periodendauer

persönliche Identifikationsnummer – siehe: PIN

persönliche Zugangsnummer – siehe: personal access number

personal access number (PAN) – persönliche Zugangsnummer. Vertrauliche numerische Kennung, die einem Teilnehmer den Zugang zu einem Kommunikationsdienst oder einer entsprechenden Anwendung ermöglicht.

personal communications network (PCN) [engl.] – Persönliches Kommunikationsnetz. Konzipiertes weltweites Mobilfunksystem zur Realisierung vielfältiger stationärer und mobiler Kommunikationsdienste zur allgemeinen Nutzung. Als eine Vorstufe wird das kleinzellige Mobilfunksystem DCS 1800 [digital cellular-system 1800 MHz] betrachtet, das auf dem GSM [global system for mobile communication] basiert.

personal communications services (PDS) [engl.] – Persönliche Kommunikationsdienste. Sammelbezeichnung für die von jedermann nutzbaren konzipierten Kommunikationsdienste hoher Mobilität und Funktionalität.

Personal Computer Memory Card International Association [engl.] siehe: PCMCIA

personal identification number [engl.] – siehe: PIN

Phase – phase [engl.] Es gilt auch die Bezeichnung Phasenwinkel. Auf eine Periode (entspricht 360°) bezogene Verschiebung der Lage zweier Signale. Bei gleichen Kurvenverläufen liegt Gegenphasigkeit vor, wenn das eine Signal gegenüber dem anderen um eine halbe Periode (entspricht 180°) früher oder später auftritt.

phase alternating line [engl.] – siehe: PAL

phase locked loop [engl.] – siehe: Phasenregelkreis

phase modulation [engl.] – siehe: Phasenmodulation

Phasengang – siehe: Phasen-Frequenzgang

Phasen-Frequenzgang – phase (frequency) response [engl.] Es gilt auch die Bezeichnung Phasengang. Darstellung von Phasenwinkeln in Abhängigkeit von der Frequenz. Dabei wird für die Frequenzen die x-Achse des Koordinatensystems verwendet, weshalb dafür auch die Bezeichnung Frequenzachse gilt.

Phasenhub $\Delta\varphi_T$ – Durch das Modulationssignal bedingter Betrag der Differenz zwischen der Phase von Trägersignal und Modulationssignal bei der Phasenmodulation (PM).

Phasenmodulation (PM) – phase modulation (PM) [engl.] Analoges Modulationsverfahren, bei dem die Phase als Parameter des Trägersignals im Rhythmus des zu übertragenden Nutzsignals (als Modulationssignal $u_M(t)$ bezeichnet) verändert wird. Für den Betrag der Differenz zwischen Phase(nwinkel) des Trägersignals und des Modulationssignals gilt die Bezeichnung Phasenhub $\Delta\,\varphi_T$. Dieser ist der Amplitude des Modulationssignals $u_M(t)$ proportional.

$\Delta\,\varphi_T = |\,\varphi_T - \varphi_M\,| \sim u_M(t)$

Für die Zeitfunktion des phasenmodulierten Signals (PM-Signal) gilt:

$u_{PM}(t) = \hat{u}_T \cdot \sin((\omega_T + \Delta\,\varphi_T \cdot \sin\omega_M) \cdot t)$

Die Phasenmodulation ist eine Form der Winkelmodulation, da sie einen Paramter der Winkelinformation des Sinus (sin) nutzt.

Phasenregelkreis – phase locked loop (PLL) [engl.] Schaltung zur Erzeugung eines periodischen Ausgangssignals, welches phasensynchron mit einem Steuersignal ist. Dazu wird ein spannungsgesteuerter Oszillator [voltage controlled oscillator (VCO)] verwendet, dessen Ausgangssignal mit dem Steuersignal einem Phasendektor zugeführt wird. Aus der Phasendifferenz beider Eingangssignale wird eine Regelspannung gewonnen, welche die Frequenz des VCO solange verändert, bis die gewünschte Synchronität erreicht ist.

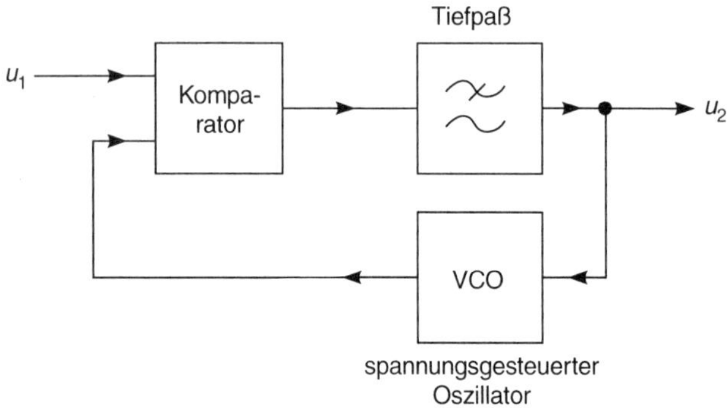

Phasensprung – Plötzliche (d. h. sprunghafte) Änderung des Phasenwinkels eines Signals. Im Zeigerdiagramm springt dabei der Zeiger von einer Winkelposition auf eine andere.

Phasenumtastung – phase shift keying (PSK) [engl.] Digitales Modulationsverfahren, bei dem die Phasenlage des sinusförmigen Trägersignals im Rhythmus der rechteckförmigen Modulationssignale zwischen 2, 4, 8, 16 oder entsprechend größeren Werten wechselt, wobei stets die Abhängigkeit 2^n gegeben ist.

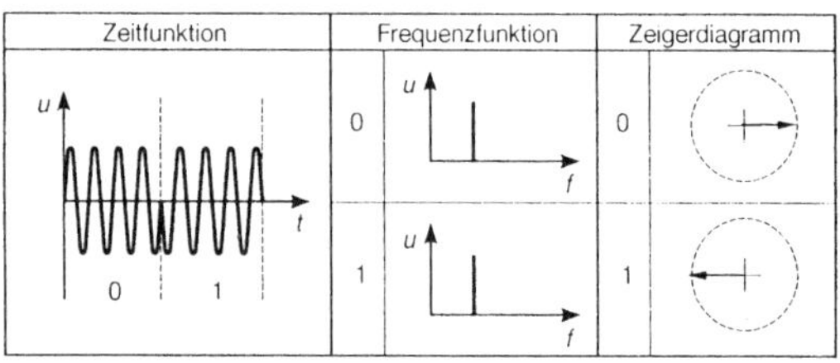

Die Leistungsfähigkeit einer Phasenumtastung kann am besten mit Hilfe des Zeigerdiagramms dargestellt werden. Die Zahl der Werte, die von der Phase eingenommen werden kann, wird vor der Kurzbezeichnung PSK angegeben und als Wertigkeit bezeichnet. Die Amplituden der Trägersignale bleiben bei Phasenumtastung konstant.

Beispiel:Die Angabe 4-PSK bedeutet, daß eine vierwertige Phasenumtastung vorliegt, also vier verschiedene Phasenlagen auftreten können.

Phasenverschiebung – phase shift [engl.] Zeitliche Verschiebung des Kurvenverlaufs eines Signals gegen den eines Bezugssignals.

Beispiel:Die Sinuskurve beginnt mit dem Wert 0 zum Zeitpunkt 0 und endet wieder mit diesem Wert zum Zeitpunkt T. Die Cosinuskurve hat denselben Verlauf, der Scheitelwert liegt jedoch eine viertel Periode später. Dies entspricht einer Phasenverschiebung von 90 Grad.

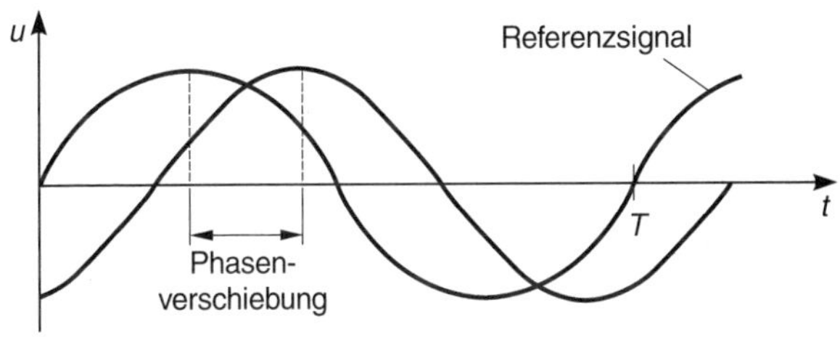

Phasenwinkel – siehe: Phase

phase shift [engl.] – siehe: Phasenverschiebung

phase shift keying [engl.] – siehe: Phasenumtastung

phone card [engl.] – siehe: Telefonkarte

picture element [engl.] – siehe: Bildelement

pigtail [engl.] – Schweineschwanz. Kurzes Stück Glasfaserkabel, das nur auf einer Seite mit einem optischen Steckverbinder versehen ist. Bei dem anderen Ende erfolgt das direkte Verschweißen mit anderen Anschlüssen.

PIN (personal identification number) [engl.] – Persönliche Identifikationsnummer. Dem Nutzer von elektronischen Systemen (z. B. Mobilfunk) spezifisch zugeordnete mehrstellige Zahl, die er eingeben muß, um für die Nutzung des Systems autorisiert zu werden. Ein vergleichbares Konzept stellt die Verwendung von Paßworten dar, bei denen jedoch die Eingabe von Buchstaben möglich sein muß.

pipeline [engl.] – Förderleitung. Hardware-Architektur in Rechnern, um die Geschwindigkeit der Durchführung von Instruktionen (Befehlen) zu steigern. Diese durchlaufen sequentiell stets mehrere Bearbeitungsstufen, wobei jeweils die nächsten Stufen bereits die nachfolgenden Instruktionen bearbeiten.

piracy [engl.] – siehe: Piraterie

Piraterie – piracy [engl.] Nicht autorisierter Zugriff auf verschlüsselte Signale von Programmen oder Diensten.

pixel [engl.] – siehe: Bildelement

Planar-Bildschirm – Fernsehbildröhre mit besonders flachem Bildschirm.

PLANDINET (Planungsverfahren für digitale Sendernetze) Softwareprogramm der Deutschen Telekom AG für die Planung digitaler Sendernetze.

Plasma-Display – Bildschirm, bei dem jeder Bildpunkt als Gas unter der Einwirkung eines starken elektrischen Feldes aktivitiert wird.

player [engl.] – Abspielgerät. Geräte, mit denen Audiosignale, Videosignale oder Daten von einem Träger (Platte, Kassette oder Band) verfügbar gemacht werden können.

Beispiel:CD-Spieler, CD-ROM-Laufwerk

PLL – siehe: Phasenregelkreis

plug & play [engl.] – Es ist auch die Schreibweise „plug ‘n play“ üblich. Besonders in der Rechnertechnik verwendete Bezeichnung für nachrüstbare Baugruppen, die nur eingesteckt bzw. angeschlossen werden brauchen und dann sofort ohne weitere Maßnahmen (wie z. B. Programmierung) funktionsfähig sind.

PM – siehe: Phasenmodulation

PMR – siehe: private mobile radio

PMxAs – siehe: Primärmultiplexanschluß

POCSAG (Post Office Code Standardization Advisory Group) [engl.] Arbeitsgruppe für die Erarbeitung eines europäischen Standards für Funkruf. Dieser wird auch als POCSAG bezeichnet und arbeitet für die binär codierten Adressen und Informationen mit einer Bitrate von 512 bit/s.

pointer [engl.] – Zeiger. Kennungssignal für bestimmte Speicherzellen im Arbeitsspeicher eines Rechners.

point-to-multipoint connection [engl.] – siehe: Punkt-zu-Multipunkt-Verbindung

point-to-point connection [engl.] – siehe: Punkt-zu-Punkt-Verbindung

polling [engl.] – siehe: Abrufbetrieb

Polyphasen-Filterbank – Filtersystem, bei dem das Gesamt-Frequenzband in parallele Teilbänder gleicher Breite aufgeteilt und verarbeitet wird.

POR (pacific ocean region) [engl.] – Bezeichnung für die Orbitposition und die Ausleuchtzone geostationärer Satelliten in der Region Pazifischer Ozean.

portabel – portable [engl.] Adjektiv für tragbare Geräte.

portable [engl.] – siehe: portabel

portable mobile radio modem (PRM) [engl.] – Portables Funkmodem. Technische Funktionseinheit für die Datenübertragung in Mobilfunknetzen.

positive acknowledgement [engl.] – siehe: ACK

positive feedback [engl.] – siehe: Mitkopplung

Post Office Code Standardization Advisory Group [engl.] – siehe: POCSAG

post, telegraph and telephone [engl.] – siehe: PTT

power spectral density [engl.] – siehe: Leistungsdichtespektrum

PPC – siehe: pay-per-channel

PPP – siehe: pay-per-packege

PPV – siehe: pay-per-view

prädiktiv codiertes Bild – siehe: P-Bild

Prädiktor – Vorhersage-Stufe. Durch diese Stufe wird beim digitalen Fernsehen von einem übertragenen Block von Bildelementen auf den Block in gleicher Lage im nächsten Bild geschlossen. Bei Abweichung zwischen den Blöcken ergibt sich ein Differenzsignal.

Primärmultiplexanschluß (PMxAs) – Vierdrähtiger Anschluß im dienste-integrierenden digitalen Fernmeldenetz [integrated services digital network (ISDN)] für 30 Basis-Kanäle (B-Kanäle) à 64 kbit/s und einem Datenkanal (D-Kanal) mit 64 kbit/s. Durch Bündelung der B-Kanäle ist eine Bitrate bis 2 Mbit/s realisierbar.

private automatic branch exchange (PABX) [engl.] – Nebenstellenanlage mit Wählbetrieb. Es gelten auch die Bezeichnungen „private branch exchange (PBX)“ und „computerized branch exchange (CBX)“. Rechnergesteuerte Telekommunikations-Anlage (TK-Anlage) für lokale Sprach-, Text- und Datenkommunikation, wobei es sich um analogen und/oder digitalen Betrieb handeln kann.

private branch exchange – siehe: private automatic branch exchange

private mobile radio (PMR) [engl.] – Privater Mobilfunk. Nicht-öffentliche Mobilfunknetze für analoge und/oder digitale Kommunikation zwischen stationären und mobilen Geräten, sowie zwischen mobilen Geräten selbst. Ein unmittelbarer Zugang zum öffentlichen Netz ist im Regelfall nicht möglich. Anwendungen für den privaten Mobilfunk sind z. B. bei Sicherheitsdiensten, Servicediensten, Transportdiensten, ... gegeben.

PRM – siehe: portable mobile radio modem

processor [engl.] – siehe: Prozessor

Programm – program(me) [engl.] Strukturierte Folge von Instruktionen (Befehlen) und Daten, die beim Rechner definierte Aktionen bewirken. Der Aufbau jedes Programms erfolgt nach einem streng reglementierten Verfahren, was als Programmsprache oder Syntax bezeichnet wird. Die Programmsprache muß zum jeweiligen Betriebssystem des Rechners passen.

program(me) [engl.] – siehe: Programm

programme language [engl.] – siehe: Programm(ier)sprache

Programm(ier)sprache – programme language [engl.] Streng reglementierter Formalismus für die Eingabe von Instruktionen und Daten in einen Rechner.

protocol [engl.] – siehe: Protokoll

Protokoll – protocol [engl.] Es wird auch die Bezeichnung Kommunikationsprotokoll verwendet. Festlegungen über die Verhaltensweise und die Formate für die Kommunikation zwischen voneinander entfernten Stationen in Übertragungssystemen.

Prozessor – processor [engl.] Bauelement oder Baugruppe für die Signalverarbeitung.

PSD – siehe: Leistungsdichtespektrum

PSK – siehe: Phasenumtastung

PSPDN – siehe: öffentliches Datennetz mit Paketvermittlung

PSTN (public switched telecommunications network) [engl.] Öffentliches Telekommunikationsnetz. Gesamtheit der fernmeldetechnischen Infrastruktur, die von jedermann für Zwecke der Telekommunikation genutzt werden kann.

psychoakustisches Modell Berechnungsverfahren, welches die Maskierungseigenschaften des menschlichen Gehörs nachbildet. Durch laute Töne werden nämlich benachbarte Töne mit geringerer Amplitude verdeckt. Diese Maskierung führt dazu, daß diese Töne nicht mehr wahrgenommen werden, weshalb sie für die Irrelevanzreduktion verwendbar sind.

PTA (Post und Telekom Austria AG) Österreichische Aktiengesellschaft für Post und Telekommunikation.

PTT (post, telegraph and telephone) [engl.] – Post, Telegraf und Telefon. International übliche, administrative Bezeichnung für Post- und Telekommunikationsgesellschaften. Dies gilt vorzugsweise für staatliche Organisationen.

public data network [engl.] – siehe: öffentliches Datennetz

public domain software [engl.] – Software, für die weder Kosten noch Registrierungsgebühren entstehen und auch keine Urheberrechtsansprüche gelten. Diese Software darf von jedermann kopiert, weitergegeben und beliebig genutzt bzw. verändert werden.

public switched telephone network [engl.] – siehe: öffentliches Telefonnetz

pull down [engl.] – herunterziehen. Durch entsprechenden Bedienvorgang (z. B. anklicken mit Maus) bewirktes herunterziehen von Angaben auf dem Bildschirm.

Puls – pulse [engl.] Signal mit nadelförmigem oder schmalem rechteckförmigen Verlauf. Es sind allerdings auch gerundete Kurvenformen (z. B. $\cos^2$-förmig) möglich.

Pulscodemodulation (PCM) – pulse code modulation (PCM) [engl.] Zuordnung von Codeworten definierter Länge zu quantisierten Impulsen. Dieser Vorgang ist durch entsprechende Demodulation umkehrbar. Pulscodemodulation ist der letzte Verfahrensschritt bei der Analog-Digital-Umsetzung von Signalen. Durch die Abtastung ergibt sich zuerst ein pulsamplitudenmoduliertes Signal (PAM-Signal). Dann erfolgt eine Wertequantisierung der Pulse. Für jeden Quantisierungsbereich wird danach ein Codewort festgelegt.

pulse [engl.] – siehe: Puls

pulse code modulation [engl.] – siehe: Pulscodemodulation

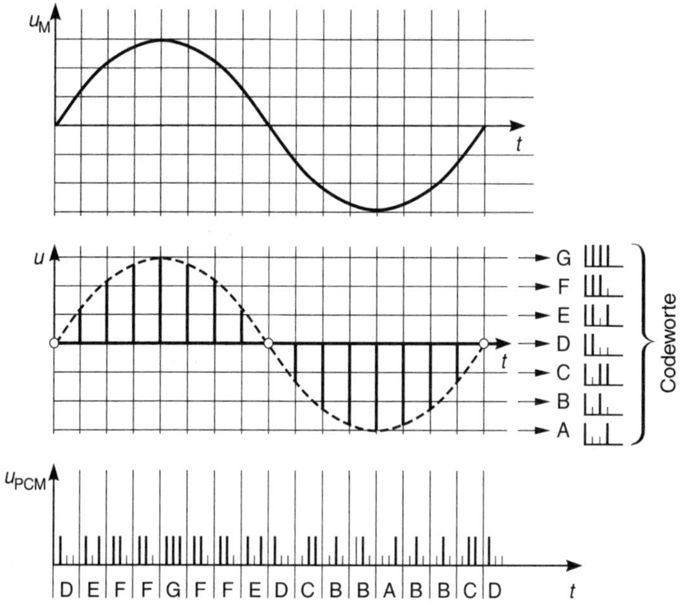

pulse response [engl.] – siehe: Impulsantwort

Pulskamm – Periodische Folge von Pulsen

Punktstrahler – siehe: spot beam

Punkt-zu-Multipunkt-Verbindung – point-to-multipoint connection [engl.] Verbindung zwischen einer Station und mehreren anderen Stationen in einem Kommunikationssystem. Häufig ist dabei nur Simplex-Betrieb gegeben, also die gleichzeitge Verteilung von Informationen an mehrere Stationen.

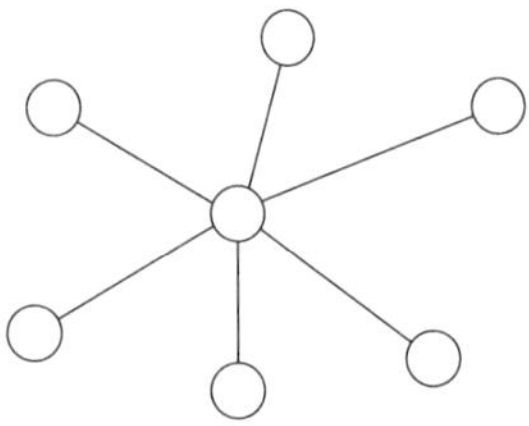

Punkt-zu-Punkt-Verbindung – point-to-point connection [engl.] Es gilt auch die Bezeichnung Individualverbindung. Verbindung zwischen zwei Teilnehmer-Endgeräten in einem Kommunikationssystem.

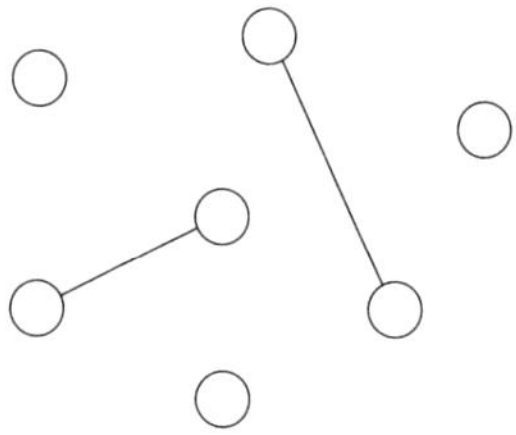

Q

QAM – siehe: Quadratur-Amplitudenmodulation

QPSK (quadrature phase shift keying) [engl.] – Es gilt auch die Bezeichnung vierwertige Phasenumtastung oder 4-PSK. Digitales Modulationsverfahren, bei dem die Phasenlage des Trägersignals in 90-Grad-Schritten änderbar ist. Es sind somit maximal vier Positionen möglich.

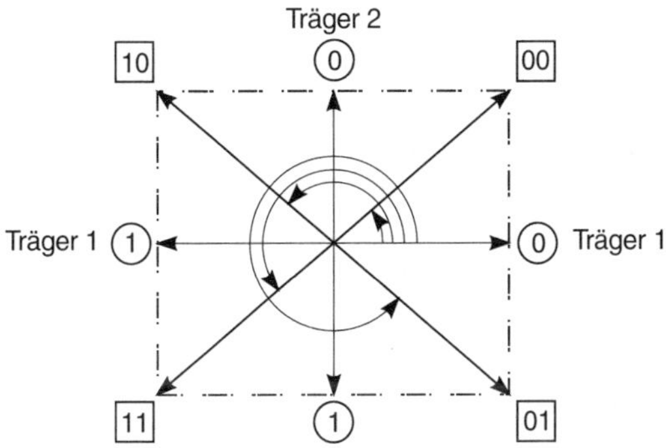

Quadratur-Amplitudenmodulation (QAM) – quadrature amplitude modulation (QAM) [engl.] Digitales Modulationsverfahren mit einem sinusförmigen und einem cosinusförmigen Träger, auf den Phasenumtastung angewendet wird und dann die Bildung der Resultierenden erfolgt. Dadurch ergeben sich abhängig von der zu übertragenden Information unterschiedliche Amplituden und Phasenwinkel.

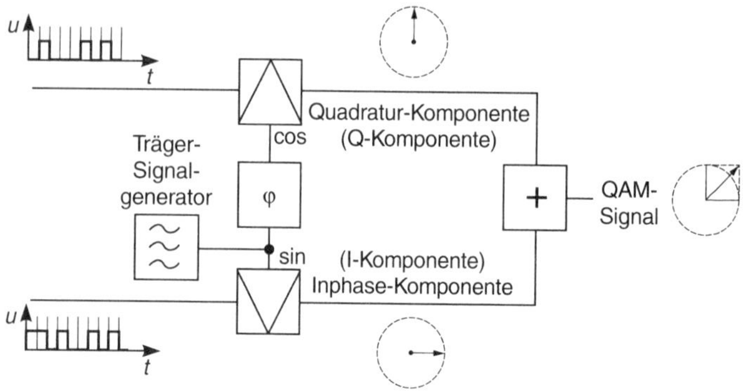

quadrature amplitude modulation [engl.] – siehe: Quadratur-Amplitudenmodulation

quadrature phase shift keying [engl.] – siehe: QPSK

Quantisierung – quantising [engl.] Einteilung eines kontinuierlichen Verlaufs in Schritte gleicher oder unterschiedlicher Länge, was als lineare bzw. nichtlineare Quantisierung bezeichnet wird. Quantisierung kann im Zeitbereich und im Wertebereich erfolgen, es ist deshalb zwischen Zeitquantisierung und Wertequantisierung zu unterscheiden.

quantising [engl.] – siehe: Quantisierung

Quellencodierung – source coding [engl.] Verfahren der Datenreduktion für Quellensignale (Audio oder Video). Dadurch erfolgt die Reduzierung der Redundanz und Irrelevanz dieser Signale.

Querparitätsprüfung – siehe: VRC

Quantisierung – Einteilung in Intervalle. Die Quantisierung kann für den Zeitbereich (d. h. Zeitquantisierung) und/oder den Wertebereich (d. h. Wertequantisierung) eines Signals erfolgen. Sind die Intervalle konstant, dann liegt lineare Quantisierung vor. Werden Stufungen unterschiedlicher Größe gewählt, dann ist nichtlineare Quantisierung gegeben.

R

radio control [engl.] – siehe: Funkfernsteuerung

radio data system [engl.] – siehe: Radio-Daten-System

radio data network (RDN) [engl.] – Datenfunknetz

Radio-Daten-System (RDS) – radio data system (RDS) [engl.] Verfahren der Übertragung digitaler Zusatzinformationen bei UKW-Hörfunkprogrammen. Die Daten werden oberhalb des Stereo-Multiplexsignals bei 57 kHz übertragen, die Bitrate berägt ca. 1,1 kbit/s. Das RDS-Verfahren ist in einem europäischen Standard festgelegt und ermöglicht die Übertragung zahlreicher Zusatzinformationen ohne Beeinflussung des UKW-Hörfunkprogramms. Es sind u. a. folgende Informationen möglich: Programmbezeichnung, Alternative Frequenzen (AF) bei mehreren Sendern für das Programm, Sprache/Musik-Umschaltung, Radiotext, Durchsagekennung für Verkehrsfunk, ... Die Anzeige erfolgt auf einer mindestens achtstelligen Anzeigeeinheit [display].

radio frequency [engl.] – siehe: Hochfrequenz

radio link protocol (RLP) [engl.] – Auf die Luftschnittstelle bezogenes Protokoll in einem Mobilfunksystem für die fehlertolerante Datenübertragung.

Radio- und Fernsehtechnik (RFT) Berufsfeld im Bereich des Handwerks, in dem primär die Technik des Hörfunk- und Fernsehempfangs bearbeitet wird, ergänzend kommt die Aufzeichnungs- und Wiedergabetechnik für Audio und Video hinzu. Dabei spielt es keine Rolle, ob es sich um analoge oder digitale Verfahren handelt. Neben der Instandsetzung und Wartung von Geräten spielen auch Planung, Aufbau, Inbetriebnahme und Instandhaltung von Anlagen (z. B. Satellitenempfangsanlagen) eine wichtige Rolle.

Rahmen – frame [engl.] Bitfolgen konstanter Länge, deren Beginn jeweils durch einen Kopf [header] gekennzeichnet ist. Damit wird die Unterscheidung und die Zuordnung zu verschiedenen Kanälen ermöglicht.

Rahmenkennungswort (RKW) – Definierte Bitfolge innerhalb eines Rahmens beim synchronen Zeitmultiplexverfahren [sychronous time division multiplex (STDM)], die als Synchronisationssequenz dient.

RAM – siehe: Arbeitsspeicher

random access memory [engl.] – siehe: Arbeitsspeicher

Raummultiplex (RMX) – space division multiplex (SDM) [engl.] Verfahren der gleichzeitigen Übertragung unterschiedlicher Signale durch räumliche Staffelung. In der Praxis wird dies durch getrennt angeordnete Übertragungswege (z. B. mehradrige Leitungen) erreicht. Es handelt sich also um ein Multiplexverfahren auf der Basis der Aufteilung des räumlichen Bereiches der Übertragungskapazität in mehrere Wege für unterschiedliche Nutzsignale.

Raumsegment – space segment [engl.] Der von einem Satelliten-Übertragungssystem im Weltraum befindliche Anteil.

Rauschabstand – siehe: SNR

Rauschen – noise (N) [engl.] Durch z. B. temperaturbedingte unregelmäßige Bewegung von Elektronen bewirktes Signal. Über die Form des Rauschsignals sind nur statistische Aussagen möglich, der exakte Verlauf ist nicht berechenbar.

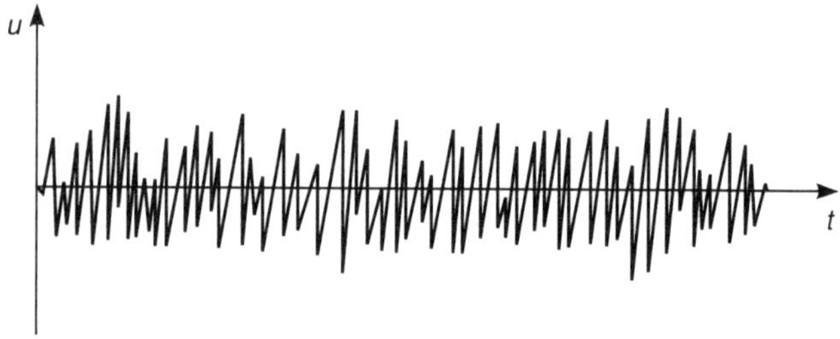

RC – siehe: Fernsteuerung

RC – siehe: Funkfernsteuerung

R-DAT (rotating heads digital audio tape) [engl.] Digitales Audiosignal-Magnetband-Aufzeichnungsgerät mit rotierenden Magnetköpfen.

RDS – siehe: Radio-Daten-System

RDN – siehe: radio data network

read-only memory [engl.] – siehe: Nur-Lese-Speicher

receiving antenna [engl.] – siehe: Empfangsantenne

Rechnerverbund – Betriebliche, technische und organisatorische Verkopplung von Rechnern unter Verwendung geeigneter Datenübertragung.

recorder [engl.] – Aufzeichnungsgerät. Geräte, mit denen Audiosignale, Videosignale oder Daten auf einem Träger (Platte, Kassette oder Band) aufgezeichnet und von dort auch wieder verfügbar gemacht werden können.

recording [engl.] – siehe: Aufzeichnung

reduction [engl.] – siehe: Reduktion

Reduktion – reduction [engl.] Reduzierung (Verminderung, Verringerung) unerwünschter Anteile eines Signals.

redundancy [engl.] – siehe: Redundanz

redundancy reduction [engl.] – siehe: Redundanzreduktion

Redundanz – redundancy [engl.] Es handelt sich um alle Anteile von Informationen, die überflüssig sind, weil sie entweder mehrfach im Datenstrom enthalten sind, oder sich aus anderen Anteilen ergeben.

Redundanzreduktion – redundancy reduction [engl.] Reduzierung (Verminderung, Verringerung) redundanter (d. h. überflüssiger) Anteile eines Signals.

Reed-Solomon-Code (RS-Code) [engl.] – Nach seinem Entwickler benannter Code als Fehlerschutzmaßnahme bei der Übertragung digitaler Daten. Es wird dabei blockweise Redundanz zugefügt, deren Umfang das Brutto der Daten entsprechend vergrößert. Die Bezeichnung für einen Reed-Solomon-Code hat deshalb folgende Form: RS (Nutzdaten + Fehlerschutz, Nutzdaten).

Beispiel:Der beim digitalen Fernsehen [digital video broadcasting (DVB)] verwendete Reed-Solomon-Code weist bei 188 byte Nutzdaten pro Rahmen eine Redundanz von 16 byte auf. Die Bezeichnung lautet deshalb: RS (204, 188).

regionales Datennetz – siehe: MAN

relevant – Adjektiv für maßgebliche (bedeutende, unverzichtbare, wesentliche) Signale oder Signalkomponenten. Das Gegenteil von relevant ist irrelevant.

remote access [engl.] – Fernzugriff. Zugriff auf Komponenten in einem Kommunikationssystem über definierte Entfernungen und Wege. Damit sind Ferneinstellungen möglich, ebenso der Empfang von Rückmeldungen.

remote control [engl.] – siehe: Fernsteuerung

repeated call attempt [engl.] – siehe: Rufwiederholung

repeater [engl.] – Wiederholsender, Füllsender. Technische Funktionseinheit, die das Nutzsignal auf einer definierten Frequenz empfängt und auf derselben Frequenz wieder aussendet. Im Regelfall liegen die Strahlungsleistungen im Watt (W)- oder Milliwatt (mW)-Bereich. Da Empfang und Aussendung auf derselben Frequenz erfolgt, ist eine entsprechende Entkopplung zwischen der Empfangs- und Sendeantenne erforderlich.

resolution [engl.] – siehe: Auflösung

Resynchronisation – Allgemeine Bezeichnung für alle Maßnahmen, um bei der Übertragung digitaler Signale im Falle des Verlustes der Synchronisation den synchronen Zustand wiederherzustellen.

return-to-zero code [engl.] – siehe: RZ-Code

reversibel – Vorgang, der umkehrbar ist und bei dem dabei lediglich vernachlässigbare Verluste auftreten, was einem großen Wirkungsgrad entspricht.

Beispiel:Bei Akkumulatoren wird das Laden elektrischer Energie in chemische Energie umsetzt, während sich diese beim Entladen wieder in elektrische Energie wandelt.

RF – siehe: Hochfrequenz

RFT – siehe: Radio- und Fernsehtechnik

Richtungsbetrieb – siehe: Simplex-Betrieb

Richtungswinkel – siehe: Azimutwinkel

RISC (reduced instruction set computer) [engl.] – Mikroprozessor mit reduziertem Befehlssatz.

rise time [engl.] – siehe: Anstiegszeit

RKL – siehe: Rufklasse

RKW – siehe: Rahmenkennungswort

RLP – siehe: radio link protocol

RMX – siehe: Raummultiplex

roaming [engl.] – Über Abkommen zwischen Mobilfunk-Netzbetreibern geregelte Einsatzfähigkeit von Mobilfunkgeräten in den verschiedenen Netzen. Dies gilt für nationale Netze und solche im Ausland. Durch Roaming-Abkommen wird es für den Teilnehmer möglich, sein Mobilfunkgerät in verschiedenen Netzen zu verwenden, wobei die Abrechnung über den originären Netzbetreiber erfolgt.

ROM – siehe: Nur-Lese-Speicher

route [engl.] – siehe: Leitweg

router [engl.] – Wegefestlegung. Technische Funktionseinheit (Hardware und ggf. Software) zum Aufbau definierter Verbindungen bei digitaler Signalübertragung. Der „router" kann entweder nur ein Protokoll oder mehrere Protokolle unterstützen.

Routine – Programm oder Unterprogramm zur Durchführung definierter Aufträge, die routinemäßig zu erledigen sind.

routing [engl.] – Übertragungswegfestlegung. Verfahren in Kommunikationssystemen, den Weg für das zu übertragende Signal nach vorgegebenen Kriterien so festzulegen, daß die Übertragung unter optimalen Bedingungen erfolgt.

RS 232 C Standardisierte Schnittstelle für bidirektionale serielle Datenübertragung bis 19,2 kbit/s auf unsymmetrischen Leitungen bis 15 m Länge.

Rückkanal – upstream [engl.] Vom Teilnehmer zur sendenden Stelle (Quelle) gerichteter Übertragungskanal mit definierter Bandbreite oder Bitrate. Die Bandbreiten bzw. Bitraten von Rückkanal und Vorwärtskanal können unterschiedliche Werte aufweisen. Das Gegenstück vom Rückkanal [upstream] ist der Vorwärtskanal [downstream].

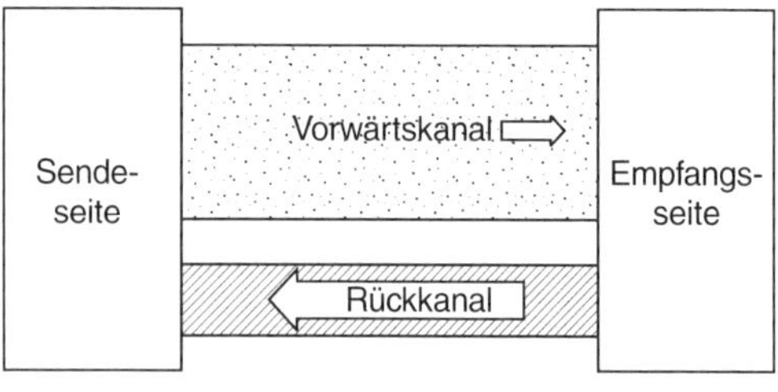

Rückkopplung – feedback [engl.] Rückführung eines Teils des Ausgangssignals zum Eingang der Schaltung. Bei Gleichphasigkeit zum Eingangssignal liegt dann Mitkopplung vor, bei Gegenphasigkeit handelt es sich um Gegenkopplung.

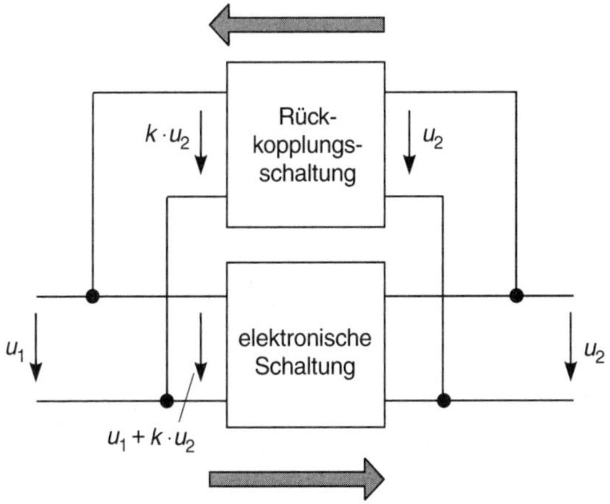

Rückstreudämpfung Verhältnis der Lichtmenge, die bei Glasfaserleitungen bedingt durch Streueffekte wieder zum Einspeisepunkt des optischen Signals zurückgelangt zur eingespeisten Lichtmenge. Die Angabe erfolgt als logarithmiertes Maß in der Pseudoeinheit Dezibel (dB).

Rufklasse (RKL) Dienstekategorie bei Funkrufdiensten zur Kategorisierung der Funkrufnachrichten.

- Rufklasse 0: Nur-Ton (NT)
  d. h. bei Ruf erfolgt ein Tonsignal
- Rufklasse 1: Numerik (N)
  d. h. bei Ruf sind Ziffern darstellbar

- Rufklasse 2: Alphanumerik (AN)

  d. h. bei Ruf sind alphanumerische Zeichen darstellbar
- Rufklasse 3: transparente Daten (TD)

  d. h. bei Ruf sind für beliebige Zwecke verwendbare Daten übertragbar

Rufumleitung – call forwarding (CF) [engl.] Es sind auch die Bezeichnungen Anrufumleitung und Anrufweiterleitung üblich. Leistungsmerkmal in Kommunikationsnetzen mit Wählbetrieb zur Umlenkung der beim Teilnehmer-Anschluß ankommenden Rufe auf einen festgelegten anderen Anschluß. Es können verschiedene Bedingungen für die Aktivierung vereinbart werden (z. B. besetzter Anschluß, keine Rufannahme nach einer bestimmten Zahl von Rufsignalen, Umschaltung durch den Teilnehmer).

Rufwiederholung – repeated call attempt [engl.] Es gilt auch die Bezeichnung Anrufwiederholung. Einmalige oder mehrmalige Wiederholung des Versuches des Aufbauens einer Verbindung im Fernmeldenetz. Die Rufwiederholung ist ein Leistungsmerkmal von Telefonapparaten. Dadurch wird bei einer bereits besetzten Verbindung der Wählvorgang durch Betätigung einer einzigen Taste erneut ausgelöst und ggf. regelmäßig solange wiederholt, bis die Verbindung zustande kommt.

Rufzone Geografischer Bereich, in dem zellularer Funkrufdienst empfangbar ist. Abhängig vom gewählten Funkrufdienst kann der Teilnehmer festlegen, in welchen Rufzonen dieses Dienstes er erreichbar sein will.

Ruhehörschwelle – siehe: Hörschwelle

Rundfunkdienst über Satellit – siehe: broadcast satellite service

Rundsenden Zeitgleiche Übermittlung einer Nachricht an mehrere Teilnehmer-Endgeräte in einem Telekommunikationssystem. Die ursprüngliche Anwendung des Rundsendens war im Telexnetz gegeben.

R-Y – Es gelten auch die Bezeichnungen V und C_R. Farbdifferenzsignal für die Farbe Rot.

RZ-Code (return-to-zero code) [engl.] – Binärcode für die Übertragung digitaler Signale, bei der die logische Eins nach der halben Bitdauer auf den Pegel der logischen Null wechselt. Dadurch ist auch bei längeren Folgen logischer Einsen die Rückgewinnung des Taktes möglich. Der Zustand des Signals ist jeweils für die Bitdauer konstant.

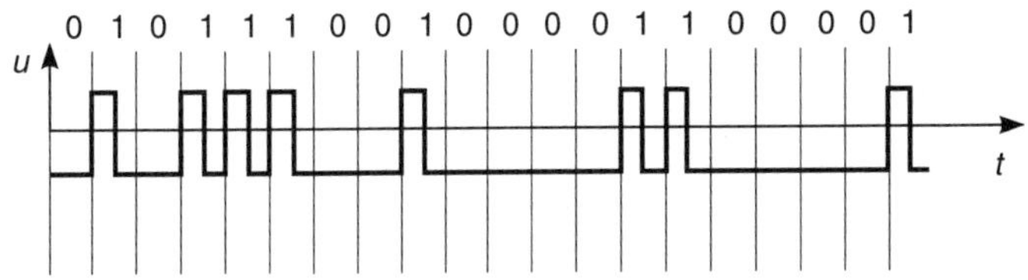

S

S_0-Bus Bus für den Anschluß der Endgeräte nach der Schnittstelle des Basisanschlusses im dienste-integrierenden digitalen Fernmeldenetz [integrated services digital network (ISDN)].

S_0-Schnittstelle Schnittstelle in Vierdrahttechnik für Endgeräte im dienste-integrierenden digitalen Fernmeldenetz [integrated services digital network (ISDN)].

Sammelruf Leistungsmerkmal bei Funkrufdiensten, bei dem nacheinander an eine definierte Zahl von Funkrufempfängern derselben Rufklasse (Nur-Ton, Numerik, Alphanumerik, transparente Daten) ein Funkruf gesendet wird.

Sammelrufnummer Optionales Leistungsmerkmal von Kommunikationsnetzen mit Wählbetrieb, bei dem mehrere Anschlüsse im Bedarfsfall zusammengefaßt werden und dann nur noch unter einer Rufnummer, nämlich der Sammelrufnummer, erreichbar sind.

sample [engl.] – Probe. Anteile von Signalverläufen, im Grenzfall handelt es sich dabei um einzelne Abtastwerte.

sample and hold [engl.] – siehe: Abtast- und Haltestufe

sampling [engl.] – Probeentnahme. Planmäßige Erstellung von Anteilen gegebener Signalverläufe.

sampling interval [engl.] – siehe: Abtastperiode

sampling period [engl.] – siehe: Abtastperiode

sampling rate [engl.] – siehe: Abtastperiode

SAS (subscriber authorization system) [engl.] – Teilnehmer-Autorisierungssystem. Technisch-organisatorisches System, das beim digitalen Fernsehen gemäß den Vorgaben vom SMS [subscriber management system] für die zeitgerechte Bereitstellung der EMMs [entitlement management messages] und ECMs [entitlement control messages] in richtiger Reihenfolge zuständig ist. Die Ansteuerung des richtigen Teilnehmers wird durch Vorgabe der Seriennummer der Set-Top-Box durch das SMS [subscriber management system] gewährleistet.

satellite communication [engl.] – siehe: Satellitenkommunikation

Satelliten-Direktempfang – direct-to-home (DTH) [engl.] Es gilt auch die Bezeichnung Satelliten-Individualempfang. Empfang von Satellitenprogrammen mit Hilfe einer teilnehmereigenen Satellitenempfangsanlage, jedoch ohne Verteilung des Empfangssignals außerhalb des eigenen Haushalts.

satellite news gathering [engl.] – siehe: SNG

Satelliten-Individualempfang – siehe: Satelliten-Direktempfang

Satellitenkommunikation – satellite communication [engl.] Kommunikationssysteme, die für die Übertragung der Signale geostationäre (feststehende) oder umlaufende Satelliten nutzen. Bei diesen satellitengestützten Übertragungen sind ortsfeste (stationäre) terrestrische Stationen aber auch bewegte (mobile) terrestrische Stationen möglich.

Satelliten-Rundfunkdienst – siehe: broadcast satellite service

SAV (start of active video) [engl.] – Kennzeichen für den Beginn des Bildsignals am Anfang einer Zeile beim digitalen Fernsehen.

SBC – siehe: S-bus interface circuit

SBC – siehe: Teilbandcodierung

S-bus interface circuit (SBC) [engl.] – ISDN-Schnittstellenschaltung S_0. Technische Funktionseinheit zur Codierung der je Übertragungsrichtung über zwei Adern mit 192 kbit/s übertragenen Kanäle (2 x B à 64 kbit/s, 1 x D à 16 kbit/s) im dienste-integrierenden digitalen Fernmeldenetz [integrated services digital network (ISDN)].

SC [engl.] – siehe: Unterträger

scalability [engl.] – siehe: Skalierbarkeit

Scanner [engl.] – Abtaster. Technische Funktionseinheit, die in definierten Schritten Signale gewinnt. Bei Empfängern erfolgt dies als Durchlauf der Frequenzbereiche im festen Frequenzraster (z. B. 9-kHz-Schritte).

SCART (Syndicat des Constructeurs d‘ Appareils Radio Recepteurs et Televiseurs) [franz.] Verband der französischen Radio- und Fernsehgeräte-Hersteller. Bezeichnung für eine standardisierte Schnittstelle auf Video- und Audioebene zur Verbindung des Fernsehgerätes mit peripheren Geräten (z. B. Videorecorder, Satellitenempfänger, ...).

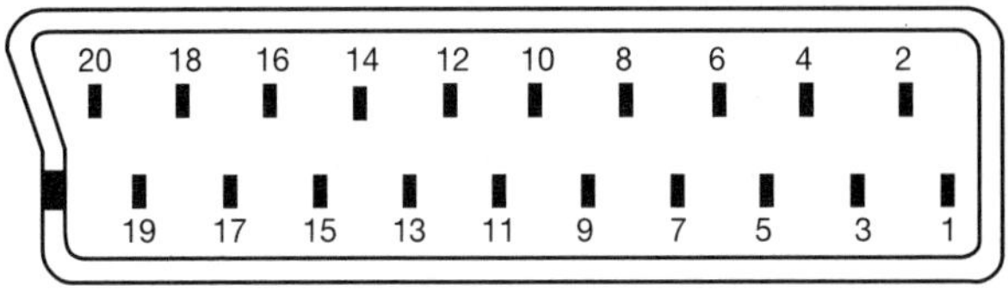

1	Audio Aus rechts oder Kanal 2
2	Audio Ein rechts oder Kanal 2
3	Audio Aus links oder Kanal 1 beziehungsweise Mono
4	Masse Audio
5	Masse Blau
6	Audio Ein links oder Kanal 1 beziehungsweise Mono
7	Blau
8	Schaltspannung
9	Masse Grün
10	frei
11	Grün
12	frei
13	Masse Rot
14	frei
15	Rot
16	Austastsignal; „1“ = Austastung
17	Masse Video
18	Masse Austastsignal
19	Video Aus (FBAS)
20	Video Ein (FBAS)
21	Steckerabschirmung und/oder Masse

Schicht – siehe: layer

Schirmung – shielding [engl.] Es gilt auch die Bezeichnung Abschirmung. Schutzmaßnahmen gegen Einflüsse elektrischer, magnetischer oder elektromagnetischer Felder durch Umhüllung aus entsprechendem Material. Durch eine Abschirmung soll im Inneren der Hülle ein möglichst feldfreier Raum entstehen. Bei elektrischen Feldkomponenten ist dafür eine geschlossene elektrisch leitende Hülle erforderlich, weil diese für die Feldlinien als Potentialausgleich dient. Bei magnetischen Feldlinien wird eine Hülle aus magnetisch leitendem Material mit möglichst großer

Permeabilitätszahl μ_r erforderlich, weil eine solche Hülle für die Feldlinien einen kleineren Widerstand darstellt als die Luft.

Beispiel: Tuner in Fernsehgeräten sind stets mit Abschirmung aufgebaut, damit weder hochfrequente Felder unmittelbar einwirken können, noch die jeweilige Oszillatorfrequenz zu Störstrahlung führt.

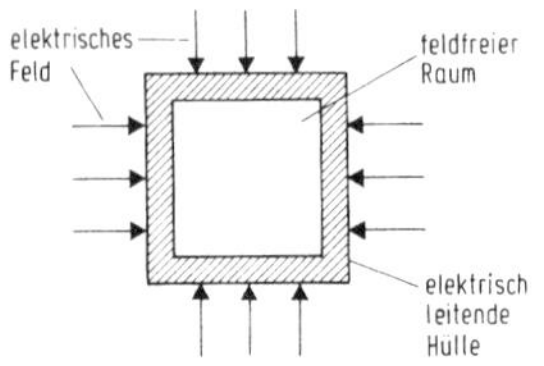

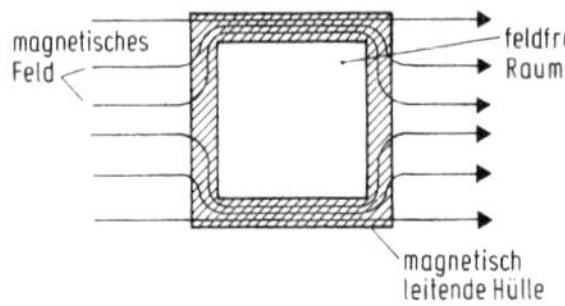

Schmalband-ISDN (S-ISDN) – Bezeichnung für das leitungsorientierte dienste-integrierende digitale Fernmeldenetz [integrated services digital network (ISDN)] mit einer Übertragungsrate von 64 kbit/s für den Basisanschluß. Das Gegenstück zum Schmalband-ISDN (S-ISDN) ist das Breitband-ISDN (B-ISDN).

Schnittstelle – interface [engl.] Definierte Verbindung für Hardware und Software zwischen Geräten, Anlagen und Systemen, damit diese störungsfrei miteinander kommunizieren können. Dabei kann es sich um analoge oder digitale Verfahren handeln. Bei Schnittstellen müssen die mechanischen Verbindungen (z. B. Stecker), die elektrischen Werte (z. B. Pegel) und die Übertragungsprotokolle bzw. Datenformate gleich sein.

Schnittstellenvervielfacher – interface multiplier [engl.] Technische Funktionseinheit, die eine physikalische Vervielfachung einer Schnittstelle in der Art bereithält, daß der parallele Anschluß mehrerer Geräte und/oder Leitungen möglich ist. Schnittstellenvervielfacher können eigenständige Baugruppen oder in Geräten integriert sein.

Beispiel:Sollen an ein Fernsehgerät ein Videorecorder, ein Satellitenempfänger und ein Pay-TV-Decoder angeschlossen werden, dann sind drei SCART-Anschlüsse erforderlich. Ist das Fernsehgerät nur mit einem SCART-Anschluß ausgestattet, dann kann durch Vorschalten eines SCART-Schnittstellenvervielfachers der Anschluß dieser drei Geräte problemlos realisiert werden.

schnurloses Telefon – cordless telephone (CT) [engl.] Telekommunkations-Endgerät, welches aus einer Basisstation und mindestens einem Mobilteil besteht. Die Verbindung zwischen Basisstation und Mobilteil erfolgt über eine Funkverbindung im Duplex-Betrieb. Die Basisstation ist über die Telekommunikations-Anschluß-Einheit (TAE) mit dem Festnetz verbunden. Die Sendeleistungen betragen bei schnurlosen Telefonen ca. 10 mW und ermöglichen in Gebäuden Reichweiten bis 50 m, während im Freien bis 300 m erreichbar sind.

Für die gängigen Übertragungsstandards gelten nachfolgende Daten:

	CT1+	CT2	DECT
Frequenzbereich	885...887 MHz 930...932 MHz	864...868 MHz	1880...1990 MHz
Sendeleistung	10 mW	10 mW	10 mW
Kanalpaare	80	40	120
Kanalraster	25 kHz	100 kHz	1728 kHz
Modulation	FM	FSK	GMSK
Zugriffsverfahren	FDMA	FDMA	TDMA
Rahmenlänge	—	2 ms	10 ms
Übertragungs-Bitrate	—	72 kbit/s	1152 kbit/s
Sprachübertragung	analog	digital	digital
Sprachcodierung	—	32 kbit-ADPCM	32 kbit-ADPCM
Besonderheiten	Kennung des Mobilteils wird in der Basisstation gespeichert	Durch Sprachverschleierung bedingte Abhörsicherheit möglich	Abhörsicherheit durch Verschlüsselung gegeben.

schnurlose Telekommunikationsanlage – siehe: wireless private branch exchange

schnurlose TK-Anlage – siehe: wireless private branch exchange

Schrägspuraufzeichnung – helical scan(ing) [engl.] Aufzeichnungsverfahren für Audiosignale und/oder Videosignale bei Magnetbandgeräten. Die Aufzeichnungspuren verlaufen dabei in einem definierten Winkel zur Längsrichtung und damit Transportrichtung des Magnetbandes.

Schrittdauer – Kleinstmöglicher zeitlicher Abstand zweier Zustandsänderungen eines digitalen Signals

Schrittgeschwindigkeit Kehrwert der Schrittdauer eines digitalen Signals, als Maß für die Geschwindigkeit dieses Signals. Als Einheit ist Baud (Bd) festgelegt (1 Schritt = 1 Bd).

SCPC (single channel per carrier) [engl.] – Einkanalübertragung pro Träger. Für die Übertragung schmalbandiger Signale über Satellit häufig verwendetes Verfahren, bei dem jedem Signal ein Träger zugeordnet ist. Dadurch wird die unproblematische Selektion auf der Empfangsseite ermöglicht, da eine gegenseitige Beeinflussung der Signalkanäle wegen der unterschiedlichen Träger nicht gegeben ist. Im Frequenzbereich des Transponders stellt SCPC ein Frequenzmultiplex dar.

scrambler [engl.] – Verwürfeler. Technische Funktionseinheit oder Software, die ein Signal im Basisband verwürfelt, also ein verwürfeltes Signal [scrambled signal] erzeugt. Dieses ist auf der Empfangsseite nur nutzbar, wenn die Verwürfelung wieder rückgängig gemacht wird.

scrambling [engl.] – Verwürfelung. Veränderung von Bitfolgen gemäß einer vorgegebenen Systematik. Die ursprüngliche Reihenfolge der Bit wird dadurch verändert. Die Nutzung empfangener Bitfolgen ist nur möglich, wenn die Verwürfelung rückgängig gemacht wird. Dies geschieht durch Entwürfelung [descrambling]. In der Praxis wird nicht immer eindeutig zwischen Verwürfelung [scrambling] und Verschlüsselung [encryption] unterschieden, so daß für Verwürfelung auch häufig der Begriff Verschlüsselung zu finden ist. Das Gegenteil der Verwürfelung [scrambling] ist die Entwürfelung [descrambling].

screen splitting [engl.] – Bildschirmaufteilung. Es wird auch die Bezeichnung Bildschirm-Splitting verwendet. Gleichzeitige Darstellung von 4, 8 oder 16 Bildern gleicher Größe auf einem Bildschirm. Damit können z. B. die Teilnehmer von Videokonferenzen dargestellt, oder gleichzeitig mehrere Fernsehprogramme (als Vorschau) beobachtet werden.

S-DAB (satellite digital audio broadcasting) [engl.] – Übertragung des digitalen Hörfunks über Satelliten.

SDLC – siehe: synchronous data link control

SDM – siehe: Raummultiplex

SDMA (space division multiple access) [engl.] – Vielfachzugriff im Raummultiplex. Zugriff auf ein Raummultiplex-Signal durch raumselektive Schaltungstechnik, mit der lediglich das im entsprechenden Raumanteil ausgekoppelt wird.

SDTV (standard definition television) [engl.] – Digitales Fernsehen mit Standard-Auflösung. Variante des digitalen Fernsehens, bei der mit einer Bitrate von 4...6 MHz/s die bisher übliche Bildqualität gemäß dem PAL [phase alternating line]-Standard erreicht wird.

S-DVB (satellite digital video broadcasting) [engl.] – Digitales Satellitenfernsehen. Es wird auch die Abkürzung DVB-S verwendet. Verbreitung digitaler Fernsehprogramme über Satelliten.

SECAM (sequentiel couleur à mémoire) [franz.] – Aus dem Farbfernsehübertragungsverfahren NTSC [National Television System Committee] weiterentwickeltes System. Bei ihm werden die Farbdifferenzsignale, zeilenweise gestaffelt, mit Frequenzmodulation übertragen. In einer Zeile ist also nur das Signal C_B enthalten, während in der nächsten Zeile das Signal C_R auftritt. Für die Auswertung muß stets die Speicherung einer Zeile erfolgen. Das Übertragungssystem SECAM wird in den meisten französischsprachigen Ländern verwendet.

selbsttätige Feinabstimmung – siehe: AFT

selbsttätiger Rauschbegrenzer – siehe: automatic noise limiter

selbsttaktend – Bei einem übertragenen digitalen Signal ist das Taktsignal bereits enthalten, so daß eine separate Übertragung dieser Information nicht erforderlich ist.

Selbstwählferndienst (SWFD) – Bezeichnung des öffentlichen Telefonnetzes mit den Möglichkeiten des Wählbetriebes im Nah- und Fernbereich

Selektivität – selectivity [engl.] Auswählbarkeit (von Frequenzen oder Signalen) innerhalb eines definierten Bereiches.

Semiduplex-Betrieb – siehe: Halbduplex-Betrieb

semipermanente Festverbindung (SPV) Vorbestellte temporäre (zeitlich befristete) Verbindung zwischen zwei Anschlüssen im dienste-integrierenden digitalen Fernmeldenetz [integrated services digital network (ISDN)] mit 64 kbit/s Übertragungsrate.

Sendeantenne – transmitting antenna [engl.] Technische Funktionseinheit, die den Übergang von geführten auf nicht geführte elektromagnetische Wellen bewirkt. Sendeantennen strahlen somit elektromagnetische Energie in den Raum ab. Das Gegenteil der Sendeantenne [transmitting antenna] ist die Empfangsantenne [receiving antenna].

Sender/Empfänger – siehe: transceiver

Senderkennung – siehe: ARI

Sendung – siehe: transmission

sequentiel couleur à mémoire [franz.] – siehe: SECAM

Sequenz – Definierte Abfolge von Signalen, Bildern, Tönen oder sonstigen Ereignissen [events].

serial [engl.] – siehe: seriell

seriell – serial [engl.] Zeitlich nacheinander erfolgende Übertragung von Signalen. Dafür ist jeweils nur ein Leitungsweg erforderlich. Das Gegenstück von seriell ist parallel.

serielle Datenschnittstelle – Schnittstelle, bei der über eine Leitung je Übertragungsrichtung die Bit nacheinander (seriell) übertragen werden. Das Gegenteil der seriellen Datenschnittstelle ist die parallele Datenschnittstelle.

server [engl.] – zentraler Netzrechner. Rechner, der im Rahmen eines Netzes andere Rechner mit Daten versorgt und auch alle damit zusammenhängenden Aufgaben wie Prüfung der Zugangsberechtigung, Datensicherung, ..., erledigt. Das Gegenstück von „server" ist „client" (Kunde).

service [engl.] – siehe: Dienst

services integration [engl.] – siehe: Dienste-Integration

service provider [engl.] – Diensteanbieter. Es gilt auch die Bezeichnung Dienstevermittler. Anbieter von Diensten (im Regelfall Mehrwertdiensten) in einem Kommunikationsnetz und zwar mit Autorisierung der Firmen/Organisationen/Einrichtungen, die für den Inhalt der Dienste verantwortlich sind.

SES (Societé Européenne des Satellites) [franz.] – Betreiberorganisation für die Satelliten der Astra-Familie.

set-top-box (STB) [engl.] – Technische Funktionseinheit, die beim digitalen Fernsehen als Vorsatzgerät benötigt wird, um ein analoges Fernsehgerät für die Wiedergabe verwenden zu können. Die „set-top-box" hat folgende Funktionen:

- Empfang
- Demodulation
- Kanaldecodierung (Fehlererkennung/Fehlerschutz)
- Demultiplexierung (Rückgewinnung des Transport-Datenstroms, Entschlüsselung [optional])
- Quellendecodierung (Rückgewinnung des Programm-Datenstroms durch MPEG-2-Decoder, Entschlüsselung [optional])
- Digital-Analog-Umsetzung

Die Verbindung zum analogen Fernsehgerät erfolgt im Regelfall über einen SCART-Anschluß. Für interaktive Anwendungen erforderliche Schnittstellen zum Telekommunikationsnetz stellt die „set-top-box" ebenfalls bereit. In der Praxis gibt es zwischen den

Bezeichnungen „set-top-box“ (STB) und „integrated receiver/decoder“ (IRD) keine eindeutige Unterscheidung. Im Regelfall ist jedoch eine STB als Gesamtgerät zu verstehen, welches unterschiedlichste Schnittstellen (besonders für interaktive Anwendungen) besitzt, während beim IRD nur die Funktion Empfang und Decodierung sowie im Bedarfsfall Entschlüsselung gegeben ist.

SFN – siehe: Gleichwellennetz

SFV – siehe: Standard-Festverbindung

S&H – siehe: Abtast- und Haltestufe

shareware [engl.] – Software, für die zwar keine Kosten jedoch Registrierungsgebühren entstehen. Diese Software darf nur dann ohne zeitliche Begrenzung genutzt werden, wenn die Registrierungsgebühr dem Software-Anbieter gezahlt wurde. Weitergabe und Änderungen sind bei dieser Software nicht zulässig.

shielded twisted pair [engl.] – siehe: STP

shielding [engl.] – siehe: Schirmung

short message service [engl.] – siehe: SMS

Sichtverbindung – line of sight [engl.] Bei Funkübertragungen im Mikrowellenbereich erforderliche von Hindernissen freie Strecke zwischen Sender und Empfänger. Die Antenne des Empfängers muß also die des Senders „sehen“ können, damit ein ungestörter Empfang realisierbar wird.

Beispiel: Empfang von Satellitenprogrammen ist nur möglich, wenn die Bedingung der Sichtverbindung [line of sight condition] erfüllt ist, also die Empfangsantenne ohne Hindernisse auf den gewünschten Satelliten ausgerichtet werden kann.

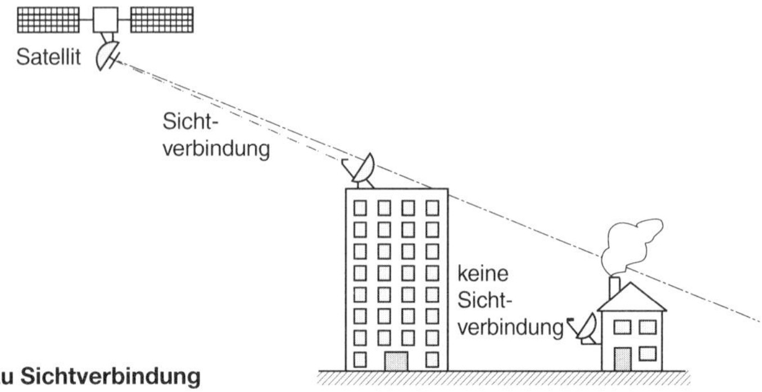

zu Sichtverbindung

Signal – signal [engl.] Physikalische Realisierung der die Information enthaltene Nachricht.

Signalamplitude – siehe: Amplitude

signal processing [engl.] – siehe: Signalverarbeitung

signal processor [engl.] – Signalverarbeitungseinheit. Baugruppe oder Gerät, welches Signalverarbeitung durchführt.

Signal-Rausch-Abstand – siehe: SNR

signal-to-mask ratio [engl.] – siehe: SMR

signal-to-noise ratio [engl.] – siehe: SNR

Signalverarbeitung – signal processing [engl.] Veränderung eines oder mehrer Eingangssignale nach einer vorgegeben Systematik.

SIM (subscriber identification module) [engl.] – Teilnehmer-Identifizierungskarte. Steckkarte mit Speicherkapazität, die für den Betrieb eines Mobilfunkgerätes erforderlich ist. Sie enthält u. a. alle Daten zur Identifizierung des Teilnehmers und die Zuordnung der Rufnummer. Die Teilnehmer-Identifizierungskarte kann unterschiedliche Bauformen aufweisen.

Simplex-Betrieb – Es gilt auch die Bezeichnung Richtungsbetrieb. Übertragung analoger oder digitaler Signale zwischen zwei Stellen in einem Telekommunikationssystem in nur einer Richtung. Es liegt also konstanter Ein-Richtungs-Betrieb vor.

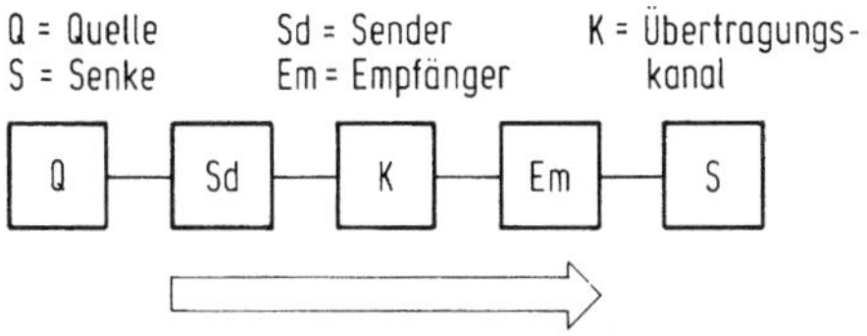

Simulation – Nachbildung eines Vorgangs (z. B. mit Hilfe eines geeigneten Rechnerprogramms).

Simulcrypt – System beim digitalen Fernsehen, das den Empfang nach verschiedenen CA [conditional access]-Verfahren verschlüsselter Programme oder Dienste mit nur einer Set-Top-Box (STB) möglich macht. Die bei den verschiedenen CA-Verfahren erforderlichen EMMs [entitlement management messages] und ECMs [entitlement control messages] werden dabei gemeinsam übertragen. Die Set-Top-Box nutzt jedoch nur die für das jeweilige Programm bzw. den jeweiligen Dienst relevanten EMMs und ECMs, die anderen werden ignoriert. Simulcrypt ist vergleichbar mit verschiedenen Eingangstüren in einem großen Haus, bei dem jede Tür ein anderes Schloß aufweist, sowie eigene Schlüssel.

Simultanverdeckung Einschränkung der Wahrnehmbarkeit von Tönen, die innerhalb eines bestimmten Bereiches oberhalb und unterhalb eines Tons mit großem Pegel liegen. Bedingt durch die eingeschränkte Leistungsfähigkeit des menschlichen Gehörs ist für jeden Ton eine unsymmetrisch glockenförmige Mithörschwelle (auch Maskierungsschwelle genannt) gegeben. Töne, die mit ihren Pegeln unterhalb der Mithörschwelle liegen, nimmt das menschliche Gehör nicht wahr. Die Simultanverdeckung kennzeichnet somit das begrenzte Auflösevermögen des menschlichen Gehörs für Frequenzen.

single carrier system [engl.] – siehe: Einträgerverfahren

single channel per carrier [engl.] – siehe: SCPC

single frequency network [engl.] – siehe: Gleichwellennetz

single mode fibre [engl.] – siehe: Monomodefaser

single protocol router [engl.] – siehe: Einzelprotokoll-Router

S-ISDN – siehe: Schmalband-ISDN

SK – siehe: ARI

Skalierbarkeit – scalability [engl.] Fähigkeit der Anpassung an Eigenschaften der bei Übertragung digitaler Signale als Abweichung vom Idealfall auftretender Gegebenheiten.

smart card [engl.] – intelligente Chipkarte. Prozessor und Speicherkare in Kreditkartengröße, mit der u. a. auch Funktionen im Rahmen der Authentikation und Autorisierung für den Teilnehmer an Diensten verfügbar sind.

SMPTE (Society of Motion Pictures and Television Engineers) [engl.] Gesellschaft der Ingenieure für Film- und Fernsehtechnik in den Vereinigten Staaten von Amerika (USA). Sie erarbeiten u. a. Normentwürfe für das Gebiet der Film- und Fernsehtechnik, die im Regelfall von der amerikanischen Normungsorganisation ANSI [American National Standards Institute] übernommen werden.

SMR (signal-to-mask ratio) [engl.] – Signal-Maskierungsschwellen-Abstand. Pegelabstand zwischen dem größten Signal eines Teilbandes und der kleinsten Maskierungsschwelle (Mithörschwelle) bei Audiosignal-Datenreduktionsverfahren MUSICAM.

SMS (short message service) [engl.] – Kurznachrichten-Übermittlung. Optionales Leistungsmerkmal in Mobilfunknetzen, bei dem bis zu 160 Zeichen einem Teilnehmer übermittelt werden können, auch wenn das Mobilfunkgerät (Handy) nicht eingeschaltet ist. Der Text wird im Netz zwischengespeichert, dem Teilnehmer das Vorliegen einer Informaton beim nächsten Einschalten seines Mobilfunkgerätes signalisiert, auf Abruf übertragen und auf dem Anzeigefeld [display] des Gerätes dargestellt.

SMS (subcriber management system) [engl.] – Das SMS umfaßt das gesamte Kundenmangement für die Abwicklung der Bezahldienste beim digitalen Fernsehen. Beim SMS bestellt der Teilnehmer seine gewünschten Leistungen, das SMS sorgt über das SAS [subscriber authorization system] für die zeitgerechte Erfüllung, gibt die intelligenten Chipkarten [smart cards] aus und wickelt die Abrechnung für bestellte Bezahldienste [pay services] ab. Beim SMS ist somit die Kundendatenbank verfügbar, es liegen also personenbezogene Daten vor. Jedes SMS stellt deshalb einen sehr sensiblen Bereich dar. Es ist sichergestellt, daß vom SMS an das SAS nur solche Daten weitergegeben werden, die eine Identifizierung des Teilnehmers nicht ermöglichen. Die Verknüpfung zum Teilnehmer ist lediglich durch die Seriennummer der eingesetzten Set-Top-Box gegeben.

SNA (systems network architecture) [engl.] – Architektur für Rechnersysteme, üblicherweise zentralorientierte Hostsysteme, bei der die Netzkonfiguration der Geräte, die Funktion, die Formate und die Protokolle vollständig beschrieben sind.

SNG (satellite news gathering) [engl.] – Nachrichtenübertragung via Satellit. Gleichzeitige oder zeitversetzte Übertragung von vor Ort beschaffter Nachrichten (Video und/oder Audio) via Satellit zu gewünschten Empfangsstellen (z. B. Nachrichtenzentrale, Studio).

SNR (signal-to-noise ratio) [engl.] – Signal-Rausch-Abstand. Es gilt auch die Bezeichnung Rauschabstand. Pegelabstand zwischen einem Nutzsignal und dem vorhandenen Rauschsignal.

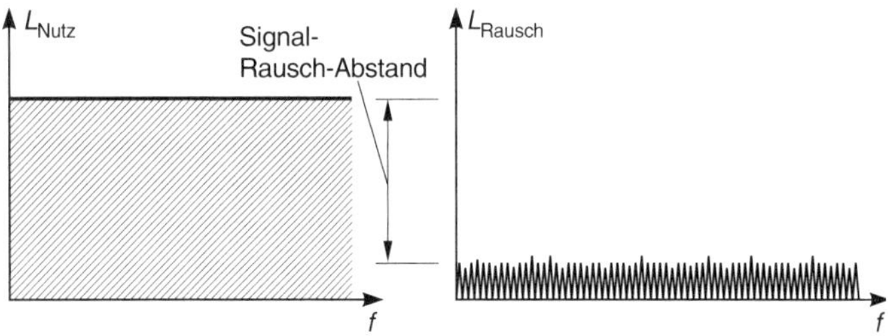

Society of Motion Pictures and Television Engineers [engl.] – siehe: SMPTE

software [engl.] – Programmelemente, Programmeinheiten. Ausstattung eines Rechners oder Rechnersystems mit Daten.

Softwaredecoder – Softwarepaket, durch welches die Funktion eines Decoders mit Hilfe des Rechners realisierbar ist.

solid state [engl.] – Halbleiterbestückt. Baugruppen, Geräte und Anlagen, die als aktive Bauelemente ausschließlich mit Halbleiterbauelementen bestückt sind und auch keine elektromechanischen Bauteile (z. B. Relais) aufweisen.

sound [engl.] – Ton. Sammelbezeichnung für akustische Signale.

Soundkarte – Steckkarte für Rechner, die das Einlesen und Verarbeiten digitaler Audiosignale ermöglicht.

source coding [engl.] – siehe: Quellencodierung

space division multiple access [engl.] – siehe: SDMA

space division multiplex [engl.] – siehe: Raummultiplex

space segment [engl.] – siehe: Raumsegment

spannungsgesteuerter Oszillator – siehe: VCO

spannungsgesteuerter Verstärker – siehe: VCA

spannungsgesteuertes Filter – siehe: VCF

spatial [engl.] – Räumlich, örtlich. Adjektiv für räumliche oder örtliche Beziehungen von Signalen (z. B. spatiale Redundanz bei der für das digitale Fernsehen verwendeten Videosignal-Quellencodierung)

spec [engl.] – siehe: Spezifikation

specification [engl.] – siehe: Spezifikation

spectral efficiency [engl.] – siehe: Bandbreitenausnutzung

spectrum [engl.] – siehe: Spektrum

spectrum analyzer [engl.] – siehe: Spektrumanalysator

spektrale Effizienz – siehe: Bandbreitenausnutzung

Spektrum – spectrum [engl.] Es ist auch die Bezeichnung Amplitudenspektrum üblich. Darstellung von Signalwerten (meist die Amplituden) in Abhängigkeit von der Frequenz. Liegt nur für eine Frequenz der Wert vor, dann ergibt sich eine als Spektrallinie bezeichnete vertikale (senkrechte) Linie auf der Frequenzachse bei der entsprechenden Frequenz. Treten bei mehreren Frequenzen Spektrallinien auf, dann liegt ein Linienspektrum vor. Rücken die Spektrallinien immer enger zusammen, dann geht das Linienspektrum in ein kontinuierliches Spektrum über. Dies kann auch als Hüllkurve der Spektrallinien verstanden werden.

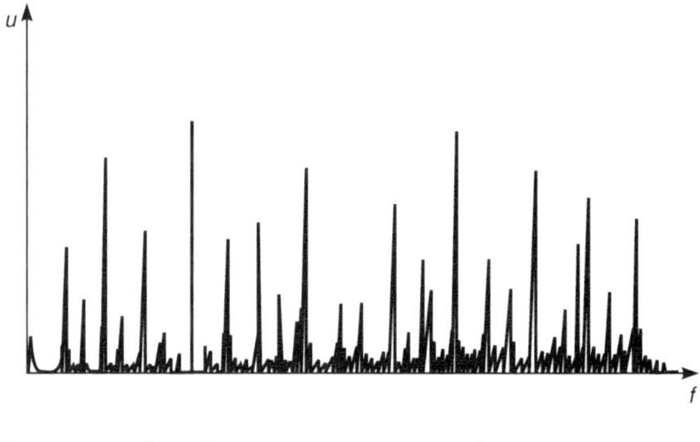

Spektrumsanalysator – spectrum analyzer [engl.] Gerät zur Darstellung von Spektren auf einem Bildschirm, also der Frequenzfunktion. Dazu wird der interressierende Frequenzbereich mit einem schmalbandigen Filter durchlaufen und dann die jeweilige Signalamplitude erfaßt und dargestellt. Das Gegenstück zum

Spektrumanalysator ist das Oszilloskop, mit dem Zeitfunktionen darstellbar sind.

Sperre – Leistungsmerkmal in Telekommunikationsnetzen mit Wählbetrieb zur dauerhaften oder vorübergehenden Verhinderung ankommender oder abgehender Verbindungen.

Spezifikation – specification (spec) [engl.] Einzuhaltende technische Vorgabe.

spot beam [engl.] – Punktstrahler. Strahlungskeule für die Abwärtsstrecke [down link] einer Satellitenverbindung mit sehr kleinem Öffnungswinkel. Dadurch ergibt sich auch eine entsprechend kleine Ausleuchtzone [footprint], also eine „punktuelle" Ausleuchtung.

SPR – siehe: Einzelprotokoll-Router

Sprachbox Leistungsmerkmal in Kommunikationsnetzen, bei denen als Mehrwertdienst gesprochene Nachrichten unter bestimmten Randbedingungen zentral gespeichert werden und dort vom Teilnehmer individuell abrufbar sind. Zum Schutz gegen unbefugten Zugriff sind persönliche Identifikationsnummern und Paßworte üblich.

Sprungantwort – Reaktion am Ausgang eines Übertragungssystems auf eine sprunghafte Änderung des Eingangssignals.

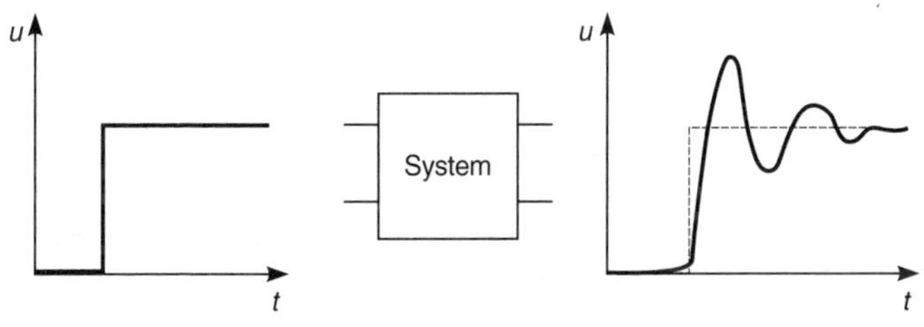

SPV – siehe: semipermanente Festverbindung

städtisches Datennetz – siehe: MAN

Standard-Festverbindung (SFV) – Angebotspalette der Deutschen Telekom AG für festgeschaltete analoge und digitale Übertragungswege mit definierten Spezifikationen.

Standardzelle – Gatter und sonstige Standardschaltungen, die dem Entwickler anwendungsspezifischer bzw. anwenderspezifischer Integrierter Schaltungen (IS) [integrated circuit (IC)] in Form einer Bibliothek zur Verfügung stehen.

Standleitung – leased line [engl.] Es gilt auch die Bezeichnung Mietleitung. Festgeschalteter Übertragungsweg zwischen zwei Endgeräten in einem Telekommunikationsnetz, so daß eine ständige Übertragungsbereitschaft gegeben ist.

Startbit – Zu Beginn eines Zeichens bei der asynchronen Übertragung digitaler Signale verwendetes Synchronisationselement. Das Gegenteil des Startbit ist das Stopbit.

start of active video [engl.] – siehe: SAV

start of text [engl.] – siehe: STX

statisches Zeitmultiplexverfahren – siehe: synchrones Zeitmultiplexverfahren

STB – siehe: set-top-box

STDM – siehe: synchrones Zeitmultiplexverfahren

Steckverbinder – connector [engl.] Verbindungselement zur Herstellung lösbarer Verbindungen zwischen Leitungen bzw. Leitungen und Geräten. Bezüglich der Bauformen handelt es sich dabei um Stecker oder Buchsen.

Stellenwert – Wertigkeit der einzelnen Stellen einer digitalen Zahl.

Sternnetz – Struktur eines Netzes, bei dem alle Teilnehmeranschlüsse mit einer zentralen Station (dem Sternpunkt) verbunden sind. Jeder Teilnehmeranschluß ist dadurch individuell erreichbar.

Steuerbus – control bus [engl.] Leitung oder Leitungen zur Übertragung von Bits für die Steuerung von Abläufen in Rechnersystemen oder vergleichbaren Systemen.

Steuerdaten – control data [engl.] Daten zur Steuerung der Übermittlung von Nutzdaten.

Steuerungskanal – siehe: control channel

stiller Alarm Optische oder mechanische (Vibrator) Signalisierung eines Funkrufempfängers [pagers] über den Eingang eines Funkrufs.

Störabstand – Abstand zwischen den Pegeln von Nutzsignal und Störsignal.

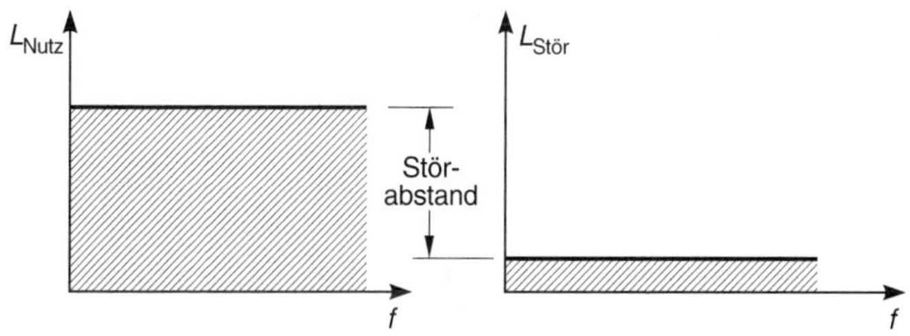

Stopbit Am Ende eines Zeichens bei der asynchronen Übertragung digitaler Signale verwendetes Synchronisationselement. Das Gegenteil des Stopbit ist das Startbit.

STP (shielded twisted pair) [engl.] – Symmetrische Leiteranordnung mit Schirmung und gegeneinander verdrillten Adern.

streamer [engl.] – Massenspeicher zur Datensicherung. Gerät für die regelmäßige Speicherung der durch einen Rechner erarbeiteten Ergebnisse. Im Regelfall handelt es sich dabei um Magnetbandgeräte.

string [engl.] – Zeichenkette. Zusammenhängende Folge von Zeichen, mit der bei einem Rechner eine vorgesehene Reaktion ausgelöst wird.

STX (start of text) [engl.] – Steuerzeichen bei der zeichenorientierten Übertragung digitaler Signale zur Kennung des Beginns eines Datenfeldes.

subband coding [engl.] – siehe: Teilbandcodierung

subcarrier [engl.] – siehe: Unterträger

subdirectory [engl.] – siehe: Unterverzeichnis

subsampling [engl.] – siehe: Unterabtastung

subscriber authorization system [engl.] – siehe: SAS

subscriber identification module [engl.] – siehe: SIM

subscriber management system [engl.] – siehe: SMS

Suchmaschine Datenbankprogramm, das alle (oder zumindest die meisten) Quellen im Internet für ein vorgegebenes Stichwort angibt. Bedingt durch die mögliche Mehrdeutigkeit von Begriffen, sind die Suchantworten entsprechend auszuwählen. Die Arbeit der Suchmaschine erfolgt meistens im Online-Betrieb, der Teilnehmer ist dabei ständig mit dem Netz verbunden.

SWFD – siehe: Selbstwählferndienst

SWIFT (system for wireless infotainment forwarding and teledistribution) [engl.] Datenrundfunk über Unterträger von Ultrakurzwellen (UKW)-Sendern. System zur Datenübertragung für Texte und Grafiken mit einer Bitrate von ca. 12 kbit/s, oberhalb des RDS-Signals eines UKW-Senders, gemäß dem europäischen Standard ETS 300 751. Zwischen dem Hörfunkprogramm, dem RDS-Signal und SWIFT treten keine gegenseitigen Beeinflussungen auf.

Symbol – Festgelegter Umfang von Bit.

Symboldauer – symbol duration [engl.] Dauer, für die ein im Regelfall aus mehreren Bit bestehendes Symbol als Übertragungssignal vorliegt. Erst nach abgeschlossener Symboldauer kann ein neues Symbol dargestellt werden.

symbol duration [engl.] – siehe: Symboldauer

SYN (synchronous idle) [engl.] – Steuerzeichen für die Blocksynchronisation bei zeichenorientierten Übertragungsprotokollen.

synchron – Digitale Übertragung, bei der Sende- und Empfangsseite ständig im gleichen Takt arbeiten.

synchrones Zeitmultiplexverfahren – synchronous time division multiplex (STDM) [engl.] Es gilt auch die Bezeichnung statisches Zeitmultiplexverfahren. Zeitmultiplexverfahren mit starrer Reservierung festgelegter Zugriffsschlitze [time slots] auf das Multiplexsignal.

Synchronisiersignal – Es ist auch die Bezeichnung Synchronsignal üblich. Signal, mit der die Synchronität (d. h. Gleichlauf) zwischen Sender und Empfänger bewirkt wird.

synchronous data link control (SDLC) [engl.] – Synchrone Datenübertragungssteuerung. Bitorientiertes Protokoll mit Sicherungsfunktion (Fehlerschutz) für die synchrone Übertragung digitaler Signale, das vorrangig in zentralorientierten Netzen mit Terminals verwendet wird.

synchronous idle – siehe: SYN

synchronous time division multiplex [engl.] – siehe: synchrones Zeitmultiplexverfahren

Synchronsignal – siehe: Synchronisiersignal

Syntheziser Gerät, mit dem rechnergesteuert Töne, Klänge und Geräusche erzeugt werden. Der Abruf kann dabei auch über eine Tastatur erfolgen.

systems network architekture – siehe: SNA

T

TA – siehe: Terminaladapter

taboo channel [engl.] – siehe: Tabukanal

Tabukanal – taboo channel [engl.] Zwischen belegten, analogen, terrestrischen Fernsehkanälen aus Interferenzgründen frei gehaltene Kanäle. Diese Störeffekte könnten bedingt durch die in jedem belegten Kanal gegebenen Bild- und Tronträger auftreten.

TACS (total access communication system) [engl.] – Standard für zellularen Mobilfunk in Großbritannien, Italien und Spanien. Das System arbeitet mit Vielfachzugriff im Frequenzmultiplex [frequency division multiple access (FDMA)].

TAE – siehe: Telekommunikations-Anschlußeinheit

TAN – siehe: Transaktionsnummer

TAP – siehe: terminal access point

TAPI (telephone application programming interface) [engl.] Schnittstelle für den Zugriff mit dem Rechner auf Telefondienste.

Tastung – siehe: Umtastung

TBC [engl.] – siehe: time base corrector

TC [engl.] – siehe: time code

T-Card – Nachladbare Telefonkarte der Deutschen Telekom AG für Dauernutzung, wobei die Leistungsabrechnung über die monatliche Telefonrechnung erfolgt.

TCP (transmission control protocol) [engl.] – Herstellerneutrales Übertragungsprotokoll für verbindungsorientierte Ende-zu-Ende Struktur, mit Fehlerschutz, Verbindungssteuerung, Datenflußsteuerung und Multiplexierung.

TD – siehe: transparente Daten

T-DAB (terrestrial digital audio broadcasting) [engl.] – Terrestrischer digitaler Hörfunk. Übertragung des digitalen Hörfunks über terrestrische Sender.

TDM – siehe: Zeitmultiplex

TDMA (time division multiple access) [engl.] – Vielfachzugriff im Zeitmultiplex. Zugriff auf ein Zeitmultiplex-Signal durch zeitselektive Schaltungstechnik, mit der lediglich das im entsprechenden Zeitfenster liegende Signal ausgekoppelt wird.

TDT (terrestrial digital television) [engl.] – Terrestrisches digitales Fernsehen.

T-DVB (terrestrial digital video broadcasting) [engl.] – Terrestrisches digitales Fernsehen. Es wird auch die Abkürzung DVB-T verwendet. Verbreitung digitaler Fernsehprogramme über terrestrische Sender. Für die Übertragung wird dabei das COFDM-Verfahren verwendet.

Teilbandcodierung – subband coding (SBC) [engl.] Codierung der Signale in einem Frequenzbereich, der Teil eines Gesamt-Frequenzbereiches ist.

Beispiel: Beim Datenreduktionsverfahren MUSICAM wird der gesamte Frequenzbereich für das Audiosignal in 32 Teilbänder mit 750 Hz Bandbreite aufgeteilt. Die Codierung erfolgt dann für jedes dieses Teilbänder.

Teilnehmerkennung – siehe: Benutzerkennung

Teilnehmervermittlungsstelle (TVSt) Digitale Vermittlungsstelle für den Ortsverkehr (DIVO), zur Bereitstellung analoger Teilnehmeranschlüsse und digitaler Teilnehmeranschlüsse im Rahmen des dienste-integrierenden digitalen Fernmeldenetzes [integrated services digital network (ISDN)].

Telearbeit – teleworking [engl.] Vom Standort der Firma/des Unternehmens unabhängige Durchführung von Büroarbeit, bei der durch Nutzung der Telekommunikationstechnik der Transport von Informationen erfolgt. Im Regelfall handelt es sich um interaktive Arbeitsplätze mit Rechnerausstattung und Leitungsverbindung zum Büro.

Telefax – Es gilt auch die Bezeichnung Fernkopieren. Internatinal standardisierter Dienst für die Übermittlung von Texten, Grafiken und Bildern auf Basis des Faksimile. Die Vorlage wird dabei zeilenweise abgetastet und dann als Bildpunkte übertragen, wobei codierte digitale Signale verwendet werden. Für Telefax wird das normale Telefonnetz genutzt, mit Hilfe geeigneter Adapter ist auch der Einsatz in Mobilfunknetzen möglich.

Telefaxgerät – Es gilt auch die Bezeichung Fernkopierer. Endgerät für die Teilnahme am Telefaxdienst. Dabei sind zwei als Gruppen bezeichnete Leistungsklassen zu unterscheiden.

- Telefaxgerät Gruppe 3

Anschluß:	analog (Telefonnetz) digital /Adapter erforderlich/ (dienste-integrierendes digitales Fernmeldenetz ISDN)
Übertragungsrate:	2,4 kbit/s; 4,8 kbit/s; 7,2 kbit/s; 9,6 kbit/s
Übertragungszeit:	ca. 60 s für 1 Seite DIN A 4

- Telefaxgerät Gruppe 4

Anschluß:	digital (dienste-integrierendes digitales Fernmeldenetz ISDN)
Übertragungsrate:	64 kbit/s
Übertragungszeit:	ca. 10 s für 1 Seite DIN A 4

Telefondienst – telephone service [engl.] International standardisierter Telekommunikationsdienst für leitungsvermittelte Sprachübertragung. Er wird im analogen Fernmeldenetz, im dienste-integrierenden digitalen Fernmeldenetz [integrated services digital network (ISDN)] und über Festverbindungen realisiert.

Telefonkarte – telephone card [engl.] Es ist auch die Bezeichnung „phone card“ üblich. Chipkarte mit Speicherfunktion im Scheckkartenformat zum bargeldlosen Telefonieren an entsprechenden Kartentelefonen. Telefonkarten verfügen über ein bestimmtes Guthaben an Tarifeinheiten, welches beim Kauf zu bezahlen ist. Während der Nutzung werden die benötigten Einheiten entsprechend abgebucht. Der jeweils verfügbare Restbetrag der Telefonkarte ist auf einer Anzeige am Telefon ersichtlich.

Telekommunikations-Anschlußeinheit (TAE) Standardisierte Schnittstellen im Fernmeldenetz der Deutschen Telekom AG für den steckbaren Anschluß der verschiedenen Endgeräte wie Telefon, Telefaxgerät, Anrufbeantworter, Modem, usw. Entsprechend dem Verwendungszweck sind die Verbindungen unterschiedlich beschaltet und mit verschiedenen mechanischen Steckercodierungen versehen. Die Codierung F ermöglicht den Anschluß eines Fernsprechapparates (Telefons), während Codierung N für alle Nicht-Fernsprechapparate (z. B. Anrufbeantworter, Telefaxgerät, ...) vorgesehen ist. Jede TAE weist pro Steckverbindung sechs Kontakte auf. In der Praxis sind Telekommunikations-Anschlußeinheiten mit ein, zwei und drei Anschlüssen verfügbar.

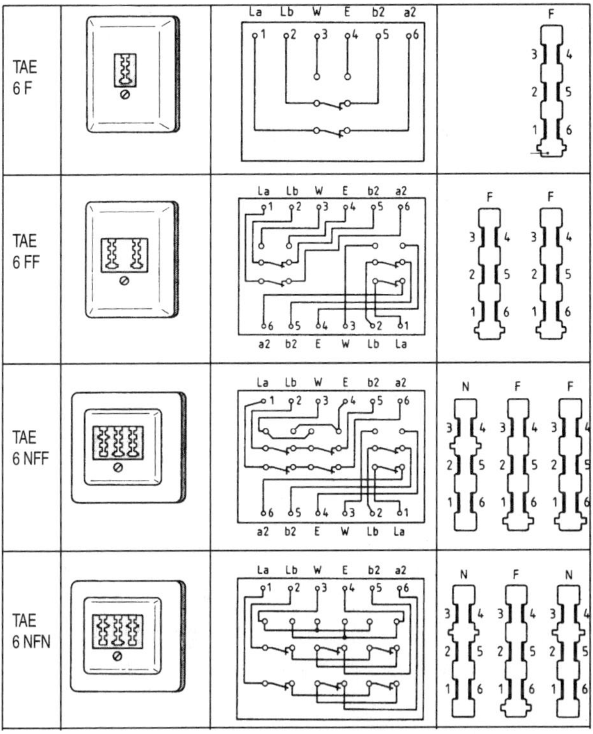

Beispiel:Eine Dreifach-TAE mit der Bezeichnung TAE 6 NFN ermöglicht neben dem Anschluß eines Telefons (T) und Anrufbeantworters (N) auch noch den Anschluß eines Telefaxgerätes (N). Alle drei Geräte werden gleichzeitig angesteuert.

Telekommunikations-Universaldienstverordnung (TUDLV) Auf Basis des Telekommunikationsgesetzes (TKG) erlassene Verordnung über Art und Umfang der Telekommunikationsdienste, die allen Nutzern eines Kommunikationsnetzes zur Verfügung gestellt werden müssen.

Tele-Online-Navigationsinstrument siehe: TONI

telephon application programming interface [engl.] – siehe: TAPI

telephon card [engl.] – siehe: Telefonkarte

telephone service [engl.] – siehe: Telefondienst

television [engl.] – siehe: Fernsehen

television household [engl.] – siehe: Fernsehhaushalt

teleworking [engl.] – siehe: Telearbeit

Telexgerät – siehe: Fernschreibgerät

temporal [engl.] – Zeitlich. Adjektiv für zeitliche Beziehungen von Signalen (z. B. temporale Redundanz bei der für das digitale Fernsehen verwendeten Videosignal-Quellencodierung).

TEntgV (Telekommunikations-Entgeltregulierungsverordnung) Verordnung über die Regulierung der Entgelte in der Telekommunikation.

Terminal Pheripheriegerät eines Rechners oder einer Rechneranlage, mit dem die Eingabe über die Tastatur und die Ausgabe über einen Bildschirm erfolgt.

terminal access point (TAP) [engl.] Einfaches passives Kopplungselement, mit dem in Datennetzen Abgriffe an Koaxialkabeln hergestellt werden können.

terminal adapter [engl.] – siehe: Terminaladapter

Terminaladapter (TA) – terminal adaptor (TA) [engl.]. Es gilt auch die Bezeichnung Endgeräte-Adapter. Technische Funktionseinheit, die ein vorgegebenes Endgerät an bestimmte Schnittstellen, Bussysteme oder Netze anpasst.

Beispiel: Mit einem entsprechenden Terminaladapter wird der Anschluß eines inkompatibeln Endgerätes an einen Basisanschluß des dienste-integrierenden digitalen Fernmeldenetzes [integrated services digital network (ISDN] möglich.

terminator [engl.] – siehe: Abschlußwiderstand

ternär – Dreiwertig, üblicherweise durch 0, 1 und 2 dargestellt.

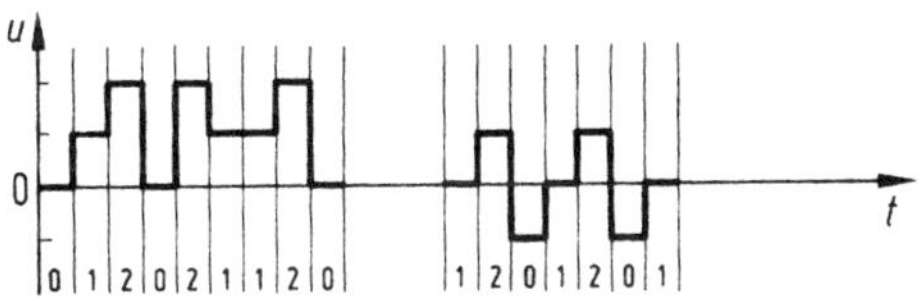

terrestrial flight telephone system [engl.] – siehe: TFTS

terrestrisch – terrestrial [engl.] Funkdienst (inkl. Rundfunk), der mit Sender auf der Erdoberfläche abgewickelt wird. Dies steht im Gegensatz zu Satellitenfunk und leitungsgebundener Übertragung in Kabelanlagen.

terrestrisches Flugzeug-Telefonsystem – siehe: TFTS

TETRA – siehe: Trans European Trunked Radio Access

TFTS (terrestrial flight telephone system) [engl.] – Terrestrisches Flugzeug-Telefonsystem.

Tiefpaß (TP) – lowpass (LP) [engl.] Es gilt auch die Bezeichnung Tiefpaß-Filter (TPF) bzw. lowpass-filter (LPF) [engl.]. Als Vierpol (Zweitor) arbeitende Funktionseinheit, die nur den Teil des Spektrums zwischen 0 Hz und einer Grenzfrequenz durchläßt. Als Grenzfrequenz gilt im Regelfall die Frequenz, bei der das Signal gegenüber dem maximalen Signal im Durchlaßbereich oder bei einer Referenzfreqenz um 3 dB abgenommen hat. Dafür ist die Steilheit der Kurve im Übergang zwischen Durchlaß und Sperrung maßgebend.

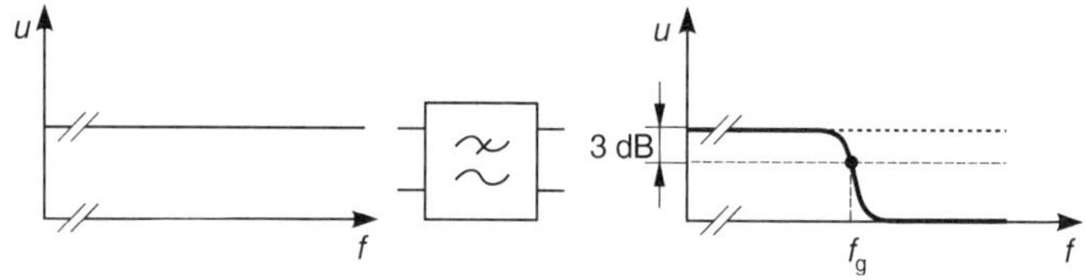

Tiefpaß-Filter – siehe: Tiefpaß

time axis [engl.] – siehe: Zeitachse

time base corrector (TBC) [engl.] – Korrekturschaltung für Zeitfehlerausgleich. Technische Funktionseinheit, die den Zeitfehler digitaler Taktfrequenzgeneratoren (Jitter) ausgleicht.

time code (TC) [engl.] – Zeitcode. Gleichzeitig zur Bildaufzeichnung aufgezeichnetes Signal, welches die Abfolge der Bilder kennzeichnet und dadurch die Auswahl jedes einzelnen Signals ermöglicht. Damit besteht die Möglichkeit „elektronischen Schnitt“ durchzuführen.

time division multiple access [engl.] – siehe: TDMA

time division multiplex [engl.] – siehe: Zeitmultiplex

time interleaving [engl.] – siehe: Zeitinterleaving

time reference signal (TRS) [engl.] – Referenzsignal (Bezugssignal) für die Synchronisation der Datenworte bei der Übertragung digitaler Fernsehsignale.

time slot [engl.] – siehe: Zeitschlitz

timing [engl.] – Zeitliche Steuerung. Sammelbegriff für alle Maßnahmen und Vorgänge, die erforderlich sind, um in einem Gerät, einer Anlage oder einem System die zeitliche Abfolge der Signale so zu beeinflussen, daß die bestimmungsgemäße Funktion gewährleistet wird. Üblicherweise erfolgt die dabei erforderliche Anpassung der Laufzeiten der Signale durch Verzögerungsglieder.

TK – Abkürzung für den Begriff Telekommunikation.

TK-Anlage – Telekommunikations-Anlage. Wurde früher als Nebenstellen-Anlage bezeichnet.

TMC (traffic message channel) [engl.] – Verkehrsnachrichtenkanal. Übertragung von Verkehrsnachrichten ohne Programmunterbrechung im Rahmen des Radio-Daten-Systems (RDS). Es wird dabei eine standardisierte Struktur der Durchsagen verwendet, wobei die gleichbleibenden Teile im Empfänger gespeichert sind, während die variablen Angaben als Daten digital übertragen werden. Die Ausgabe der gesamten Verkehrsnachricht erfolgt mit

Hilfe eines Sprachgenerators, also durch künstliche Sprache [artificial speech]. Es ist ergänzend, oder auch ausschießlich Anzeige des Textes möglich. Für beide Fälle können prinzipiell beliebige Sprachen gewählt werden.

TN cell (twisted nematic cell) [engl.] – Verdrillt nematische Flüssigkristall-Zelle. Technologie für Flüssigkristall-Anzeigen [liquid crystal display (LCD)], bei der die Molekülachsen in den Zellen überwiegend in einer Richtung parallel zueinander angeordnet sind. Durch Einfluß der Steuerspannung drehen sie sich in gleicher Weise und bewirken damit die Anzeige.

token [engl.] – Berechtigungssymbol. Spezifiziertes Steuerungszeichen für Datennetze mit Bus- oder Ringstruktur, das von Datenstation zu Datenstation übertragen wird, wobei nur die Datenstation jeweils das Zugriffsrecht auf das System hat, bei dem sich der „token" befindet. Damit ist eine kollisionsfreie Übertragung gewährleistet. Der „token" kann mit einem Staffelstab verglichen werden.

token passing [engl.] – Transportprotokoll für den kollisionsfreien Zugriff von Datenstationen auf einen gemeinsamen Kanal durch Verwendung eines Berechtigungssymbols [token].

token ring [engl.] – Technologie für lokale Datennetze [local area network (LAN)] mit Zugriffssteuerung durch „token passing", also mit Hilfe eines Berechtigungssymbols [token].

toll free service [engl.] – siehe: freephone

Ton – siehe: sound

Tonbandgerät – audio tape recorder (ATR) [engl.] Geräte zur Aufzeichnung analoger oder digitaler Audiosignale auf Magnetband. Bei analogen Signalen wird im Regelfall longitudinale Aufzeichnung mit feststehenden Magnetköpfen verwendet, bei digitalen Signalen ist es üblicherweise die Schrägspuraufzeichnung mit rotierenden Magnetköpfen. Bei Tonbandgeräten ist das Magnetband entweder auf Spulen oder in Kassetten erforderlich.

TONI (Tele-Online-Navigationsdienst) Navigator für das Digitalfernsehen DF 1, mit dem der Teilnehmer menügeführt das Programmangebot nach verschiedenen Kriterien sortiert erschließen kann.

T-Online Von der Deutschen Telekom AG angebotener Online-Dienst. Dieser ermöglicht die Nutzung des verbesserten, interaktiven Bildschirmtext (Btx)-Angebotes, das Senden und Empfangen elektronischer Post [E-mail] und den Zugang zum Internet. Die technische Plattform für T-Online ist DATEX-J.

Tonrufgerät (TRG) – Handgerät zur Erzeugung von dem Mehrfrequenz-Wahlverfahren (MFV) entsprechenden Tonsignalen.

Tonwahlverfahren – siehe: Mehrfrequenzwahlverfahren

Topologie Bezeichnung für die abstrahierte Struktur eines Netzwerkes. Grundlegende Topologien sind Stern, Bus, Ring, Baum und Maschen.

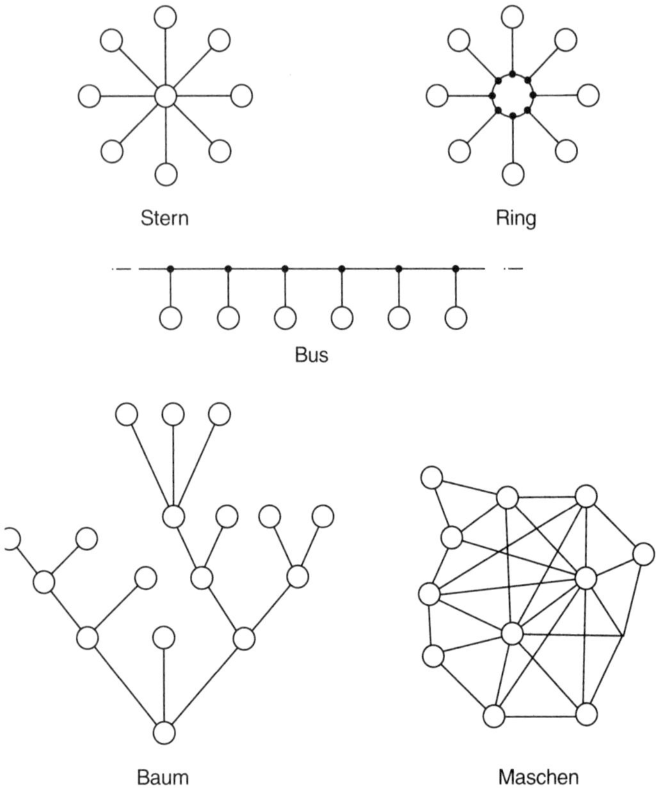

zu Topologie

total access communication system [engl.] – siehe: TACS

TP – siehe: Tiefpaß

TPF – siehe: Tiefpaß

trackball [engl.] – Positionierungskugel. Einrichtung zur Positionierung einer grafischen Markierung [cursor] auf dem Bildschirm durch Bedienung einer Kugel, die durch eine Halterung an einer Stelle fixiert ist, sich jedoch in allen Winkelrichtungen drehen läßt. Bei der Maus ist die Kugel auf der Unterseite montiert und wird mechanisch auf einer Oberfläche [mouse pad] bewegt.

Trägerfrequenz – carrier frequency [engl.] Frequenz, die bei einer Modulation in einem ihrer Parameter (Amplitude, Frequenz, Phase) vom zu übertragenden Nutzsignal systematisch beeinflußt wird.

Träger-Rausch-Abstand – siehe: CNR

Trägersignal – carrier signal [engl.] Signal mit Trägerfrequenz.

traffic message channel [engl.] – siehe: TMC

Transaktion – Zusammenfassung logisch zusammengehörender Einzelmaßnahmen.

Transaktionsummer (TAN) Für eine einzelne Transaktion vom Teilnehmer verwendbare Geheimzahl. Nach der Benutzung verliert die Transaktionsnummer ihre Gültigkeit. Eine typische Anwendung für Transaktionsnummern ist beim Homebanking gegeben.

transceiver (transmitter/receiver) [engl.] – Sender/Empfänger. Technische Funktionseinheit, die das Nutzsignal mit einem Empfangsteil auf einer definierten Frequenz empfängt und es mit Hilfe des Sendeteils auf einer anderen Frequenz wieder aussendet. Dabei kann auch ein Wechsel der Modulationsart erfolgen. Bei entsprechenden Betriebsarten von Funkdiensten, können die Signale für Sender und Empfänger auch verschieden sein.

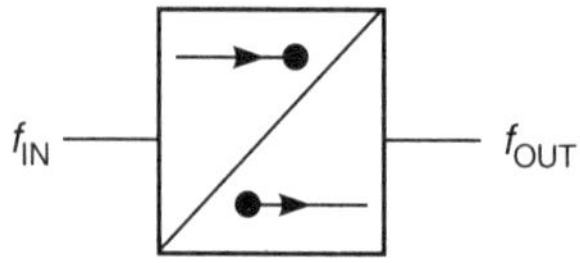

Transcoder Technische Funktionseinheit, mit der Transcodierung realisiert wird. Dem Eingang wird das nach einem definierten Code aufgebaute Signal zugeführt, am Ausgang steht es dann in einem anderen Code zur Verfügung.

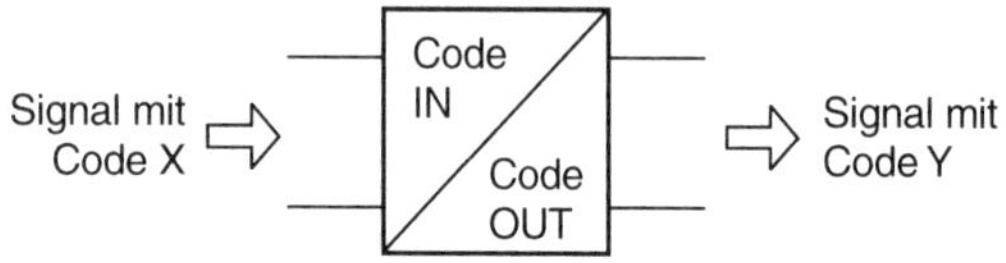

Transcodierung – Umsetzung mit einer definierten Codierung ankommender/empfangener Signale auf eine andere Codierung.

transcontrol [engl.] – Umsetzung der Verschlüsselung und ggf. auch Verwürfelung in der Kopfstelle einer Kabelanlage empfangener Signale des digitalen Fernsehens, auf eine für die Verteilung in der Kabelanlage einheitliche Version der Verschlüsselung und ggf. auch Verwürfelung. Dies erfolgt prinzipiell durch den Austausch der EMMs [entitlement management messages] und ECMs [entitlement control messages] der ankommenden Signale gegen solche, welche für die Programme und Dienste in der Kabelanlage gelten. Durch Transcontrol ist es möglich, trotz verschiedener Verschlüsselung/Verwürfelung der empfangenen Signale, mit nur einem Typ Set-Top-Box arbeiten zu können.

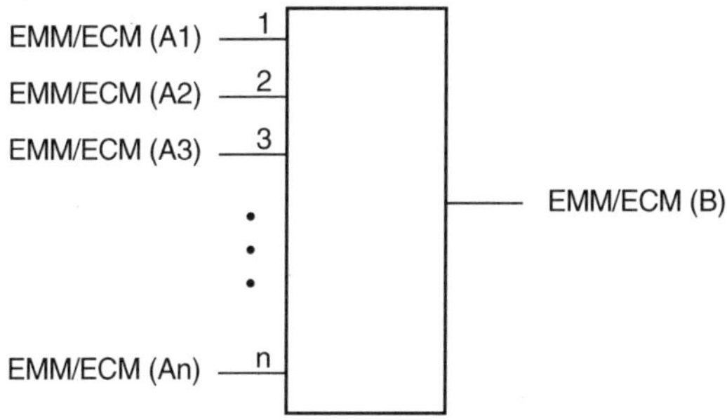

Trans European Trunked Radio Access (TETRA) [engl.] – Europäisch standardisiertes digitales, zellulares Bündelfunksystem im Bereich 410...430 MHz (für Aufwärtsstrecke [uplink]) und 450...470 MHz für (Abwärtsstrecke [downlink]).

Transfer – Übertragung von Daten oder sonstigen Informationen.

Transformation In der Energietechnik wird darunter bekanntlich die Spannungswandlung verstanden, in der Nachrichtentechnik handelt es sich jedoch um mathematische Umformungen, damit Probleme einfacher bzw. schneller gelöst und/oder anschaulicher dargestellt werden können. Ein typisches Beispiel ist die Fourier-Transformation, bei der ein Übergang der Betrachtungsweise desselben Problems im Zeitbereich und im Frequenzbereich möglich ist. Jede Transformation muß eindeutig und umkehrbar sein, damit die Ausgangssituation wieder hergestellt werden kann.

transition [engl.] – Übergang. Verlauf zwischen zwei Zuständen eines Signals.

transmission [engl.] – Sendung, Übertragung

transmission control protocol [engl.] – siehe: TCP

transmitting antenna [engl.] – siehe: Sendeantenne

Transmodulation Umsetzung des in der Kopfstelle einer Kabelanlage empfangenen Signals des digitalen Fernsehen mit einer Modulation in eine andere. Dieser Wechsel des Übertragungsverfahrens hat im Regelfall betriebliche und wirtschaftliche Gründe. Typisch ist die Umsetzung von der für die Satellitenübertragung verwendeten vierwertigen Phasenumtastung [quadrature phase shift keying (QPSK)], in die für die Kabelübertragung wesentlich frequenzökonomischere und damit wirtschaftlichere Quadratur-Amplitudenmodulation [quadrature amplitude modulation (QAM)]. Damit ist es möglich, die mit einem Satellitentransponder von 36 MHz Bandbreite übertragene Anzahl von Fernsehprogrammen in einem 8 MHz breiten Kabelkanal unterzubringen. Transmodulation ist auch in den Fällen vorteilhaft, wenn Programme mit unterschiedlichen Modulationsverfahren oder Bandbreiten an der Kopfstelle empfangen werden, weil auf diese Weise die Übertragungskapazität der Kabelanlage optimal genutzt wird und nur ein Typ Set-Top-Box (STB) für den Kabelteilnehmer erforderlich ist. Bei Einsatz von Transmodulation wird auch der Fehlerschutz entsprechend den Erfordernissen des weiteren Übertragungsweges angepaßt. So benötigen Programmsignale in Kabelanlagen einen geringeren Fehlerschutz, als bei der Satellitenübertragung.

Transmodulator Technische Funktionseinheit, mit der Transmodulation realisiert wird. Dem Eingang wird das Nutzsignal mit einer bestimmten Modulation zugeführt, am Ausgang steht es dann mit einer anderen Modulation wieder zur Verfügung.

Beispiel:Beim digitalen Fernsehen [digital video broadcasting (DVB)] wird für die Satellitenübertragung vierwertige Phasenumtastung [quadrature phase shift keying (QPSK)] als Modulation verwendet, während es in Kabelanlagen Quadratur-Amplitudenmodulation (QAM) ist. Die Einspeisung von Satellitensignalen in Kabelanlagen erfordert daher einen Transmodulator von QPSK auf QAM.

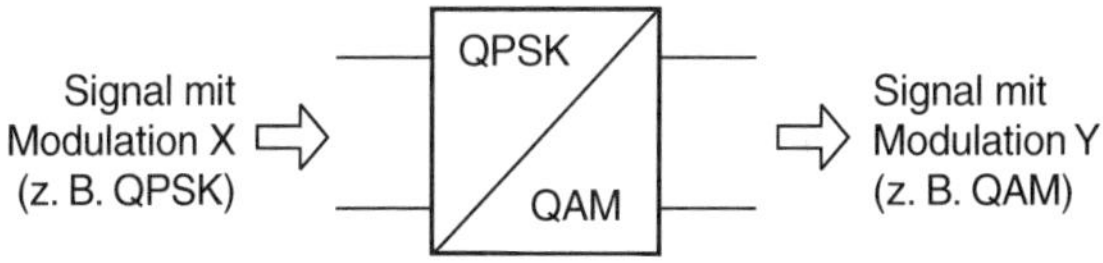

transparency [engl.] – siehe: Transparenz

transparente Daten (TD) – Rufklasse bei Funkrufdiensten für die Übertragung für beliebige Zwecke verwendbare Daten.

Transparenz – transparency [engl.] Neutralität einer Übertragung oder eines Protokolls gegen unterschiedliche Anwendungen.

Beispiel:Codetransparenz ist bei einem System gegeben, wenn mit beliebigen Codes gearbeitet werden kann.

Treiber – driver [engl.] Es wird auch die Bezeichnung Gerätetreiber verwendet. Software, welche die Anforderungen des Betriebssystems eines Rechners bezüglich Eingabe und Ausgabe von Daten so verarbeitet, daß eine nachgeschaltete Hardwarekomponente (z. B. Drucker, Monitor, Diskettenlaufwerk, CD-ROM-Laufwerk, ...) bestimmungsgemäß funktioniert.

Beispiel:Damit ein Drucker als Peripheriegerät eines Rechners eingesetzt werden kann, muß mit einer als Druckertreiber bezeichneten Software seine „Anpassung" an das Betriebssystem des Rechners erfolgen. Nur dadurch ist die einwandfreie Kommunikation zwischen den Komponenten gewährleistet.

Trellis-Codierung Nach seinem Entwickler benannte Form der Faltungscodierung, mit der die Möglichkeiten der Fehlerkorrektur auf der Empfangsseite verbessert werden. Komplexe Fehler können mit dem sog. Trellis-Programm systematisch untersucht werden.

TRG – siehe: Tonrufgerät

Triax Koaxialkabel, das eine zusätzliche Schirmung aufweist, wodurch das Schirmdämpfungsmaß entsprechend erhöht wird.

TRS – siehe: time reference signal

trunked system controller [engl.] – Zentrale für die regionale Funkzellensteuerung in Bündelfunksystemen.

trunked radio [engl.] – siehe: Betriebsfunk

TSPI (telephone application programming interface (TAPI) service provider interface) [engl.] – Schnittstelle für den Anbieter von Telefondiensten.

TUDLV – siehe: Telekommunikations-Universaldienstverordnung

Tuner – tuner [engl.] Hochfrequentes Empfangsteil (HF-Teil) in einem Empfänger. Es selektiert durch Abstimmung aus dem zugeführten Hochfrequenzsignal den gewünschten Sender und erzeugt durch Mischung das Zwischenfrequenz-Signal (ZF-Signal).

tuning [engl.] – siehe: Abstimmung

TV – siehe: Fernsehen

TVHH – siehe: Fernsehhaushalt

TVSt – siehe: Teilnehmervermittlungsstelle

twisted nematic cell [engl.] – siehe: TN cell

U

U – Es gelten auch die Bezeichnungen B-Y und C_B. Farbdifferenzsignal für die Farbe Blau.

UART (universal asynchronous receiver transmitter) [engl.] Technische Funktionseinheit zur Steuerung einer seriellen Schnittstelle für asynchrone Übertragung, im Regelfall als Integrierte Schaltung (IS) [integrated circuit (IC)] realisiert.

Überabtastung – oversampling [engl.] Abtastung eines analogen Signals mit einer Abtastfrequenz f_A, die größer als zur Erfüllung des Abtasttheorems ($f_A \geq 2 \cdot f_{max}$) mindestens erforderlich ist.

Abtasttheorem übererfüllt : $f_A > 2 \cdot f_{max}$

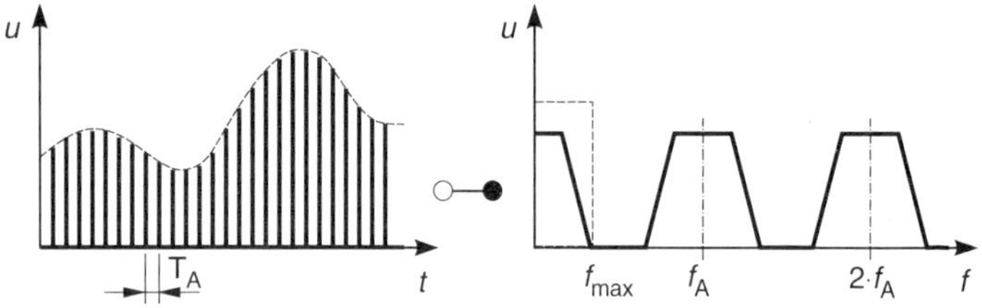

Überlagerungsnetz – siehe: overlay network

Überspannungsschutz (ÜSS) Technische Funktionseinheit, die nachgeschaltete Geräte und Anlagen vor Überspannungen durch Blitzeinwirkungen auf angeschlossenen Telekommunikationsnetzen und vor Wirkungen von Überspannungen aus der 230-V-Netzversorgung schützt. Dadurch können Telekommunikations-Endgeräte, Personal Computer (PC), HiFi-Anlagen, Sicherheitsanlagen und sonstige empfindliche elektronische Geräte vor Ausfällen und Schäden durch Überspannungen geschützt werden.

Übersprechdämpfung – crosstalk attenuation [engl.] Logarithmiertes Verhältnis des Signals im betrachteten Übertragungskanal (Nutzkanal) zu dem vom benachbarten Übertragungskanal (Störkanal) auf den Nutzkanal einwirkendes Signal. Es gilt:

$$a_{ct} = 20 \cdot \lg \frac{U_{Nutzkanal}}{U_{Störkanal}}$$

Übersprechen – crosstalking [engl.] Es gilt auch die Bezeichnung Nebensprechen. Störbeeinflussung zwischen zwei nebeneinander verlaufenden Übertragungskanälen. Dabei treten in jedem Kanal zum eigentlichen Nutzsignal zusätzliche Anteile des Signals aus dem benachbarten Kanal auf. Diese Problematik ist zum Beispiel bei nicht geschirmten Leitungen gegeben. Der Umfang dieser Störeinflussung läßt sich durch die Übersprechdämpfung beschreiben.

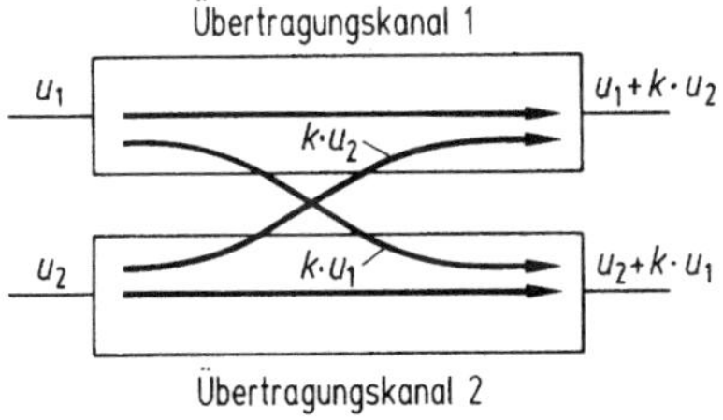

Übertragung – siehe: transmission

Übertragungswegfestlegung – siehe: routing

ÜSS – siehe: Überspannungsschutz

ÜSSA (Überspannungsschutz für analoge Anschaltepunkte) Technische Funktionseinheit für den Schutz der Telekommunikations-Anschlußeinheiten (TAE) im analogen Telekommunikationsnetz vor Überspannungen durch Blitzeinwirkungen auf dem Anschlußnetz der Deutschen Telekom AG und vor Einwirkungen von Überspannungen aus der 230-V-Netzversorgung.

ÜSSD (Überspannungsschutz für digitale Anschaltepunkte) Technische Funktionseinheit für den Schutz der ISDN [integrated services digital network]-Anschlußeinheiten (IAE) im dienste-integrierenden digitalen Fernmeldenetz vor Überspannungen durch Blitzeinwirkungen auf dem Anschlußnetz der Deutschen Telekom AG und vor Einwirkungen von Überspannungen aus der 230-V-Netzversorgung.

UIT – siehe: Internationale Fernmeldeunion

U_{k0}-Schnittstelle – Schnittstelle zwischen der Zweidraht-Anschlußleitung und der Vierdraht-Endgeräte-Schnittstelle im dienste-integrierenden digitalen Fernmeldenetz [integrated services digital network (ISDN)].

umlaufender Satellit Eigenschaft eines Satelliten, sich mit einer anderen Winkelgeschwindigkeit als die der Erde zu bewegen. Dadurch ergibt sich meistens eine elliptische Umlaufbahn um die Erde. Sie ist gekennzeichnet durch einen erdnächsten Punkt (Perigäum) und einen erdfernsten Punkt (Apogäum). Die Bahn eines umlaufenden Satelliten kann beliebige Winkel zur Äquatorbahn aufweisen. Das Gegenstück von „umlaufenden Satelliten“ sind „geostationäre Satelliten“.

Umtastung – keying [engl.] Es wird auch die Bezeichnung Tastung verwendet. Modulation eines Trägersignals mit einem digitalen Signal. Es können Amplitude, Frequenz oder Phase des Trägersignals beeinflußt werden. Es sind deshalb folgende Varianten möglich:

- Amplitudenumtastung
  amplitude shift keying (ASK) [engl.]
- Frequenzumtastung
  frequency shift keying (FSK) [engl.]
- Phasenumtastung
  phase shift keying (PSK) [engl.].

UMTS – siehe: universal mobile telecommunications system

unidirektional Merkmal einer Signalübertragung, daß die Übertragung nur von A nach B oder von B nach A möglich ist, also nur in einer Richtung. Das Gegenteil von unidirektional ist bidirektional.

uniform resoure locator [engl.] – siehe: URL

Union International des Telecommunication [franz.] – siehe: Internationale Fernmeldeunion

universal asynchronous receiver transmitter [engl.] – siehe: UART

universal mobile telecommunications system (UMTS) [engl.] Konzipiertes universelles Mobilfunksystem, das die gegenwärtigen Systeme integriert. Jeder Teilnehmer soll dabei eine persönliche Kommunikationsnummer erhalten, unter der er dann weltweit erreichbar ist.

unmittelbarer Speicherzugriff – siehe: DMA

unshielded twisted pair (UTP) [engl.] – Ungeschirmte Doppelader. Verdrillte symmetrische Leiteranordnung ohne Schirmung.

Unterrahmen – subframe [engl.] Unterteilung definierter periodischer Strukturen der Bitfolge in einem digitalen Signal. Es handelt sich also um die Untergliederung eines Rahmens.

Unterabtastung – subsampling [engl.] Abtastung eines analogen Signals mit einer Abtastfrequenz f_A, die kleiner als zur Erfüllung des Abtasttheorems ($f_A \geq 2 \cdot f_{max}$) mindestens erforderlich ist. Durch Unterabtastung tritt Aliasing als Störeffekt auf.

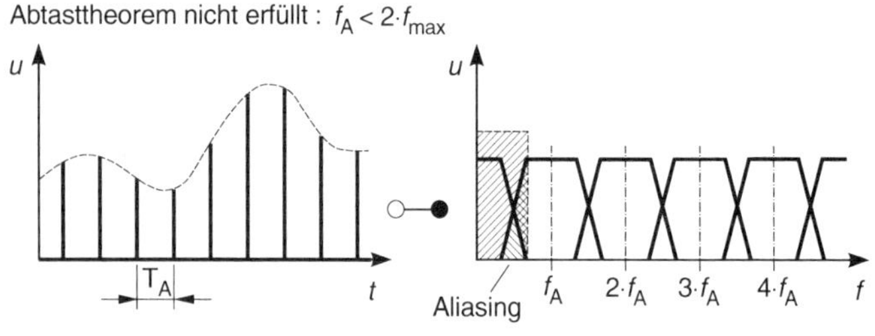

Unterträger – subcarrier (SC) [engl.] Es ist auch die Bezeichnung Hilfsträger üblich. Bei einem modulierten Signal für die Übertragung zusätzlicher Signale verwendetes Trägersignal.

Unterverzeichnis – subdirectory [engl.] Unterteilung des Verzeichnisses der Dateien in einem Rechner.

U_{p0}-Schnittstelle Schnittstelle in Zweidrahttechnik für den Anschluß von für das dienste-integrierende digitale Fernmeldenetz [integrated services digital network (ISDN)] geeigneten Endgeräten an Telekommunikations-Anlagen (TK-Anlagen).

up-conversion [engl.] – siehe: Aufwärtskonvertierung

update [engl.] – Verbesserte Version eines Programms, bei dem in der vorhergehenden Version aufgetretene Fehler behoben und/oder kleinere Zusatzfunktionen neu enthalten sind.

upgrade [engl.] Neue Version eines Programms, bei dem gegenüber der vorhergehenden Version umfassendere Änderungen und/oder Neuerungen enthalten sind. Diese Software soll möglichst abwärtskompatibel sein, also auch noch alle Leistungen der vorhergehenden Version erfüllen, so daß bereits vorhandene Daten weiterverarbeitet werden können.

uplink [engl.] – siehe: Aufwärtsstrecke

upstream [engl.] – siehe: Rückkanal

URL (uniform resource locator) [engl.] – Vereinheitlichte Quellenangabe. Angaben, mit der eine definierte Seite des World Wide Web (WWW) im Internet zu finden ist.

utility programme [engl.] – siehe: Hilfsprogramm

UTP – siehe: unshielded twisted pair

V

V – Es gelten auch die Bezeichnungen R-Y und C_R. Farbdifferenzsignal für die Farbe Rot.

value added network (VAN) [engl.] – Netz für Mehrwertdienst. Rechnergestütztes Kommunikationsnetz für die Realisierung von Mehrwertdiensten

value added network service (VANS) [engl.] – Netzbezogene Mehrwertdienste. Dienste in einem Kommunikationsnetz, die über den reinen Transport von Informationen hinausgehen.

VAN – siehe: value added network

VANS – siehe: value added network service

variables intelligentes synchrones optisches Netz – siehe: VISYON

VBN (vermittelndes Breitbandnetz) Von der Deutschen Telekom AG betriebenes Breitbandnetz mit Vermittlungsfunktion, das für Videokonferenzen und die Übertragung von Fernsehsignalen geeignet ist. Dieser Dienst soll zukünftig im konzipierten breitbandigen dienste-integrierenden digitalen Fernmeldenetz [broadband integrated services digital network (B-ISDN)] abgewickelt werden.

VCA (voltage controlled amplifier) [engl.] – Spannungsgesteuerter Verstärker. Verstärker, dessen Verstärkungsfaktor bzw. Verstärkungsmaß durch eine externe Spannung bestimmbar ist.

VCF (voltage controlled filter) [engl.] – Spannungsgesteuertes Filter. Filter, dessen Wirkung bezüglich Bandbreite und/oder Flankensteilheit durch eine externe Spannung bestimmbar ist.

VCO (voltage controlled oscillator) [engl.] – Spannungsgesteuerter Oszillator. Oszillator, dessen Ausgangsfrequenz durch eine externe Spannung bestimmbar ist.

VCR (video casette recorder) [engl.] – Video-Kassettenrecorder. Mit Magnetband-Kassetten arbeitendes Videosignal-Aufzeichnungsgerät.

VDA (video distribution amplifier) [engl.] – Verstärker, der ein zugeführtes Videosignal an mehreren Ausgängen mit entsprechender Verstärkung verfügbar macht.

VDSL (very high bite rate digital subscriber line) [engl.] – Digitale Teilnehmerleitung für sehr große Bitraten. Übertragungssystem zur Verwendung der vom Kabelverzweiger zum Teilnehmeranschluß installierten Kupfer-Doppeladern im Fernmeldenetz für die Übertragung von Bitraten bis ca. 50 Mbit/s.

VDV (vorbestellte Dauerwählverbindung) Vermittelter Festverbindungsdienst der Deutschen Telekom AG im dienste-integrierenden digitalen Fernmeldenetz [integrated services digital network (ISDN)], der auf Vorbestellung Verbindungen mit 64 kbit/s verfügbar macht.

VEK – siehe: Verkehrseinschränkungsklasse

Vektor Darstellung einer physikalischen Größe hinsichtlich seines Wertes und seiner Wirkungsrichtung. Es wird dafür ein Pfeil verwendet, dessen Länge den Wert repräsentiert, während die Wirkungsrichtung sich aus der Winkellage ergibt, bezogen auf ein

Koordinatensystem. Vektoren können in der Fläche oder im Raum auftreten.

Verbindung – connection [engl.] Zusammenschaltung, der für die Übermittlung von Informationen zwischen zwei oder mehr Punkten erforderlichen Übertragungswege, Vermittlungseinrichtungen und anderen Funktionseinheiten.

Verdeckungseffekt – Es gilt auch die Bezeichung Maskierungseffekt. Töne mit großem Signalpegel bewirken, daß Töne auf benachbarter Frequenz bis zu bestimmten Signalpegeln durch das menschliche Gehör nicht wahrgenommen werden, also eine Verdeckung (Maskierung) erfolgt. Dieser Effekt tritt nicht nur auf, wenn der laute Ton vorhanden ist, sondern auch noch in abklingender Form nachher und sogar auch bereits vorher, was sich durch psychoakustische Gegebenheiten erklären läßt. Es kann deshalb zwischen Vorverdeckung, Simultanverdeckung und Nachverdeckung unterschieden werden.

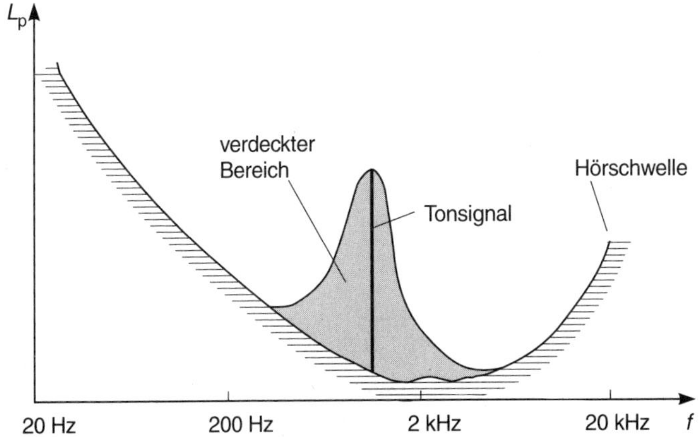

verdrillt nematische Flüssigkristall-Zelle – siehe: TN cell

Verkehrseinschränkungsklasse (VEK) Stufung der Verhinderung abgehender Verbindungen in Telekommunikationsnetzen mit Wählbetrieb (abgehende Sperre).

Verkehrsnachrichtenkanal – siehe: TMC

vermittelndes Breitbandnetz – siehe: VBN

Vermittlungsknoten – Verzweigungspunkt in einem Kommunikationsnetz, mit dem gewählte Verbindungen bereitgestellt werden.

Verschlüsseler – encrypter [engl.] Technische Funktionseinheit zur Durchführung einer Verschlüsselung [encryption]. Das unverschlüsselte Signal wird dabei der Einheit zugeführt, gemäß dem im Encrypter genutzten Schlüssel bearbeitet und danach als verschlüsseltes Signal am Ausgang zur Verfügung gestellt. Das Gegenstück zum Verschlüsseler [encrypter] ist der Entschlüsseler [decrypter].

Verschlüsselung – encryption [engl.] Veränderung von Bitfolgen nach einem vorgegebenen Schlüsselsystem. Die Nutzung der dann empfangenen Bitfolgen ist nur möglich, wenn mit Hilfe eines geeigneten Verfahrens die Verschlüsselung wieder rückgängig gemacht wird. Verschlüsselung diente ursprünglich dazu, die Übertragung geheimer Informationen vor dem Zugriff Unbefugter zu schützen. Auf der Empfangsseite mußte dabei derselbe Schlüssel verfügbar sein, wie auf der Sendeseite verwendet wurde. Dieses Konzept gilt auch beim digitalen Rundfunk und Datendiensten. In der Set-Top-Box (STB) für das digitale Fernsehen wird der Schlüssel mit Hilfe der entsprechenden Elektronik und/oder durch Eingabe über eine intelligente Chipkarte [smart card] verfügbar gemacht.

Im Gegensatz zur Verwürfelung, bei der die übertragenen Bitfolgen für alle Empfänger in gleicher Weise geändert werden, besteht bei der Verschlüsselung die Möglichkeit, jede Set-Top-Box (STB) einzeln zu adressieren, also einen individuellen Schlüssel zuzuteilen. Dies kann auch auf dem Übertragungsweg für das eigentliche Nutzsignal erfolgen, wobei die Set-Top-Boxen bzw. die Chipkarten ausreichende „Intelligenz" aufweisen müssen, damit sie darauf richtig reagieren und die Entschlüsselung ermöglichen. Auf diese Weise wird es möglich, im Bedarfsfall auch jeden Schlüssel auf einfache Weise zu ändern, was für PPV (pay-per-view) sowieso erforderlich ist und ebenso Piraterie, also den Zugriff Unbefugter, erheblich erschweren kann. Obwohl zwischen Verschlüsselung [encryption] und Verwürfelung [scrambling] funktionelle Unterschiede bestehen, wird in der Praxis nicht immer der richtige Begriff verwendet. Das Gegenstück zur Verschlüsselung [encryption] ist die Entschlüsselung [decryption].

Versorgungsbereich – siehe: coverage area

Verstärkung – gain [engl.] Erhöhung der Leistung elektrischer oder optischer Signale in nachrichtentechnischen Systemen durch Einsatz aktiver Komponenten, bezogen auf die Wirkungsrichtung vom Eingang (1) zum Ausgang (2). Der Umfang der Verstärkung wird entweder durch den Verstärkungspegel $L_{(G)}$ oder das Verstärkungsmaß g in der Pseudoeinheit dB (Dezibel) angegeben. Es gilt:

$$L_{(G)} = L_2 - L_1$$

$$g = 10 \cdot \lg \frac{P_2}{P_1} \text{ dB} = 20 \cdot \lg \frac{U_2}{U_1} \text{ dB}$$

Wegen der Wirkungsrichtung sind in Berechnungen Verstärkungspegel mit positivem Vorzeichen zu verwenden. Das reine Zahlenverhältnis der Leistungen bzw. Spannungen ergibt den Verstärkungsfaktor G. Das Gegenstück der Verstärkung [gain] ist die Dämpfung [attenuation].

vertical redundancy check [engl.] – siehe: VRC

Vertikaldiagramm – siehe: Elevationsdiagramm

vertikale Austastlücke – siehe: Austastlücke

vertikale Strahlungscharakteristik – siehe: Elevationsdiagramm

Vertikalfrequenz – siehe: Bildwechselfrequenz

Verwürfeler – siehe: scrambler

Verwürfelung – siehe: scrambling

very high bit rate digital subscriber line [engl.] – siehe: VDSL

very small aperture terminal (VSAT) [engl.] – Bei Teilnehmern installierte Endgeräte mit relativ kleinen Antennen für satellitengestützte Kommunikationssysteme und deren Dienste. Damit ist auch interaktiver Betrieb realisierbar.

Verzeichnis – directory [engl.] Auflistung der in einem Rechner oder Rechnersystem gespeicherten Programme oder Dienste.

Verzögerung – siehe: delay

Videokonferenz Interaktive audiovisuelle Kommunikation zwischen zwei oder mehr Teilnehmern an verschiedenen Orten mit Hilfe breitbandiger Übertragungswege. Im Regelfall ist dabei auch die begleitende Übermittlung von Texten, Grafiken, Bildern und Daten möglich.

video-on-demand (VOD) [engl.] – Video auf Abruf. Form des Bezahl-Fernsehens [pay-TV], bei dem der Teilnehmer individuell einen Programmbeitrag anfordert, ihm dieser zur gewünschten Zeit übertragen wird und er nur dafür Zahlungen zu leisten hat. Dieses Konzept kann auch als „elektronische Videothek" verstanden werden.

video tape recorder (VTR) – Videosignal-Magnetband-Aufzeichnungsgerät (MAZ). Gerät zur Aufzeichnung und Wiedergabe analoger Videosignale, bei dem als Speichermedium Magnetband verwendet wird.

Videotext (Vtx) – broadcast videotex [engl.] Es gilt auch die Bezeichnung Fernsehtext. Verteildienst für Texte und Grafiken als Festbild, der gleichzeitig mit dem Bewegtbild des Fernsehens übertragen wird. Dies erfolgt ohne gegenseitige Beeinflussung. Die Grundeinheit für die Information ist beim Videotext die Seite, die den Bildschirm vollständig ausfüllt. Die einzelnen Seiten des Videotext-Angebotes sind numeriert, werden zyklisch wiederholt und können mit Hilfe der Fernbedienung spezifisch gewählt werden. Um den Videotext-Dienst nutzen zu können, muß das Fernsehgerät mit einem Videotext-Decoder ausgestattet sein.

VIDINET (Video in digitalen Netzen) Übertragung von Fernsehprogrammen und sonstigen Videodiensten über digitale Netze als Dienst der Deutschen Telekom AG.

Vielfachzugriff im Codemultiplex – siehe: CDMA

Vielfachzugriff im Frequenzmultiplex – siehe: FDMA

Vielfachzugriff im Raummultiplex – siehe: SDMA

Vielfachzugriff im Zeitmultiplex – siehe: TDMA

vierwertige Phasenumtastung – siehe: QPSK

virtual reality (VR) [engl.] – Scheinbare Wirklichkeit, virtuelle Wirklichkeit. Methoden und Technologien, eine Wirklichkeit vorzutäuschen. Beim Nutzer entsteht dabei der Eindruck, in einer künstlichen Welt zu agieren. Das Konzept basiert auf der Berechnung stereoskopischer Bilder in Echtzeit, in Abhängigkeit von der Wechselwirkung mit dem Nutzer. Es ist dafür jedoch großer Rechenaufwand erforderlich.

virtuelle Wirklichkeit – siehe: virtual reality

visitors location register [engl.] – siehe: VLR

VISYON (variables illigentes synchrones optisches Netz)
Konzept für ein synchrones Breitbandnetz mit Übertragungsraten bis 155 Mbit/s auf der Basis von Glasfaserleitungen. Es soll für Sprachdienste und Datendienste eingesetzt werden.

VLC (variable length coding) [engl.] – Code mit variabler Länge. Code, bei dem die Länge der Codeworte von der Häufigkeit der zu codierenden Elemente abhängt. Häufig auftretenden Elementen werden kürzere Codeworte zugeordnet, als seltener auftretenden Elementen. Dadurch wird eine größere Übertragungsgeschwindigkeit erreicht, weil gegenüber der Codierung mit fester Wortlänge für jedes zu übertragende Element weniger Bit benötigt werden.

VLR (visitors location register) [engl.] – Besucherdatei. Datei über die in einer Funkzelle eingebuchten Teilnehmer eines Mobilfunknetzes, die im Ursprung in einer anderen Funkzelle beheimatet sind.

VLSI (very large scale integration) [engl.] – Integrierte Schaltung (IS) [integrated circuit (IC)], mit sehr hohem Integrationsgrad, also sehr vielen integrierten Transistorfunktionen.

VOD – siehe: video-on-demand

voice mail [engl.] – Sprachpost. Sprachspeicherdienst, bei dem der Teilnehmer die für ihn vorliegenden Nachrichten aus einem paßwortgeschützten Speicherbereich einer Zentrale per Telefon abrufen kann.

Vollbild – Bei der Fernsehübertragung mit dem Zeilensprungverfahren aus zwei Halbbildern zusammengesetztes Bild.

Vollduplex-Betrieb – Es gilt auch die Bezeichnung Gegenbetrieb. Übertragung analoger oder digitaler Signale zwischen zwei Stellen in einem Telekommunikationssystem, gleichzeitig in beiden Richtungen. Es liegt also konstanter Zwei-Richtungs-Betrieb vor.

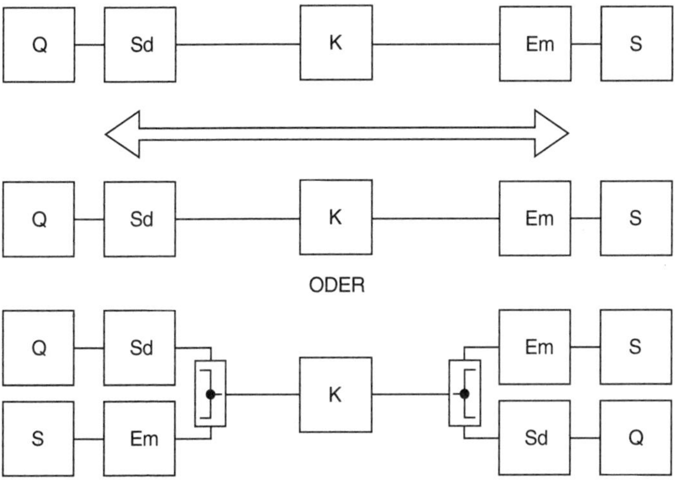

Q = Quelle Sd = Sender K = Übertragungskanal
S = Senke Em = Empfänger

voltage controlled amplifier [engl.] – siehe. VCA

voltage controlled filter [engl.] – siehe: VCF

voltage controlled oscillator [engl.] – siehe: VCO

vorbestellte Dauerwählverbindung – siehe: VDV

Vorwärts-Fehlerkorrektur – siehe: FEC

Vorwärtskanal – downstream [engl.] Es ist auch die Bezeichnung Hinkanal üblich. Von der sendenden Stelle (Quelle) zum Teilnehmer gerichteter Übertragungskanal mit definierter Bandbreite oder Bitrate. Das Gegenstück vom Vorwärtskanal [downstream] ist der Rückkanal [upstream].

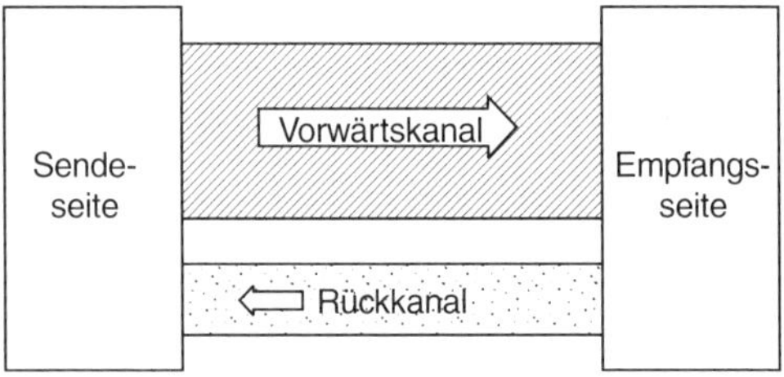

VR – siehe: virtual reality

VRC (vertical redundancy check) [engl.] – Querparitätsprüfung. Spaltenweise Prüfung der Bitfolge oder Zeichenfolge in einem Datenblock. Das Gegenstück von „VCR“ (vertical redundancy check) ist „LRC“ (longitudinal redundancy check).

VSAT – siehe: very small aperture terminal

V-Serie Serie von ITU-T erarbeiteter Empfehlungen [recommendations] für die Datenübertragung über das Fernmeldenetz, auch unter Einbeziehung von Modems.

Beispiel:Die ITU-T-Empfehlung V.24 definiert Schnittstellen für die Übertragung digitaler Signale zwischen der Datenendeinrichtung (DEE) und der Datenübertragungsrichtung (DÜE).

VTR – siehe: video tape recorder

Vtx – siehe: Videotext

W

Wählverbindung – Durch einen Wählvorgang in einem Kommunikationsnetz bewirkte Verbindung zwischen zwei Endgeräten.

WAN (wide area network) [engl.] – Weitbereichs-Datennetz. Datennetze, die sehr große Flächen abdecken und damit eine großräumige Telekommunikations-Infrastruktur bilden.

WAP – siehe: wide area paging

wavelength multiplexer – siehe: optischer Multiplexer

Wechselbetrieb – siehe: Halbduplex-Betrieb

Wechselplatte – In auswechselbaren Kassetten in Rechnern als Festplatte installierte Plattenspeicher.

Wellenlängenmultiplexer – siehe: optischer Multiplexer

Wellenwiderstand – line impedance [engl.] oder cable impedance [engl.] Wichtige Kenngröße elektrischer Leitungen für die Übertragung nieder- und hochfrequenter Signale. Es handelt sich um das Verhältnis von Spannung und Strom, der auf einer Leitung fortlaufenden elektrischen Welle als konstanter Wert. Der Wellenwiderstand muß bei der Zusammenschaltung von Leitungen mit Geräten im Rahmen der Anpassung berücksichtigt werden, weil sich sonst Stoßstellen ergeben und damit störende Reflexionen auftreten.

weltweites Ortungs- und Navigationssystem – siehe: global positioning system

Wertequantisierung – Einteilung der Werteachse (Werteskala) in gleiche oder unterschiedliche Abschnitte.

Wertigkeit Wert (Gewichtung) der einzelnen Stellen bzw. Bits eines Datenwortes. Im Regelfall steigt der Wert von rechts nach links an, wobei es sich jedoch stets um eine ganzzahlige Potenz zur Basis 2 handelt. (Wert = 2^m, mit m = 0, 1, 2, ..., n-1, n).

Westernstecker Weit verbreitete symmetrische Steckverbindung für den Anschluß von Endgeräten (z. B. Telefon) an das Fernmeldenetz oder an Datennetze.

wide area network [engl.] – siehe: WAN

wide area paging (WAP) [engl.] – Weitbereichs-Funkruf. Weltumspannendes (oder zumindest großräumiges) Funkrufsystem.

Wiederholsender – siehe: repeater

Winchesterplatte – Im Rechner als Festplatte fest installierte Plattenspeicher.

Winkelmodulation Sammelbegriff für die analogen Modulationsverfahren, die für ihre Funktion einen Paramter der Winkelinformation des Sinus (sin) nutzen. Zu den Verfahren der Winkelmodulation zählen die Frequenzmodulation (FM) und die Phasenmodulation (PM).

wireless cable [engl.] – Übertragungssystem auf der Basis von Funkwellenausbreitung im Mikrowellenbereich, welches die einer Kabelanlage vergleichbare Funktion aufweist. Es wird deshalb auch die Bezeichung „drahtlose Kabelanlage" verwendet.

wireless local area network (WLAN) [engl.] – Drahtloses lokales Datennetz. Lokales Datennetz, bei dem die Verbindungen zwischen den Stationen nicht über Leitungen erfolgt, sondern dafür Funkübertragung verwendet wird.

wireless private branch exchange (WPBX) [engl.] – Schnurlose Telekommunikationsanlage (schnurlose TK-Anlage). Telekommunikationsanlage (früher als Nebenstellenanlage bezeichnet), bei der die Endgeräte über Funkverbindungen erreicht werden, weshalb auch die Bezeichnung schnurlose Anschlüsse verwendet wird.

WLAN – siehe: wireless local area network

Wohnungsübergabepunkt (WÜP) Schnittstelle bei Hausverteilanlagen (HVtA) von Kabelanlagen zu der Wohnungsverkabelung [inhome cabling]. Aus Gründen der Zweckmäßigkeit sollte die Wohnungsverkabelung Sternform aufweisen.

Workstation Besonders leistungsfähiger Arbeitsplatzrechner zur Erledigung rechenintensiver Aufgaben (z. B. hochauflösende Grafik). Workstations sind meistens Multiprozessor-Systeme und können auch in Netzwerken verwendet werden.

WORM (write once, read many) [engl.] – Optisches Speichermedium (im Regelfall Platte) für digitale Signale. Es wird durch einen energiereichen Laser einmal beschrieben und kann dann beliebig oft mit einem energiearmen Laser gelesen werden. Das Konzept WORM wird bei allen Varianten der Compakt-Disk [compact disc (CD)] verwendet.

WPBX – siehe: wireless private branch exchange

WÜP – siehe: Wohnungsübergabepunkt

X

X-Serie Serie von ITU-T erarbeiteter Empfehlungen [recommendations] für die Datenübertragung über Datennetze.

Beispiel: Die ITU-T-Empfehlung X.21 definiert Schnittstellen für die leitungsvermittelte Datenübertragung, während es sich bei der ITU-T-Empfehlung X.25 um Schnittstellen für die paketvermittelte Datenübertragung handelt.

Z

Zählimpulse – Impulse im Fernmeldenetz, welche die Einrichtungen für die teilnehmerseitige Entgelterfassung steuern.

Zeichen – character [engl.] Es handelt sich um Zahlen, Buchstaben und Sonderzeichen (z. B. Rechenzeichen).

Zeichenformat Rahmenstruktur bei asynchroner Übertragung betreffend Gesamtzahl und Funktion der Bit. Dabei ist zwischen Startbit, Datenbit (= Nutzbit), Paritätsbit und Stopbit zu unterscheiden.

zeichenorientierte Übertragung Übertragungsprozedur, die durch den Austausch zeichenstrukturierter Rahmen gekennzeichnet ist.

Zeichen pro Sekunde – siehe: characters per second

Zeiger Darstellungsform für Amplitude und Phase(nlage) einer sinusförmigen Größe.

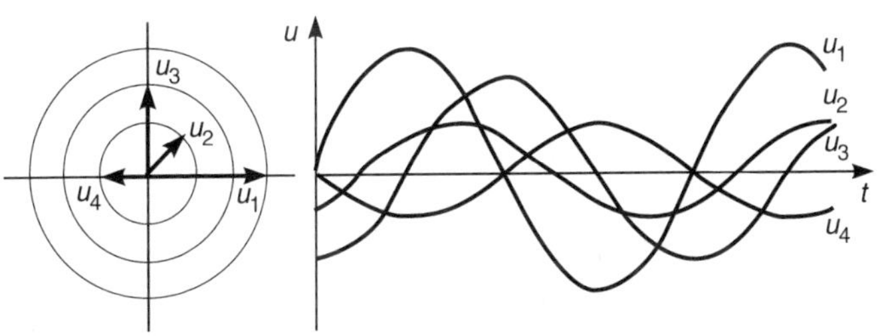

Die Länge des Zeigers gibt dabei die Amplitude an, die Winkellage des Zeigers in einem entsprechenden Koordinatensystem informiert über den Phasenwinkel gegenüber einem Bezugswert.

Zeigerdiagramm Zusammenhängende Darstellung mehrerer Zeiger, um die Verhältnisse der Amplituden und/oder Phasenwinkel verschiedener Größen zueinander ermitteln zu können.

Zeilenfrequenz Frequenz des Zeilenwechsels bei der Fernsehübertragung. Sie beträgt beim PAL [phase alternating line]-System 15625 Hz.

Zeilensprungverfahren Übertragung eines Fernsehbildes durch Verschachtelung zweier Halbbilder. Im ersten Halbbild werden dabei die ungeradzahligen Zeilen verwendet, während das zweite Halbbild aus den geradzahligen Zeilen besteht. Durch das Zeilensprungverfahren wird großflächiges Flimmern im Bild verhindert.

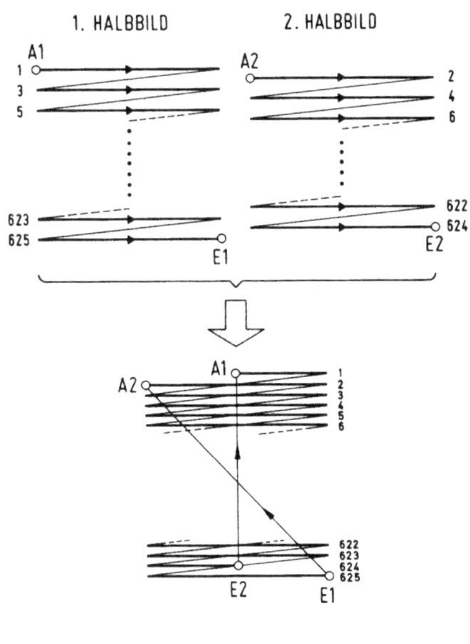

Zeilenwechselfrequenz Es gelten auch die Bezeichnungen Zeilenfrequenz und Horizontalfrequenz. Zahl der pro Sekunde übertragenen Zeilen eines Fernsehbildes.

Zeitachse – time axis [engl.] In Zeiteinheiten (z. B. Sekunden) eingeteilte Achse in einem Koordinatensystem, welches zur Darstellung der Zeitabhängigkeit eines Signals verwendet werden soll. Es handelt sich im Regelfall um die x-Achse, also die waagerechte Achse. Die y-Achse dient zur Skalierung des Signalwertes. Es ist zu beachten, daß bei realen Systemen keine negativen Zeiten auftreten, dagegen sind negative Signalwerte durchaus möglich. Bei rein mathematischen Betrachtungen können sich allerdings auch negative Zeiten ergeben, da die Werteachse meist als Symmetrieachse verwendet wird.

Zeitcode – siehe: time code

Zeitinterleaving – time interleaving [engl.] Verteilung ursprünglich zusammenhängender Datenblöcke auf unterschiedliche Zeitrahmen, in codierter Folge im Rahmen der Kanalcodierung bei digitaler Übertragung. Zeitinterleaving dient dem Fehlerschutz, weil dadurch fehlerhaft übertragene Bit besser erkennbar sind.

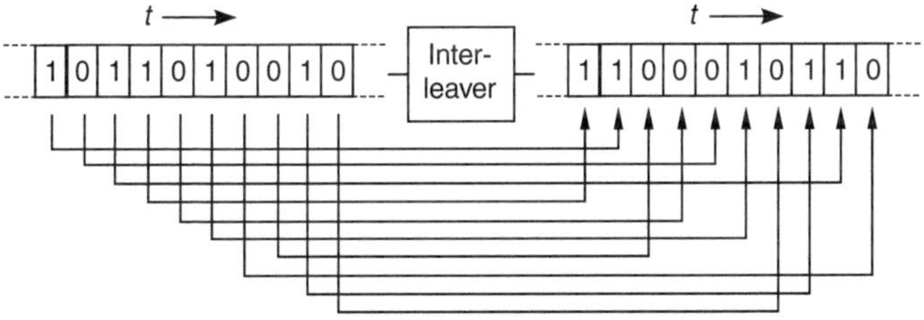

Zeitmultiplex (ZMX) – time division multiplex (TDM) [engl.] Verfahren der gleichzeitigen Übertragung unterschiedlicher Signale durch zeitliche Staffelung. In der Praxis wird dies durch sog. Zeitschlitze erreicht, in denen in festgelegter Reihenfolge die Signale übertragen werden. Es handelt sich also um ein Multiplexverfahren auf der Basis der Aufteilung des Zeitbereiches der Übertragungskapazität in mehrere Zeitabschnitte für unterschiedliche Nutzsignale.

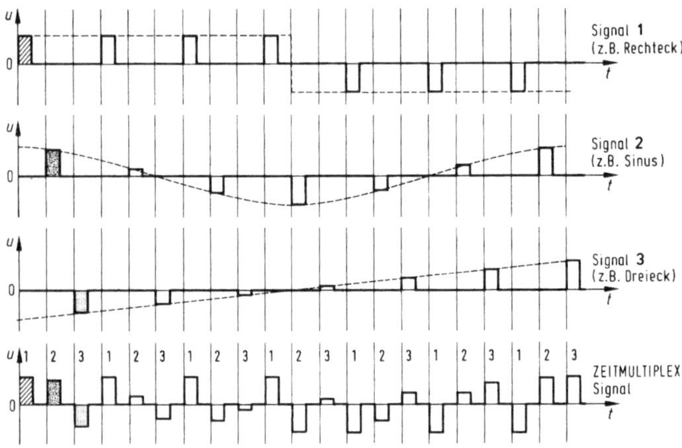

Zeitquantisierung – Einteilung der Zeitachse (Zeitskala) in gleiche oder unterschiedliche Abschnitte.

Zeitschlitz – time slot [engl.] Im periodischen Pulsrahmen des synchronen Zeitmultiplexverfahrens [synchronous time division multiplex (STDM)] für ein definiertes Signal vorgegebener Zeitbereich.

Zelle – cell [engl.] Bei Mobilfunksystemen mit einer Basisstation (BS) versorgbarer Bereich.

zentraler Zeichengabekanal (ZZK) Physikalischer Kanal des zentralen Zeichengabesystems Nr. 7 zur Steuerung der Vermittlungsstellen in digitalen Telekommunikationsnetzen mit Wählbetrieb.

zentrales Zeichengabesystem Nr. 7 (ZGS Nr. 7) – common channel signalling system No. 7 [engl.] Von der Internationalen Fernmeldeunion [International Telecommunication Union (ITU)] erarbeitetes Konzept für die Steuerung der Vermittlung in digitalen Telekommunikationsnetzen mit Wählbetrieb.

Zentralverband der Elektrotechnik und Elektroindustrie Deutschlands siehe: ZVEI

Zentralverband der deutschen Elektrohandwerke – siehe: ZVEH

ZERMATT (zentrales Rundfunk-Management-System Ton und TV) Softwareprogramm der Deutschen Telekom AG für das Management der Ton- und Fernseh-Rundfunksendernetze.

ZGS Nr. 7 – siehe: zentrales Zeichengabesystem

ZMX – siehe: Zeitmultiplex

zoom [engl.] – Vergrößerung. Vergrößerte Darstellung von Vorgängen (z. B. Signalverläufen) mit Hilfe des Lupeneffektes.

Zugriffsmethode – access method [engl.] Verfahren des physikalischen Zugriffs auf ein Übertragungssystem (z. B. lokales Datennetz).

Zugriffszeit – access time [engl.] Zeitbedarf für den Zugriff auf gespeicherte Daten. Dieser beginnt mit der Zugriffsanforderung und endet mit der Verfügbarkeit der Daten an der Verarbeitungseinheit. In der Praxis werden stets möglichst kurze Zugriffszeiten angestrebt, weil damit der gesamte Verarbeitungsvorgang beschleunigt werden kann.

ZVEH (Zentralverband der Deutschen Elektrohandwerke) Verband der Betriebe des deutschen Elektrohandwerks, zur Vertretung dieser Betriebe in fachlicher und wirtschaftspolitischer Sicht.

ZVEI (Zentralverband der Elektrotechnik- und Elektroindustrie Deutschlands) Verband der deutschen Industriefirmen aus den Bereichen Elektrotechnik und Elektronik, zur Vertretung dieser Industrie in fachlicher und wirtschaftspolitischer Sicht.

ZZK – siehe: zentraler Zeichengabekanal